最优试验设计
——案例分析

Optimal Design of Experiments
A Case Study Approach

[美] Peter Goos　Bradley Jones　著

杨贵军 杨　雪 陈　浩 周　琦　译

電子工業出版社
Publishing House of Electronics Industry
北京 · BEIJING

内 容 简 介

试验设计是有着广泛应用的统计工具，已形成广泛的理论体系，是统计学的一个重要分支。国内外有大量介绍试验设计理论与应用的书籍。Peter Goos 与 Bradley Jones 的《最优试验设计——案例分析》别具特色。每章都包含一个案例分析，以一个剧本的形式呈现，很少涉及数学和统计学方面的细节，这不仅体现了最优试验设计的一般性和灵活性，对于非专业人士也不会带来距离感；同时每章都设置了知识探究环节，为案例研究中使用的各种统计和数据分析方法提供更严谨的基础材料。全书分为 11 章，内容包括简单比较试验、筛选试验、响应曲面试验、混料试验、区组试验、裂区试验等场景中最优试验设计的构造及数据分析方法。本书内容丰富，注重理论联系实际，深入浅出地阐述试验设计的基本理论和具体的应用方法，通俗易懂，便于阅读。为方便教学，本书提供电子课件，可登录华信教育资源网 www.hxedu.com.cn 下载使用。

本书是学习如何应用试验设计方法的一本好教材，可作为高等院校高年级本科生及研究生的教学用书，对科研人员、工程技术人员及广大实际工作者而言，也是一本学习试验设计的有益参考书。

Optimal Design of Experiments: A Case Study Approach
ISBN: 9780470744611
Peter Goos, Bradley Jones

版权贸易合同登记号　图字：01-2022-1304

图书在版编目（CIP）数据

最优试验设计：案例分析 /（美）彼得·古斯(Peter Goos)，（美）布拉德利·琼斯（Bradley Jones）著；杨贵军等译. — 北京：电子工业出版社，2022.4
书名原文：Optimal Design of Experiments: A Case Study Approach
ISBN 978-7-121-43264-4

Ⅰ. ①最…　Ⅱ. ①彼…　②布…　③杨…　Ⅲ. ①试验设计　Ⅳ. ①TB21

中国版本图书馆 CIP 数据核字（2022）第 062845 号

责任编辑：秦淑灵　　文字编辑：徐　萍
印　　刷：天津千鹤文化传播有限公司
装　　订：天津千鹤文化传播有限公司
出版发行：电子工业出版社
　　　　　北京市海淀区万寿路 173 信箱　　邮编　100036
开　　本：787×1092　1/16　印张：14.25　字数：365 千字
版　　次：2022 年 4 月第 1 版
印　　次：2022 年 4 月第 1 次印刷
定　　价：89.00 元

凡所购买电子工业出版社图书有缺损问题，请向购买书店调换。若书店售缺，请与本社发行部联系，联系及邮购电话：（010）88254888，88258888。

质量投诉请发邮件至 zlts@phei.com.cn，盗版侵权举报请发邮件至 dbqq@phei.com.cn。

本书咨询联系方式：qinshl@phei.com.cn。

前　　言

试验设计是认识系统和过程的有效工具。在实践中，这种工具通常会产生直接的改进效果。本书所呈现的最优试验设计是一种通用的、灵活的试验设计方法。我们的观点是，最优试验设计几乎在任何建议使用试验设计的情况下都是一个适当的工具。

关于统计学应用领域或应用数学的书籍，比如试验设计，会给非专业人士带来很强的距离感。我们想撰写一本关于试验设计实际应用的书，对新的从业者和专家都有吸引力。这显然是一个雄心勃勃的目标，我们已经通过撰写一本不同类型的书来实现这一目标。

本书的每一章都包含一个案例分析。案例分析以一个剧本的形式呈现，其中（虚构的）Intrepid 统计咨询公司（Intrepid Stats Consulting Firm）的两位顾问 Brad 和 Peter 帮助各行各业的客户解决实际问题。本书选择这种风格是为了使每一章核心概念的呈现既不拘泥于形式又易于理解。

这种风格绝不是独一无二的。对话的使用可以追溯到希腊哲学家柏拉图（Plato）。更现代的，伽利略（Galileo）利用这种方式来介绍科学思想。他的三个角色是：老师、有经验的学生和新手。

虽然本书的案例分析涉及脚本化的咨询环节，但我们建议读者在解决自己的设计问题时不要照搬我们的咨询风格。为了紧凑地阐述每个案例的要点，本书跳过了许多必要的信息收集，这些信息涉及有效的统计咨询和问题解决。

我们选择通过案例分析来展示最优试验设计的一般性和灵活性。本书从一个简单的比较试验开始第 1 章。接下来的两章讨论在一家生物技术公司进行的筛选试验及后续试验。在第 4 章中，展示了一个经过设计的响应曲面试验如何有助于开发一个稳健的食品包装生产过程。在第 5 章中，建立了一个响应曲面试验，以最大限度地提高化学萃取工艺的收率。第 6 章介绍了一个结构类似于化学和制药行业的混料试验，旨在改善铝板表面的光泽度。在第 7 章和第 8 章中，将试验的优化设计方法应用到不同天数的维生素稳定性试验和糕点面团试验中，证明了这可以防止结果发生天与天之间的变化。在第 9 章中，展示了如何考虑试验单元的先验信息及如何处理试验结果中的时间趋势。在第 10 章中，建立了一个风洞试验，其中包含了一些水平很难改变的因子。最后，在第 11 章中，讨论了一个跨越两个生产步骤的电池试验的设计。

因为本书对案例研究的介绍通常很少涉及数学和统计方面的细节，所以每一章都有一个称为“窥探黑箱”的部分。在这些章节中，我们为本书案例研究中使用的各种技术提供了更严谨的基础材料。读者可能会发现，这些章节中关于数据分析的内容并不像预期那么多。很多关于试验设计的书籍都是关于数据分析的，而不是设计生成、评估和比较。在实际获取响应数据之前，本书将大部分注意力集中在解释读者可以从分析中预见到什么。几乎在每一章中，还包含了单独的框架(称为“附件”)来讨论值得特别关注的主题。

我们希望本书可以吸引新的从业者，并为专家提供一些实用工具。我们最大的愿望是让更多的人进行更多的试验。用科尔·波特(Cole Porter)的话来说，“试验一下，你就知道了!”

Peter Goos, Bradley Jones

2011.1

目　　录

第 1 章　简单比较试验 …… 1

1.1　主要概念 …… 1

1.2　比较试验的安排 …… 1

1.3　总结 …… 6

第 2 章　最优筛选试验 …… 7

2.1　主要概念 …… 7

2.2　案例：提取试验 …… 7

2.2.1　问题和设计 …… 7

2.2.2　数据分析 …… 11

2.3　知识探究 …… 16

2.3.1　主效应模型 …… 17

2.3.2　两因子交互效应模型 …… 18

2.3.3　因子缩放(factor scaling) …… 18

2.3.4　普通最小二乘估计 …… 19

2.3.5　显著性检验和功效函数的计算 …… 21

2.3.6　方差膨胀 …… 22

2.3.7　别名 …… 22

2.3.8　最优设计 …… 25

2.3.9　生成最优试验设计 …… 26

2.3.10　回顾提取试验 …… 30

2.3.11　成功筛选原则：稀疏性、排序性、遗传性 …… 32

2.4　背景阅读 …… 33

2.4.1　筛选 …… 33

2.4.2　寻找最优设计的算法 …… 34

2.5　总结 …… 34

第 3 章　筛选试验的跟随试验 …… 35

3.1　主要概念 …… 35

3.2　案例：扩充的提取试验 …… 35

3.2.1　问题和设计 …… 35

3.2.2　数据分析 …… 41

3.3　知识探究 …… 44

3.3.1 跟随试验的最优选择 …… 45
3.3.2 设计构造算法 …… 50
3.3.3 折叠反转设计 …… 50
3.4 背景阅读 …… 50
3.5 总结 …… 51
第 4 章 含有分类因子的响应曲面设计 …… 52
4.1 主要概念 …… 52
4.2 案例：稳健的流程优化试验 …… 52
4.2.1 问题和设计 …… 52
4.2.2 数据分析 …… 60
4.3 知识探究 …… 63
4.3.1 二次效应 …… 63
4.3.2 针对多水平分类因子的虚拟变量 …… 64
4.3.3 计算 D-效率 …… 65
4.3.4 构建 FDS 图 …… 66
4.3.5 计算平均相对预测方差 …… 67
4.3.6 计算 I-效率 …… 69
4.3.7 保证基于普通最小二乘推断的有效性 …… 69
4.3.8 设计区域 …… 70
4.4 背景阅读 …… 70
4.5 总结 …… 71
第 5 章 规则设计区域的响应曲面设计 …… 72
5.1 主要概念 …… 72
5.2 案例：产量最大化试验 …… 72
5.2.1 问题和设计 …… 72
5.2.2 数据分析 …… 79
5.3 知识探究 …… 82
5.3.1 三次因子效应 …… 82
5.3.2 失拟检验 …… 83
5.3.3 在试验设计的构造算法中加入因子限制 …… 84
5.4 背景阅读 …… 85
5.5 总结 …… 85
第 6 章 带有过程因子的混料试验 …… 86
6.1 主要概念 …… 86
6.2 案例：轧机试验 …… 86
6.2.1 问题和设计 …… 86

6.2.2 数据分析…………92
6.3 知识探究…………94
6.3.1 混料约束…………94
6.3.2 混料约束对模型的影响…………94
6.3.3 混料试验数据常用的模型…………96
6.3.4 混料试验的最优设计…………97
6.3.5 混料试验设计构造算法…………100
6.4 背景阅读…………101
6.5 总结…………102
第 7 章 区组响应曲面设计…………103
7.1 主要概念…………103
7.2 案例：油酥面团试验…………103
7.2.1 问题和设计…………103
7.2.2 数据分析…………110
7.3 知识探究…………116
7.3.1 模型…………116
7.3.2 广义最小二乘估计…………117
7.3.3 方差分量的估计…………119
7.3.4 显著性检验…………120
7.3.5 区组试验的最优设计…………120
7.3.6 正交分区组…………121
7.3.7 最优与正交分区组…………122
7.4 背景阅读…………123
7.5 总结…………123
第 8 章 区组筛选试验…………124
8.1 主要概念…………124
8.2 案例：稳定性改进试验…………124
8.2.1 问题和设计…………124
8.2.2 设计问题的回顾…………130
8.2.3 数据分析…………133
8.3 知识探究…………137
8.3.1 包含区组效应的模型…………137
8.3.2 固定区组效应…………138
8.4 背景阅读…………140
8.5 总结…………141
第 9 章 含有协变量的试验设计…………142
9.1 主要概念…………142

9.2 案例：聚丙烯试验……142
9.2.1 问题和设计……142
9.2.2 数据分析……150
9.3 知识探究……156
9.3.1 协变量或伴随变量……156
9.3.2 协变量存在时的模型和设计准则……156
9.3.3 对时间趋势的设计稳健……160
9.3.4 构造设计算法……163
9.3.5 随机化或不随机化……163
9.3.6 结语……164
9.4 背景阅读……164
9.5 总结……165
第 10 章 裂区设计……166
10.1 主要概念……166
10.2 案例：风洞试验……166
10.2.1 问题与设计……166
10.2.2 数据分析……176
10.3 知识探究……182
10.3.1 裂区术语……182
10.3.2 模型……183
10.3.3 裂区设计的推断……184
10.3.4 裂区设计的应用场合……187
10.3.5 所需的难变因子数量及试验次数……188
10.3.6 最优裂区试验设计……189
10.3.7 最优裂区设计的构造算法……189
10.3.8 分析裂区试验数据的难点……190
10.4 背景阅读……191
10.5 总结……191
第 11 章 双向裂区设计……193
11.1 主要概念……193
11.2 案例：电池试验……193
11.2.1 问题与设计……193
11.2.2 数据分析……199
11.3 知识探究……203
11.3.1 双向裂区模型……204
11.3.2 广义最小二乘估计……205

11.3.3 双向裂区试验的最优设计 ……208
11.3.4 D-最优双向裂区设计的构造算法……208
11.3.5 扩展及相关试验设计……209
11.4 背景阅读……209
11.5 总结……210
参考文献……211

第 1 章　简单比较试验

1.1　主要概念

(1) 优良的试验设计能够给出一个或多个重要未知参数的精确估计。两个处理均值差是这种数量或参数的一个例子。如果一个参数估计的方差比另一个参数估计的方差小，这个参数估计更精确。
(2) 平衡设计有时是最优的，但并非总是最优的。
(3) 如果两个设计问题具有不同特征，它们通常需要选用不同设计。
(4) 将一个新试验测试分配到有最大预测方差的处理组合上，是对其进行分配的最佳方案。这看起来有悖常理，但这是一个重要原则。
(5) 试验资源的最佳分配方案取决于在不同处理组合上进行试验的相对成本。

A 不同于 B 吗？A 比 B 好？本章阐述，在简单比较试验中 A 和 B 进行相同次数的试验，试验安排尽管看似合理，但并不总是最好的。本章还定义前文提到的最佳或最优的试验计划。

1.2　比较试验的安排

Peter 和 Brad 在 Brussels 机场的商务候机室里喝着比利时啤酒。由于突如其来的大雪，他们飞往美国的航班被严重延误，他们有充足的时间。Brad 说起写一本关于订制试验设计的教科书的想法。

【Brad】这个想法我已经酝酿很久了。我认为，试验设计课程和教材过多强调标准试验安排，如完全因析设计、正规部分因析设计、其他正交设计和中心复合设计。通常情况下，这些设计并不能解决所有的实际问题。另外，在很多情况下，标准试验设计并不是最佳选择。

【Peter】你不需要说服我。你要做什么来代替传统方法？

【Brad】我喜欢用案例研究的方法。每一章围绕一个实际试验设计问题展开。大多数案例的关键特征是，教科书中的试验设计不能给出令人满意的答案，并且需要一种灵活方法设计试验。我会演示现代的基于计算机的试验设计技术比标准试验设计能更好地解决真实的问题。

【Peter】所以，你尝试将最优设计作为一种灵活方法，可以解决任何试验设计问题。

【Brad】差不多吧。

【Peter】你认为，这会得到别人的认同吗？

【Brad】我相信会的。我感觉奇怪的是，即使现在是 2011 年，仍然没有任何书在没有太多数学知识的情况下，讲解如何利用最优设计或基于计算机的试验设计来解决实际问题。我试着把重点放在如何简便地生成这些设计，以及为什么它们往往是比标准设计更好的选择。

【Peter】你已经想好了用什么案例研究吗？

【Brad】Lone Star Snack Foods 做的稳健性试验是一个很好的选择。在这个试验中，我们有三个定量试验变量和一个定性试验变量。这是一个典型例子，教科书并未给出令人满意的答案。

【Peter】是啊，这是一个有意思的案例。油酥面团试验也同样是一个不错的选择。这是一个分区组的响应曲面设计，如何应用中心复合设计并不容易理解。

【Brad】是的。在我们筛选近期咨询工作列表时，我确信可以找到其他一些有意思的案例研究。

【Peter】那是肯定的。

【Brad】昨天晚上，我就努力为我说的这本书的导论章节提供一个好的案例。

【Peter】你找到有意思的案例了吗？

【Brad】我认为找到了。我的想法是开始选用一个简单案例，比较两个总体均值的试验。例如，比较两台不同机器生产电缆的平均厚度。

【Peter】因此，你是想用最简单的比较试验？

【Brad】是的。我是这样想的，因为这是几乎每个人都清楚要做什么的一个案例。

【Peter】当然。两台机器的观测次数应该相等。

【Brad】对，但前提是假设两台机器生产电缆的厚度方差相同。如果两台机器的方差不同，总观测次数的 50-50 分配不再是最佳选择。

【Peter】可以做到这一点。你能详细解释你将如何完成这个案例吗？

【Brad】当然可以。

Brad 拿起一支笔，开始在他用的餐巾纸上写出关键词和公式，并阐述他设想的方法。

【Brad】我们的想法如下。我们想比较两个均值，记为μ_1和μ_2，我们有一个试验经费预算允许安排，如$n=12$次观测，n_1次机器 1 的观测，n_2或$n-n_1$次机器 2 的观测。利用第一台机器n_1个观测的样本，我们可以计算第一台机器的样本均值为$\bar{X}_1$，方差为σ^2/n_1。以类似的方式，利用第二台机器n_2个观测的样本，可以计算样本均值为$\bar{X}_2$。第二台机器样本均值具有方差σ^2/n_2。

【Peter】你现在假设两台机器的厚度方差均为σ^2，所有观测在统计上是独立的。

【Brad】是的。我们感兴趣的是比较两个均值。我们的做法是，计算两个样本均值之间的差值$\bar{X}_1-\bar{X}_2$。显然，我们期望均值差的估计是精确的。因而，我们期望它的方差

$$\mathrm{var}(\bar{X}_1-\bar{X}_2)=\frac{\sigma^2}{n_1}+\frac{\sigma^2}{n_2}=\sigma^2\left(\frac{1}{n_1}+\frac{1}{n_2}\right)$$

或者它的标准差

$$\sigma_{\bar{X}_1-\bar{X}_2}=\sqrt{\frac{\sigma^2}{n_1}+\frac{\sigma^2}{n_2}}=\sigma\sqrt{\frac{1}{n_1}+\frac{1}{n_2}}$$

是很小的。

【Peter】你不是说你将尽可能避免数学知识吗？

【Brad】是的，我确实说过。但无论如何，我们不得不在书中写出公式。我们以后讨论这个问题。现在请继续听我的思路。

Brad 喝完杯中的酒，又向服务员点了一杯酒，然后拿出他的笔记本电脑。

【Brad】现在，我们可以列举所有可能的试验，并计算每一个试验中 $\bar{X}_1-\bar{X}_2$ 的方差和标准差。

在服务员端上满酒的杯子并拿走 Brad 的空杯子之前，Brad 已经完成表 1.1。这张表给出了将 $n=12$ 次观测分给两台机器的 11 种可能的方法，以及计算的方差和标准差。

表 1.1　当 $\sigma^2=1$ 时，在不同样本量 n_1 和 n_2 下，样本均值差的方差

n_1	n_2	$\text{var}(\bar{X}_1-\bar{X}_2)$	$\sigma_{\bar{X}_1-\bar{X}_2}$	效率 (%)
1	11	1.091	1.044	30.6
2	10	0.600	0.775	55.6
3	9	0.444	0.667	75.0
4	8	0.375	0.612	88.9
5	7	0.343	0.586	97.2
6	6	0.333	0.577	100.0
7	5	0.343	0.586	97.2
8	4	0.375	0.612	88.9
9	3	0.444	0.667	75.0
10	2	0.600	0.775	55.6
11	1	1.091	1.044	30.6

【Brad】我们开始。注意在我的计算过程中我使用了 $\sigma^2=1$。这个例子显示，取 n_1 和 n_2 相等且都等于 6 是最好的选择，因为这种方法会得到最小方差。

【Peter】这验证了传统试验的智慧。有必要说明，你选取的 σ^2 值不改变设计的选择或者不同可选设计的相对性能。

【Brad】是的。如果我们改变方差 σ^2 的数值，则 11 个方差将全部乘以 σ^2 的数值，因而这些方差的相对大小将不会受到影响。注意，如果你选用稍不平衡的设计并不会损失太大。如果一个样本量为 5 且另一个样本量为 7，则样本均值差 $\bar{X}_1-\bar{X}_2$ 的方差只比平衡设计的情况大一点。在表格的最后一列，计算了 11 种设计的效率。样本量为 5 与 7 的设计具有的效率是 0.333/0.343=97.1%。为了计算这些效率，我用最优设计的方差除以备选设计的方差。

【Peter】好的。我想下一步是让读者相信，平衡设计并不总是最佳选择。

Brad 喝了一口刚端来的酒，又开始在餐巾纸上写起来。

【Brad】是的。我接下来要做的是放弃两台机器有相同方差的假设。如果我们分别用 σ_1^2 和 σ_2^2 表示机器 1 和机器 2 的方差，则 $\bar{X}_1$ 和 $\bar{X}_2$ 的方差变为 σ_1^2/n_1 和 σ_2^2/n_2。样本均值差 $\bar{X}_1-\bar{X}_2$ 的方差为

$$\text{var}(\bar{X}_1-\bar{X}_2)=\frac{\sigma_1^2}{n_1}+\frac{\sigma_2^2}{n_2}$$

则它的标准差为

$$\sigma_{\bar{X}_1-\bar{X}_2}=\sqrt{\frac{\sigma_1^2}{n_1}+\frac{\sigma_2^2}{n_2}}$$

【Peter】现在你又要列举 11 种设计选择吗？

【Brad】是的。但是我首先需要猜测 σ_1^2 和 σ_2^2 的数值。让我们看看，如果 σ_2^2 是 σ_1^2 的 9 倍，将会有怎样的结果。

【Peter】嗯。方差比为 9 看起来相当大。

【Brad】我知道。我只想保证对设计有明显影响。

Brad 把笔记本电脑拉近些，修改他原来的表格，使得厚度方差分别为 $\sigma_1^2=1$ 和 $\sigma_2^2=9$。他很快完成了表 1.2。

表 1.2　当 $\sigma_1^2=1$ 和 $\sigma_2^2=9$ 时，在不同样本量 n_1 和 n_2 下，样本均值差的方差

n_1	n_2	$\text{var}(\bar{X}_1-\bar{X}_2)$	$\sigma_{\bar{X}_1-\bar{X}_2}$	效率(%)
1	11	1.818	1.348	73.3
2	10	1.400	1.183	95.2
3	9	1.333	1.155	100.0
4	8	1.375	1.173	97.0
5	7	1.486	1.219	89.7
6	6	1.667	1.291	80.0
7	5	1.943	1.394	68.6
8	4	2.375	1.541	56.1
9	3	3.111	1.764	42.9
10	2	4.600	2.145	29.0
11	1	9.091	3.015	14.7

【Brad】计算完了。这种情况下，机器 1 观测 3 次且机器 2 观测 9 次的设计是最优选择。平衡设计的方差是 1.667，比最优设计的方差 1.333 高了 25%。平衡设计现在仅有 1.333/1.667=80%的效率。

【Peter】如果方差比真有 9 那么大，这应该是完美的。如果你选择 σ_2^2 的数值不是特别大，将会得到什么结果？你能把 σ_2^2 设定为 2 吗？

【Brad】当然可以。

很快，Brad 完成了表 1.3。

【Peter】这就不那么明显了，但最优设计是不平衡的结论仍然是对的。注意到最优设计要求具有大方差的机器观测次数比具有小方差的机器观测次数更多。

【Brad】是的。更大的 n_2 数值抵消了机器 2 的大方差，从而确保 X_2 的方差不是非常大。

表 1.3　当 $\sigma_1^2=1$ 和 $\sigma_2^2=2$ 时，在不同样本量 n_1 和 n_2 下，样本均值差的方差

n_1	n_2	$\text{var}(\bar{X}_1-\bar{X}_2)$	$\sigma_{\bar{X}_1-\bar{X}_2}$	效率(%)
1	11	1.182	1.087	41.1
2	10	0.700	0.837	69.4

续表

n_1	n_2	$\mathrm{var}(\bar{X}_1-\bar{X}_2)$	$\sigma_{\bar{X}_1-\bar{X}_2}$	效率(%)
3	9	0.556	0.745	87.4
4	8	0.500	0.707	97.1
5	7	0.486	0.697	100.0
6	6	0.500	0.707	97.1
7	5	0.543	0.737	89.5
8	4	0.625	0.791	77.7
9	3	0.778	0.882	62.4
10	2	1.100	1.049	44.2
11	1	2.091	1.446	23.2

【Peter，指着表 1.3】好吧，我同意这是一个很好的演示例子，平衡设计不总是最优的设计，但在这个例子中平衡设计有超过 97%的效率。从而，当方差比接近于 1 时，你选用平衡设计不会损失太多效率。

Brad 看起来有点沮丧，喝了一大口酒，思考着应对方法。

【Peter】如果有个平衡设计应用效果不好的例子就太好了。你考虑过两个总体观测的不同成本吗？在厚度测量的例子中，这是没有意义的。但是假想，你比较的两个均值对应于两种医学治疗方案，或是两种肥料的处理。假设使用第一个处理的观测比使用第二个处理的观测花费更多。

【Brad】是的。这使我想起 Eric Schoen 研究的咖啡奶油试验。他每周能用一个装置完成的试验次数是用另一个装置的两倍。而且他仅有固定的几周时间来进行试验研究。因而，从时间角度来说，一个试验的花费是另一个试验的 2 倍。

【Peter，把 Brad 的笔记本电脑转向他】我记得这个例子。我们看看会得到什么结果。假设总体 1 的一次观测或处理 1 的一次观测费用是总体 2 的一次观测的 2 倍，简单地说，把费用分别设为 2 和 1，总预算设为 24，我想有 11 种方法花费试验预算。一个极端选择是处理 1 观测 1 次，处理 2 观测 22 次；另一个极端选择是处理 1 观测 11 次，处理 2 观测 2 次。每个极端选择都花费全部预算 24。显然，还有很多折中的设计选择。

Peter 开始修改 Brad 在笔记本电脑上给出的表格，不一会儿，他完成了表 1.4。

表 1.4　处理 1 的成本是处理 2 的 2 倍且总成本固定时不同设计下样本均值差的方差

n_1	n_2	$\mathrm{var}(\bar{X}_1-\bar{X}_2)$	$\sigma_{\bar{X}_1-\bar{X}_2}$	效率(%)
1	22	1.045	1.022	23.2
2	20	0.550	0.742	44.2
3	18	0.389	0.624	62.4
4	16	0.313	0.559	77.7
5	14	0.271	0.521	89.5
6	12	0.250	0.500	97.1
7	10	0.243	0.493	100.0
8	8	0.250	0.500	97.1
9	6	0.278	0.527	87.4
10	4	0.350	0.592	69.4
11	2	0.591	0.769	41.1

【Peter】看看这个。

【Brad】真有趣。最优设计还不是平衡的，观测总数甚至不是偶数。

【Peter，点头】这些结果并不像我想的那么有说服力。每个处理有 8 次观测的平衡设计仍然有很高效率。然而，这是平衡设计并不是最佳选择的另一个例子。

【Brad】现在的问题是，这些例子是否能成为本书的很好开篇。

【Peter】这些例子的优点是它们阐述了两个重要问题。首先，至少在一种情况下标准设计是最优的，就是说，观察人能够承担的观测数是偶数，两个总体的方差相同，且两个总体的每次观测成本相等。其次，只要通常的假设条件之一不满足，标准设计往往不是最优的。

【Brad】当然，本书的读者要认识到，两个不同总体的方差是完全相同的假设是不现实的。

【Peter】很有可能。但当方差不同时，找出最优设计需要关于 σ_1^2 和 σ_2^2 规模大小的知识。我并不知道这些知识能够从哪里获得。很明显，在没有关于 σ_1^2 和 σ_2^2 先验知识的情况下，平衡设计是合理的选择，因为在我们研究的所有例子中，平衡设计有至少 80%的效率。

【Brad】我能想到一个你能合理预期方差不同的例子。假设你的研究使用两台机器，一台是旧的，一台是新的。此时，你一定希望这台新机器制造具有更小方差的产品。还有，与方差相比，试验者通常更清楚地知道每次观测的成本。因此，两个总体具有不同成本的案例可能更有说服力。如果清楚地知道处理 1 的观测费用是处理 2 的观测费用的 2 倍，你刚才已经演示了试验者应该放弃标准设计，使用不平衡设计。因此，这看起来是本书开篇的很好例子。

【Peter，大笑】我知道，你已经把我吸引进这个项目中了。

【Brad】为我们的新项目干杯！

他们碰杯，然后把注意力转移到菜单上。

1.3 总结

如果所有观测具有相同成本，观测结果独立，误差方差相同，则两水平单个试验因子的平衡设计是最优的。如果两个处理的误差方差不等，则平衡设计不再是最优的。如果两个处理具有不同成本，则平衡设计也不再是最优的。

一般性的原则是试验者应该在更大不确定性的处理组合上安排更多次试验。

第 2 章　最优筛选试验

2.1　主要概念

(1) 两水平因子的正交设计是一种最优设计。因此，计算机搜索最优设计的算法也可以生成标准的正交设计。

(2) 当一个给定的因子效应对响应影响依赖于另一个因子的水平时，我们就说一个两因子交互效应(two-factor interaction effect)存在。因此，两因子交互效应是对响应的综合效应，不同于两个因子各自效应之和。

(3) 如果显著的两因子交互效应没有包含在模型中，那么将会对主效应的估计造成偏差。

(4) 别名矩阵(alias matrix)是第三个主要概念中提到的偏差的定量度量。

(5) 在模型中添加一个以前没有的项，将会消除所有由于该项不存在而产生的偏差。

(6) 使用正交主效应设计时，将两因子交互效应加入主效应模型是需要做一个权衡的，因为你可能会把相关性引入系数的估计中。这样的相关性会导致效应估计的方差增大。

筛选设计在工业中是最常用的。其思想是通过一个小规模的研究，从众多试验因子的效应中分析出对感兴趣的响应有最显著影响的少数几个因子。这种方法基于帕累托(Pareto)或效应稀疏原则(sparsity-of-effects principle)，指出少数几个重要因子驱动着大多数真实的过程。

在本章中，我们为一个筛选试验生成了最优设计，并且对试验数据进行了分析。像大多数筛选试验一样，我们对于什么模型能够最好地描述系统中的潜在行为是模糊的。这些问题将会在第 3 章中解决。尽管这种情况经常发生，即使对于什么模型是最好的还存在模糊性，但我们为显著提高过程的性能找到了新的设置。

2.2　案例：提取试验

2.2.1　问题和设计

Peter 和 Brad 乘坐火车去 Brussels 东南部的城市 Rixensart，访问 GeneBe 生物公司。

【Brad】我们此次的目的是什么？

【Peter】我们的联系人 Dr. Zheng 说他们公司开始考虑使用经过设计的试验作为他们工具集的一部分。

【Brad】那么，我们应该做得尽可能标准。

【Peter】我想你说的有道理。我们需要做到让他们感到舒适，至少对于一个试验用起来比较舒适。

【Brad】你对他们要研究的问题有什么想法吗？

【Peter】Dr. Zheng 说他们正在尝试从室内培养的专有培养皿中提取抗菌物质的最优化过程。他在电话里解释过提取试验的过程，但是我回顾起来比较麻烦，毕竟我对微生物学不熟悉。

【Brad】我也不擅长。不过我确定 Dr. Zheng 会在会面时告诉我们所有细节。

他们到了 GeneBe 公司，Dr. Zheng 在接待室会见了他们。

【Dr. Zheng】Peter，很高兴再次见到你。这位一定是……

【Peter】Brad Jones，他是我的同事，也是我们公司的主要合伙人。

【Dr. Zheng】Brad，欢迎来到 GeneBe。我们去会议室吧，谈谈我们对于这项合作研究的一些想法。

在会议室中，Brad 打开他的笔记本电脑，此时 Dr. Zheng 给大家倒了咖啡。闲聊一会儿后，大家开始讨论手头这个问题。

【Dr. Zheng】我们的一些主要客户是食品生产商。他们感兴趣的是抑制各种微生物的生长。你知道在食品加工过程中最常见的是大肠埃希氏菌、鼠伤寒沙门氏菌等。过去，他们在食品中使用化学添加剂达到此目的，但人们担心这样做会产生长期的影响。我们已经找到一个强有力的微生物抑制剂，是一种脂肽，它存在于枯草杆菌的菌株中。如果我们能在现有水平下提高这种抑制剂的提取量，那么我们就找到了一种比目前使用化学制剂更安全的替代方案。因此，我们试验的主要目的是提高提取过程的产量。

【Brad】是的。

【Dr. Zheng】现在的问题是我们已经很了解脂肽，但是对它提取量的影响因素还不了解。

【Brad】你能告诉我一些关于抗菌物质的整个提取过程吗？

【Dr. Zheng】当然，不过我会讲得简单些，虽然很容易把它讲得听上去很复杂。简单地讲，我们从一株枯草杆菌开始，把它放在一个有一些培养液的烧瓶中，在 37℃条件下培养 24 小时，同时全程不停地摇晃。下一步就是把得到的培养液放入另一个装有某种特殊培养液的烧瓶中，并在介于 30℃和 33℃的温度下培养一段时间。然后对通过以上步骤得到的培养皿进行离心处理，以去掉细菌的细胞核，之后就可以进行提取了。

【Peter】怎么进行提取？

【Dr. Zheng】我们在得到的 100 毫升培养液中加入各种溶剂，在提取的过程中可以调整培养液的溶解时间和 pH 值。

【Peter】你对将要研究的因子了解吗？培养液的溶解时间和 pH 值看起来是理想的候选因子。

【Dr. Zheng】没错，我们已经做了些研究，定义了 6 个打算研究的因子。甲醇、乙醇、丙醇、丁醇 4 种溶剂的存在与否是我们要考察的因子，另外两个因子就是溶解时间和 pH 值。

【Peter，点头】很显然，你想要研究的响应是产量，怎么测量呢？

【Dr. Zheng】该产量的单位是毫克每 100 毫升。我们用高性能液相色谱法或 HPLC 来确定每次提取试验的产量。

【Peter】那听起来也不是很简单，你们现在提取过程的产量是多少？

【Dr. Zheng】我们在中性 pH 值情况下加入甲醇 2 小时，每批次大约得到 25 毫克产量。我们需要高于 45 毫克的产量，来让主管对我们下一步的试验感兴趣。

【Brad】听起来是有挑战性的。

【Peter】在这个研究中你们能承担多少次试验？

【Dr. Zheng】试验设计在这里还不是一个被接受的技术。本研究只是为了证明我们思想的正确性。我怀疑我能否说服管理部门进行超过 15 次试验。当然，鉴于培养皿的准备时间，如果能将试验控制在 15 次以下就更好了。

【Peter】12 次试验是一个筛选试验的理想次数。使用 4 的足够大倍数的试验可以让你独立地估计因子的主效应。然后，你还可以节约 3 个试验点来做验证试验。如果你认为这是一个好主意，那么 Brad 可以立刻给你构造出一个设计。

几秒之后，Brad 转动他的笔记本电脑，让 Dr. Zheng 和 Peter 也能看清屏幕。

【Brad】在生成这个包含 12 次试验的设计时，我采用了通用名称 x_1～x_6 来表示 6 个试验因子。对于溶剂的存在与否我分别用编码 +1 与 –1 来表示。对于 pH 值和时间这两个因子，我用 –1 表示它们的低水平，+1 表示它们的高水平。

Brad 将表 2.1 中的设计展示给 Dr. Zheng 和 Peter。

表 2.1　Brad 为 GeneBe 公司提取试验构造的设计

试验点	x_1	x_2	x_3	x_4	x_5	x_6
1	−1	−1	−1	+1	−1	−1
2	−1	+1	−1	−1	+1	−1
3	−1	+1	−1	+1	+1	+1
4	+1	+1	+1	−1	−1	−1
5	−1	−1	+1	−1	−1	+1
6	−1	+1	+1	+1	−1	−1
7	+1	+1	−1	−1	−1	+1
8	+1	−1	−1	−1	+1	−1
9	+1	−1	+1	+1	+1	−1
10	−1	−1	+1	−1	+1	+1
11	+1	+1	+1	+1	+1	+1
12	+1	−1	−1	+1	−1	+1

【Dr.Zheng】太快了！你是怎么生成这个表格的？是从一组设计中直接选的一个吗？

【Brad】在这种情况下，我可以选择这么做，但我没有。我是根据你的需要，使用计算机算法生成的最优设计。

【Dr. Zheng】这听起来很有趣。我本来是希望对于第一个项目，我们按部就班地做些没有争议的事情就好了，比如使用书本上已经存在的设计。

【Peter】在你们俩讨论的时候，我看了看这个设计，对于 12 次试验 2 水平的设计，它是不会引起争议的。

【Dr. Zheng】怎么讲？

【Peter】在某种意义上说该设计具有完美的结构。注意看一下，每列都只有两个值 –1 和 +1，如果我们加总每一列，得到的是零，这意味着每列具有 –1 和 +1 的个数是相同的。

它的平衡性还体现在其他地方，如每两列配对都有 4 个可能的组合：+ +,− −,+ −,− +，而且 4 种组合都出现 3 次。

【Brad】用专业术语来说，一个拥有以上性质的设计被称为正交设计。事实上，我刚才说过，我可以从已有的设计中直接选出来。那是因为我的计算机软件构造的最优设计可以由 Plackett-Burman 设计得到。

【Peter】正交设计的一个关键特性是它们可以独立地估计主效应。

【Dr. Zheng】我之前听说过正交设计和 Plackett-Burman 设计。看来它们在食品科学研究领域很受欢迎。这应该会使管理部门更容易接受这个设计吧。

【Brad】这是个好消息啊！

【Dr. Zheng】如果你可以直接用已有的某种设计，那为什么还要用算法重新构造呢？

【Brad】这是一个原则性问题。我们总是根据正在解决的问题来构造相应的设计。

【Peter】这和我们直接选择一个已有设计并强制性地把它用于解决问题不同。当然，在这种情况下，强制性地分析也可以，因为从已有设计中选择的设计刚好与我们构造的设计是一样的。

【Brad】其实我知道它会是这样的，但我总是喜欢向大家展示：基于需要构造的最优设计并不一定是想象出来的或是很复杂的。

【Peter】对，从设计的角度来看，我们觉得不管是否是例行的或临时的问题，基于需要构造最优设计是合适的。

【Dr. Zheng】我认为我们这个星期就可以运行你的设计。如果你能把设计表中的编码因子水平换成我们打算使用的实际因子水平，那将会很有帮助。

【Brad】当然可以，它们的实际水平是什么？

【Dr. Zheng】对于每一种溶剂，只要它被用在提取过程中，我们就使用 10 毫升，所以前 4 个因子的取值范围是从 0 至 10 毫升。对 pH 值，它的低水平取为 6，高水平取为 9。最后，时间为 1～2 小时。

很快，Brad 就制作了表 2.2。

【Brad】好了。

表 2.2　GeneBe 公司提取试验的设计，因子水平使用工程单位

试验点	甲醇（毫升） x_1	乙醇（毫升） x_2	丙醇（毫升） x_3	丁醇（毫升） x_4	pH 值 x_5	时间（小时） x_6
1	0	0	0	10	6	1
2	0	10	0	0	9	1
3	0	10	0	10	9	2
4	10	10	10	0	6	1
5	0	0	10	0	6	2
6	0	10	10	10	6	1
7	10	10	0	0	6	2
8	10	0	0	0	9	1
9	10	0	10	10	9	1
10	0	0	10	0	9	2
11	10	10	10	10	9	2
12	10	0	0	10	6	2

【Dr. Zheng，递给 Brad 存储卡】你能把这个表格复制到我的存储卡中吗？

我希望下周把试验数据用邮件发给你。

在回去的火车上，Peter 和 Brad 还在讨论与 Dr. Zheng 的会面。其中一个问题就是表 2.1 和表 2.2 的设计。

【Peter】你有没有意识到你给 Dr. Zheng 构造设计时，你是多么幸运？

【Brad】什么意思？

【Peter】是这样的，你的设计可能会出现有一行 4 个因子都处于低水平的情况。这将意味着做一个无任何溶剂的试验。

【Brad】那会很尴尬。把所有的+1 更换成−1，同时把所有的−1 替换成+1 就可以解决这个问题。这个变换可以生成一个统计意义上同样好的设计，就像我生成的那个一样。

【Peter】但是更适用于解决 Dr. Zheng 的问题。我们应该谨记，经常会有不止一个最优设计，我们可以从中选出最适合我们问题的那个。

2.2.2 数据分析

一个星期后，Peter 收到了 Dr. Zheng 的电子邮件，其中包含表 2.3。

> Peter：
>
> 看起来我们已经取得一个很大的成功。注意，第 7 次试验的产量已经超过 45 毫克。我忍不住自己分析了数据。看起来，甲醇、乙醇、pH 值和时间都是显著的。

表 2.3　GeneBe 公司提取试验的设计及响应数据

试验点	甲醇（毫升）x_1	乙醇（毫升）x_2	丙醇（毫升）x_3	丁醇（毫升）x_4	pH 值 x_5	时间（小时）x_6	产量（毫克）
1	0	0	0	10	6	1	10.94
2	0	10	0	0	9	1	15.79
3	0	10	0	10	9	2	25.96
4	10	10	10	0	6	1	35.92
5	0	0	10	0	6	2	22.92
6	0	10	10	10	6	1	23.54
7	10	10	0	0	6	2	47.44
8	10	0	0	0	9	1	19.80
9	10	0	10	10	9	1	29.48
10	0	0	10	0	9	2	17.13
11	10	10	10	10	9	2	43.75
12	10	0	0	10	6	2	40.86

> 如果我用 Brad 生成设计时使用的−1 和 +1 代码来构建预测方程，可以得到
>
> $$产量 = 27.79 + 8.41x_1 + 4.27x_2 - 2.48x_5 + 5.21x_6 \tag{2.1}$$

式中

$$x_1 = (\text{甲醇}-5)/5$$

$$x_2 = (\text{乙醇}-5)/5$$

$$x_5 = (\text{pH}-7.5)/1.5$$

$$x_6 = (\text{时间}-1.5)/0.5$$

我的方法是：首先用所有因子的主效应拟合一个模型，然后在显著水平5%下从模型中剔除所有不显著因子。

你和 Brad 能否看下这些结果，明天上午 10 点过来给出你们的结果和建议？

谢谢！

Zheng

第二天早上，在上次和 Dr. Zheng 会面的办公室，Peter 和 Brad 给 Dr. Zheng 和他的主管 Bas Ritter 展示了他们的结果。

【Peter】我们已经核实您发给我们的分析结果。用您的预测方程，使用甲醇和乙醇作为溶剂，pH 值为 6，时间为 2 小时，那么能得到的最大产量大约为 48 毫克。

【Bas】我希望你们给一个有更高预测产量的因子设置，最好在 50 毫克甚至更高。

【Brad】我们也有相同的想法，所以我们做了一点额外的挖掘。我们使用全子集回归去拟合最多含有 7 个效应的所有模型。我们正在寻找可能存在的较大的两因子交互效应。

【Bas】什么是两因子交互效应？

【Peter】有时一个因子变化对响应的影响依赖于另一个因子的取值。当发生这种情况时，我们说这两个因子相互作用于它们对响应的影响。

【Brad】在这个案例中，除了包含所有主效应的模型，我们还可以发现乙醇和丙醇之间存在两因子交互效应。这说明，当乙醇不在溶剂中时，加入丙醇可以提高产量；另一方面，当乙醇在溶剂中时，加入丙醇降低了产量。这里有两个图来说明我的意思。

Brad 打开笔记本电脑给他们看了图 2.1 和图 2.2。

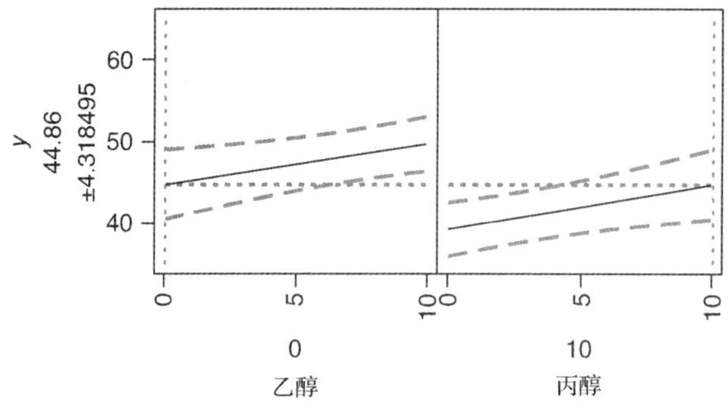

图 2.1　溶剂中没有乙醇但有丙醇时的预测

【Bas，挠着后脑勺】这两个图是怎么演示你的意思的？我们该如何理解呢？

【Brad】让我解释一下图 2.1 的所有特点。左图显示了乙醇因子对响应 y 的效应，而右图显示了丙醇因子的效应。在每个小图中，实线代表在其他因子设置给定下因子效应的估计，是利用数据估计的。每个小图中的两条虚线形成了置信度为 95%的置信带。垂直的虚线表示所选择的因子设置，水平的虚线告诉我们预测的响应是多少。

【Peter，指着图 2.1】在左侧图形中，可以看到，乙醇是处于较低的水平，即 0。在右侧图形中，可以看到，对于乙醇因子的那个设置，增加丙醇因子的水平对响应有积极的影响。所以，如果我们固定乙醇为 0，最好把丙醇因子设置在高水平，即 10。这将得到 44.86 的预测产量。

【Brad】加或者减 4.32。

【Dr. Zheng】我觉得我懂了，让我来试着解释另一个图形。通过左侧的图形，我们可以发现，乙醇被固定在高水平，右侧的图形显示丙醇对产量有很小的负面影响。

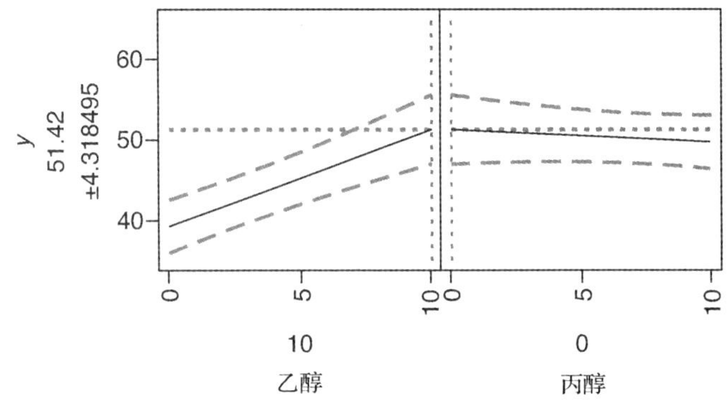

图 2.2　溶剂中有乙醇但没有丙醇时的预测

【Bas】所以，如果我们把乙醇固定在 10 的水平，我们不应该使用丙醇，此时的产量是 51.42。当然，还得加或者减 4.32。

【Brad】太棒了！

【Bas，沉思着】因此，在一种情况下，加入丙醇提高了产量，而在另一种情况下，加入丙醇却降低了产量。这看起来很奇怪。

【Peter】两个因子之间的交互效应通常看起来会奇怪，但据我们的经验这很正常。这其中也有一些潜在的好消息。当模型中包含所有主效应和这个两因子交互效应时，我们可以得到最大的预测产量，51.4 毫克。

【Bas】我们要怎么做才能得到这样的产量？

【Peter】需要在溶液中加入乙醇、丙醇、丁醇，并将 pH 值设为 6，时间设为 2 小时。但是，我们要提醒你，我们发现的这个两因子交互效应只是在统计学角度勉强显著。我们还发现了许多可供选择的模型，它们在预测能力方面都和我们的首选模型相近。如果我们选的这个模型正确，我们认为再额外追加几次试验来比较这些优良的备选模型并确定包含乙醇和丙醇的两因子交互效应将会是个明智之举。

【Bas】我会考虑的。另外，Dr. Zheng，我们在 Peter 刚才建议的设置下再进行一些试验，看看会得到什么样的产量。

【Brad】这就是我们要给的另一个建议。

【Dr. Zheng】Dr. Ritter，我想问下 Peter 和 Brad 一些技术上的问题。

【Bas】我不认为讨论这些问题需要我在这里。Peter，Brad，谢谢你们的帮助。如果我们决定实施你们关于跟随试验的建议，我会让 Dr. Zheng 联系你们的。

Bas 说完离开了。

【Dr. Zheng】你能给我看下包含两因子交互效应的预测方程吗？

【Peter】当然，这就是预测方程，或者说是估计模型。请注意我用的是编码单位。

Peter 在白板上写出下面的等式

$$\text{产量}=27.79+9.00x_1+4.27x_2+1.00x_3+1.88x_4-3.07x_5+4.63x_6-1.77x_2x_3 \tag{2.2}$$

【Dr. Zheng】您给出的最优设计本质上来源于 Plackett-Burman 设计，对吧？

【Peter】是的。

【Dr. Zheng】那我就有些困惑了。我阅读过的文献说，这些设计都假设两因子交互效应可以忽略不计。我原以为你只想用这些设计去拟合主效应模型。

【Brad】假设两因子交互效应可以忽略是有原因的。如果有个较大的两因子交互效应，那么使用 Plackett-Burman 设计，得出的主效应估计将由于没把两因子交互效应考虑进模型而产生偏差。

Dr. Zheng 皱了皱眉。

【Brad 将式(2.1)呈现在屏幕上】看这里，我这儿有你估计的模型，这是仅包括主效应的模型。该模型估计甲醇的主效应是 8.41。在我们的预测方程中甲醇主效应的估计是 9.00。

【Dr. Zheng】还是有 0.59 的差距，这个差距可不小。为什么估计会有所不同呢？

【Peter】这是由于包含乙醇和丙醇这两个因子的交互效应使得甲醇主效应的估计产生偏差。假设这个交互效应是仅有的两因子交互效应，那么甲醇主效应估计 $\hat{\beta}_1$ 的期望值是甲醇效应的真实值β_1(但未知)加上乙醇和丙醇两因子交互效应真实值β_{23}(也未知)的三分之一。

Peter 在白板上写下了下面的等式

$$E(\hat{\beta}_1)=\beta_1+\frac{1}{3}\beta_{23}$$

【Dr. Zheng】为什么偏差是β_{23}的三分之一，这三分之一是哪来的？

【Peter 从 Brad 手中接过笔记本电脑，并使用他最喜欢的电子表格向 Dr. Zheng 展示三分之一是怎么来的】通常情况下，计算偏差需要求矩阵的逆，但是因为我们的设计是正交的，计算比较简单。你新产生一列 x_2 和 x_3 之间的交互效应，然后用 x_1 的列与这一列做乘积并求和，再除以 12，12 是试验点的个数。其结果是三分之一。

Brad 笔记本电脑的屏幕上显示了表 2.4。当看到 Dr. Zheng 在点头时，Peter 继续说。

【Peter】现在，当我们的模型中包含乙醇和丙醇的交互效应β_{23}时，它的估计值是−1.77，则偏差为 $\beta_{23}/3=-1.77/3=-0.59$。所以在主效应模型中甲醇的估计值要比它的真实值小 0.59。一旦我们找到一个实际的两因子交互效应，并将其纳入模型中，那么主效应的估计就不再与这个交互效应混杂。

【Brad】这就是为什么当你实施一个 Plackett-Burman 类型的设计时，最好寻找大的两因子交互效应。如果你找到了它，对你的结论将有很大的影响。

表 2.4　乙醇(x_2)和丙醇(x_3)的两因子交互效应对甲醇(x_1)的主效应估计造成偏差的计算

试验点	x_1	x_2	x_3	x_2x_3	$x_1x_2x_3$
1	−1	−1	−1	+1	−1
2	−1	+1	−1	−1	+1
3	−1	+1	−1	−1	+1
4	+1	+1	+1	+1	+1
5	−1	−1	+1	−1	+1
6	−1	+1	+1	+1	−1
7	+1	+1	−1	−1	−1
8	+1	−1	−1	+1	+1
9	+1	−1	+1	−1	−1
10	−1	−1	+1	−1	+1
11	+1	+1	+1	+1	+1
12	+1	−1	−1	+1	+1
				平均值：	+1/3

【Dr. Zheng】稍等，对于主效应设计是正交的，对吗？但是一旦你添加两因子交互效应到模型中，不就会使因子效应的估计相关了吗？

【Peter】是的，而且那样会使模型选择的过程有一点复杂，但我们认为发现一个较大的两因子交互效应的潜在好处是有价值的额外努力。

【Brad】我拟合了主效应模型，也拟合了包含两因子交互效应的模型。这里是两组参数估计值。

Brad 将笔记本电脑转向 Dr. Zheng，好让他可以看到表 2.5 和表 2.6。

表 2.5　只含有主效应的模型(*表示该效应在 5%显著性水平下显著不为零)

效应	估计值	标准误	t 值	p 值
截距项	27.79	0.71	39.0	<0.0001*
甲醇	8.41	0.71	11.8	<0.0001*
乙醇	4.27	0.71	6.0	0.0019*
丙醇	1.00	0.71	1.4	0.2214
丁醇	1.29	0.71	1.8	0.1292
pH 值	−2.48	0.71	−4.29	0.0178*
时间	5.22	0.71	8.37	0.0007

【Brad，指着表 2.5】注意到在主效应模型估计中所有参数的估计都有相同的标准误，这就是我们使用+1 和−1 编码以及设计是正交的结果。

【Peter，被表 2.6 吸引】啊！但是当我们添加两因子交互效应后，我们得到 3 个不同的标准误。截距项的估计、乙醇和丙醇的主效应估计、乙醇和丙醇交互效应的估计是不相关的。因此，这些估计有最小的标准误。其他主效应的估计与交互效应的估计是相关的，所以它们的标准误是完全一样的，但较大。最后，两因子交互效应的估计有最大的标准误，因为它与模型中其他 4 项都存在相关性。

表 2.6 包含主效应和乙醇与丙醇交互效应的模型(*表示该效应在 5%显著性水平下显著不为零)

效应	估计值	标准误	t 值	p 值
截距项	27.79	0.45	61.9	<0.0001*
甲醇	9.00	0.49	18.3	<0.0001*
乙醇	4.27	0.45	9.5	0.0007*
丙醇	1.00	0.45	2.2	0.0908
丁醇	1.88	0.49	3.8	0.0186*
pH 值	−3.07	0.49	−6.2	0.0034*
时间	4.63	0.49	9.4	0.0007*
乙醇×丙醇	−1.77	0.60	−2.9	0.0426*

【Dr. Zheng】我注意到，在包含交互效应项的模型中，丁醇的主效应高度显著。而在主效应模型中，它在 0.05 显著性水平下却不显著。这也是添加了两因子交互效应导致的吗？

【Brad】是的。把乙醇与丙醇的交互效应加入模型会发生两件事情。首先，丁醇效应的估计会增加 0.59。

【Dr. Zheng】又是 0.59。

【Brad】对的，那是因为乙醇和丙醇的交互效应与丁醇主效应的别名程度也是三分之一。

【Dr. Zheng 点头】没错。加入那个交互效应导致的第二件事情是什么？

【Brad】模型的均方根误差(root mean squared error)变小了。这就降低了因子效应估计的标准误。这两个结果都会使对丁醇主效应进行显著性检验得到的 t 值提高。如果估计值越大，那么 t 值的分子越大，标准误就越小(0.49，而不是 0.71)，这是因为分母变小了。

【Dr. Zheng】为了确保我彻底明白，你能解释一下为什么均方根误差减小了吗？

【Peter】误差平方和衡量的是模型解释不了的那部分响应的变差。通过添加乙醇与丙醇的交互效应，我们增加了一个重要的额外解释变量进入模型。其结果是，解释不了的变差更少了，所以误差平方和更小了。如果减少得足够大，则均方误差和均方根误差也会下降。

【Dr. Zheng】然后估计的标准误也降低。

【Peter】以丁醇的主效应为例，这会导致产生一个小于 0.05 的显著概率，即 p 值。

【Dr. Zheng】谢谢，我的确看到加入交互效应的好处了。而且我也明白了为什么你们建议进行跟随试验来探究该交互效应到底是否存在，我会尽我最大的努力来争取进一步试验。

【Peter】太好了，等待你的好消息。

2.3 知识探究

通常情况下，筛选试验中可以利用两水平的设计来拟合主效应模型或包含主效应及两因子交互效应的模型。限制因子取两个水平及使用简单模型的好处是，相对来说可以用较少的试验点来容纳很多因子。

2.3.1　主效应模型

主效应模型只包含各试验因子的一阶项。定义试验中的 k 个因子为 $x_1,x_2,\cdots,x_k$，则第 i 次观测响应的模型方程是

$$Y_i=\beta_0+\beta_1x_{1i}+\cdots+\beta_kx_{ki}+\varepsilon_i \tag{2.3}$$

这里，$\beta_0,\beta_1,\cdots,\beta_k$ 是模型中的未知参数，ε_i 是响应 Y_i 与在第 i 个因子设置 $x_{1i},x_{2i},\cdots,x_{ki}$ 下响应的未知均值之间的偏差。ε_i 的统计解释是随机误差，一般假设 ε_i 服从均值为零、方差为 σ_ε^2 的正态分布，并且对于所有的 i 及 $j\neq i$，有 ε_i 和 ε_j 相互独立。方差 σ_ε^2 为误差方差。

参数 β_0 是截距项或常数项，参数 $\beta_0,\beta_1,\cdots,\beta_k$ 代表因子 $x_1,x_2,\cdots,x_k$ 对于响应 Y 的线性效应或者主效应。

该模型的矩阵形式显得更为紧凑，我们称之为回归模型：

$$\boldsymbol{Y}=\boldsymbol{X\beta}+\boldsymbol{\varepsilon} \tag{2.4}$$

这里，$\boldsymbol{Y}$ 与 $\boldsymbol{\varepsilon}$ 均是拥有和试验次数一样多元素的向量，我们把试验点的个数，也称为样本容量，记为 n。向量 $\boldsymbol{Y}$ 包含 n 个响应值，而向量 $\boldsymbol{\varepsilon}$ 包含 n 个随机误差项。矩阵 $\boldsymbol{X}$ 是模型矩阵。如果有 k 个因子，则该矩阵有 $k+1$ 列和 n 行，其中第一列中的元素全部为1，第二列包含因子 x_1 的 n 个试验值，第三列包含 x_2 的 n 个试验值……最后一列包含第 k 个因子 x_k 的 n 个试验值。向量 $\boldsymbol{\beta}$ 有 $k+1$ 个元素，分别是截距 β_0 和 k 个主效应。为清楚起见，我们将在附件 2.1 中展示模型的细节。

附件 2.1　式(2.4)中回归模型的结构。

$$\boldsymbol{Y}=\boldsymbol{X\beta}+\boldsymbol{\varepsilon}$$

这里有两个 n 维的向量：

$$\begin{bmatrix}Y_1\\Y_2\\\vdots\\Y_n\end{bmatrix}\quad 和 \quad\begin{bmatrix}\varepsilon_1\\\varepsilon_2\\\vdots\\\varepsilon_n\end{bmatrix}$$

对于主效应模型，模型阵 $\boldsymbol{X}$ 包含 n 行和 $k+1$ 列：

$$\boldsymbol{X}=\begin{bmatrix}1 & x_{11} & x_{21} & \cdots & x_{k1}\\1 & x_{12} & x_{22} & \cdots & x_{k2}\\\vdots & \vdots & \vdots & \ddots & \vdots\\1 & x_{1n} & x_{2n} & \cdots & x_{kn}\end{bmatrix}$$

最后，主效应模型中的未知模型参数(截距项和主效应)都包含在一个 $k+1$ 维的向量 $\boldsymbol{\beta}$ 中：

$$\begin{bmatrix}\beta_0\\\beta_1\\\vdots\\\beta_k\end{bmatrix}$$

对于因子筛选，许多研究者使用主效应模型作为先验模型。在这种情况下，他们假设高阶效应，如两因子交互效应可忽略不计。

2.3.2 两因子交互效应模型

两因子交互效应是二阶效应的一种。含有两因子交互效应的模型会包括形式为 $\beta_{ij}x_ix_j$ 的项。一个涉及 k 个因子的主效应及两因子交互效应模型可写成如下形式：

$$\begin{aligned}Y_i = \beta_0 + \beta_1 x_{1i} + \cdots + \beta_k x_{ki} + \\ \beta_{12}x_{1i}x_{2i} + \beta_{13}x_{1i}x_{3i} + \cdots + \beta_{1k}x_{1i}x_{ki} + \\ \beta_{23}x_{2i}x_{3i} + \cdots + \beta_{k-1,k}x_{k-1,i}x_{ki} + \varepsilon_i\end{aligned} \tag{2.5}$$

这里 β_{ij} 是因子 x_i 与 x_j 的交互效应，两因子交互效应有时被包含在筛选试验的先验模型中。因为一共有 $k(k-1)/2$ 个两因子交互效应，所以要把所有的两因子交互效应包含在先验模型中，需要额外 $k(k-1)/2$ 个试验点。

当交互效应存在时，一个因子对响应的影响依赖于一个或者多个其他因子的水平。如图 2.1 和图 2.2 所显示，若存在一个两因子交互效应，则一个因子与响应的斜率关系会依赖于另一个因子的水平设置。在极端的情况下，斜率可以从负变到正，也可以从正变到负。因此，在交互效应存在时，独立地解释主效应 $\beta_1, \beta_2, \cdots, \beta_k$ 不再有意义。一般来说，设计的试验是检验交互效应是否存在的有力工具。

即使两因子交互效应存在，式(2.4)中回归模型的矩阵形式仍然有效，只不过和主效应模型相比，模型矩阵 $\boldsymbol{X}$ 和向量 $\boldsymbol{\beta}$ 的元素改变了。在附件 2.2 中，我们展示了当模型包含两因子交互效应时，模型矩阵及向量 $\boldsymbol{\beta}$ 的结构。

附件 2.2 当模型既包含主效应又包含交互效应时，式(2.4)中回归模型的结构。

对于一个包含所有主效应和两因子交互效应的模型，其模型矩阵 $\boldsymbol{X}$ 有 n 行和 $k+1+k(k-1)/2$ 列：

$$\boldsymbol{X} = \begin{bmatrix} 1 & x_{11} & x_{21} & \cdots x_{k1} & x_{11}x_{21} & \cdots & x_{11}x_{k1} & x_{21}x_{31} & \cdots & x_{k-1,1}x_{k1} \\ 1 & x_{12} & x_{22} & \cdots x_{k2} & x_{11}x_{22} & \cdots & x_{12}x_{k2} & x_{22}x_{32} & \cdots & x_{k-1,2}x_{k2} \\ \vdots & \vdots & \vdots & \ddots \vdots & \vdots & \ddots & \vdots & \vdots & \ddots & \vdots \\ 1 & x_{1n} & x_{2n} & \cdots x_{kn} & x_{1n}x_{2n} & \cdots & x_{1n}x_{kn} & x_{2n}x_{3n} & \cdots & x_{k-1,n}x_{kn} \end{bmatrix}$$

最后，在既包含主效应又包含两因子交互效应的模型(表示为截距项、主效应及交互效应)中，未知参数向量 $\boldsymbol{\beta}$ 包含 $k+1+k(k-1)/2$ 个元素：

$$(\beta_0, \beta_1, \beta_2, \cdots, \beta_k, \beta_{12}, \cdots, \beta_{1k}, \beta_{23}, \cdots, \beta_{k-1,k})^{\mathrm{T}}$$ ①

2.3.3 因子缩放(factor scaling)

对于一个连续的试验因子，它的水平可以在一个区间里平滑地改变，从下端点 L，变到上端点 U。通常要把这些因子缩放到区间 $[-1,+1]$ 上。这可以按如下步骤进行。未缩

① 按照原文，写为列向量。

放区间 $[L,U]$ 的中点记为

$$M=\frac{L+U}{2}$$

区间长度的一半记为

$$\varDelta=\frac{U-L}{2}$$

则水平 l_k 在缩放之后变为

$$x_k=\frac{l_k-M}{\varDelta} \tag{2.6}$$

特别地，当因子取低水平 L 时，缩放之后的值 x_k 是 -1；当因子取高水平 U 时，缩放之后的值是 $+1$。

缩放有很多好处。首先，它允许因子效应可以直接比较大小。比如，如果一个效应 β_i 是另一个效应 β_j 的两倍，那么我们可以说第 i 个因子对响应的影响是第 j 个因子对响应影响的两倍。其次，如果没有进行因子缩放，那么既含有主效应又含有两因子交互效应的模型中的主效应永远跟两因子交互效应相关。这将使得模型选择更困难。

如果因子是分类的，并且只有两个水平，进行标准编码时一个仍是 -1，而另一个为 $+1$。这种编码方式称为效应型编码，建立了分类因子和连续因子的对应关系。

2.3.4　普通最小二乘估计

为了拟合方程 (2.4) 中的回归模型，我们一般使用普通最小二乘估计（ordinary least squares estimation）。模型中未知参数向量 $\boldsymbol{\beta}$ 的普通最小二乘估计是

$$\hat{\boldsymbol{\beta}}=(\boldsymbol{X}'\boldsymbol{X})^{-1}\boldsymbol{X}'\boldsymbol{Y} \tag{2.7}$$

这个估计量的方差-协方差矩阵是

$$\operatorname{var}(\hat{\boldsymbol{\beta}})=\sigma_\varepsilon^2(\boldsymbol{X}'\boldsymbol{X})^{-1} \tag{2.8}$$

该矩阵的对角元素对应于模型中各参数（截距项 β_0 和 k 个试验因子的主效应 $\beta_1,\ldots,\beta_k$）估计量 $\beta_0,\beta_1,\cdots,\beta_k$ 的方差，非对角元素是这些估计量两两之间的协方差。一般地，对于式 (2.3) 中的主效应模型，其方差-协方差矩阵即为具有以下结构的 $(k+1)\times(k+1)$ 矩阵：

$$\operatorname{var}(\hat{\boldsymbol{\beta}})=\begin{pmatrix} \operatorname{var}(\hat{\beta}_0) & \operatorname{cov}(\hat{\beta}_0,\hat{\beta}_1) & \cdots & \operatorname{cov}(\hat{\beta}_0,\hat{\beta}_k) \\ \operatorname{cov}(\hat{\beta}_0,\hat{\beta}_1) & \operatorname{var}(\hat{\beta}_1) & \cdots & \operatorname{cov}(\hat{\beta}_1,\hat{\beta}_k) \\ \vdots & \vdots & \ddots & \vdots \\ \operatorname{cov}(\hat{\beta}_0,\hat{\beta}_k) & \operatorname{cov}(\hat{\beta}_1,\hat{\beta}_k) & \cdots & \operatorname{var}(\hat{\beta}_k) \end{pmatrix} \tag{2.9}$$

此矩阵对角线元素的平方根即为截距项及因子效应估计的标准误。期望的是，这个矩阵对角线上的方差要尽可能地小，因为这将有利于显著性检验，并使得未知因子效应的置信区间变窄。

注意到估计的方差-协方差矩阵与误差方差 σ_ε^2 成正比，而 σ_ε^2 是未知的。我们可以用以下的均方误差来估计误差的方差

$$\hat{\sigma}_\varepsilon^2 = \frac{1}{n-p}(\boldsymbol{Y} - \boldsymbol{X}\hat{\boldsymbol{\beta}})'(\boldsymbol{Y} - \boldsymbol{X}\hat{\boldsymbol{\beta}}) \tag{2.10}$$

式中，p 表示 $\boldsymbol{\beta}$ 中参数的个数。对于主效应模型(2.3)，p 等于 $k+1$；对于包含两因子交互效应的模型(2.5)，p 等于 $k+1+k(k-1)/2$。均方根误差即为 $\hat{\sigma}_\varepsilon^2$ 的平方根。

当计划一个试验，我们可以设置 σ_ε^2 为 1，只考虑 $(\boldsymbol{X'X})^{-1}$ 中的元素。我们称此矩阵的对角元素为模型参数估计的相对方差，因为它们告诉我们相对于误差方差来说方差有多大，我们定义 $\hat{\beta}_i$ 的相对方差为

$$v_i = \frac{1}{\sigma_\varepsilon^2}\text{var}(\hat{\beta}_i)$$

按前面所述使用 $[-1,+1]$ 因子缩放，并假设所有的因子都是两水平，那么一个估计相对方差最小的可能值是 $1/n$，这里 n 是试验点的个数。当模型矩阵 $\boldsymbol{X}$ 中任意两列对应元素乘积之和为零时，所有估计的方差将达到此最小值。

对于主效应模型，有以下要求：对任意的试验因子 x_k，有

$$\sum_{i=1}^{n} x_{ki} = 0$$

对任意一对因子 x_k 和 x_l，有

$$\sum_{i=1}^{n} x_{ki}x_{li} = 0$$

对包含所有两因子交互效应的模型，有以下要求：
对任意的三个因子 x_k, x_l 和 x_m

$$\sum_{i=1}^{n} x_{ki}x_{li}x_{mi} = 0$$

对任意的四个因子 x_k, x_l, x_m 和 x_q

$$\sum_{i=1}^{n} x_{ki}x_{li}x_{mi}x_{qi} = 0$$

当这些关系成立时，矩阵 $\boldsymbol{X'X}$ 是对角线全为 n 的对角阵。那么，$(\boldsymbol{X'X})^{-1}$ 也是对角的，且其对角线元素为 $1/n$。当一个试验设计有此性质—— $\boldsymbol{X'X}$ 是对角的，且对角元全为 n，则此设计相对于这个模型来说是正交的。

对于一个给定的模型，如果其设计是正交的，则模型中所有的参数都可以独立地被估计。此时，任意一对估计 $\hat{\beta}_i$ 和 $\hat{\beta}_j$ 的协方差 $\text{cov}(\hat{\beta}_i, \hat{\beta}_j)$ 为零。我们称这些估计是独立的或不相关的。从模型中去掉一个或多个项，对剩余的参数估计没有影响。如果设计不是正交的，当去掉一项之后，重新拟合模型将导致一些估计发生改变。

式(2.8)中方差-协方差矩阵的逆为

$$\boldsymbol{M} = \frac{1}{\sigma_\varepsilon^2}\boldsymbol{X'X} \tag{2.11}$$

称为模型参数向量 $\boldsymbol{\beta}$ 的信息矩阵(information matrix)。这个矩阵包含有关模型参数的可用信息。只要式(2.8)中的方差-协方差矩阵是对角的，那么它也是对角的，反之亦然。

因此，对于给定模型，如果设计是正交的，那么该信息矩阵即为对角的。

筛选试验的主要目的是检验出对响应影响比较大的因子及交互效应。这需要通过显著性检验来完成。我们称这些有着显著效应的因子或者交互效应为活跃的(active)。

2.3.5 显著性检验和功效函数的计算

2.3.5.1 显著性检验

显著性统计检验是一个简单的过程。在本章的筛选试验中，我们使用普通最小二乘法来估计模型中的因子效应。对于式(2.3)中的模型，每个观测得到的响应都有误差。响应的误差被传递给了因子效应的估计，因此它们也具有变异性。式(2.8)和式(2.9)中矩阵的对角元素给出了因子效应估计的方差。现在，如果我们用因子效应的估计除以方差的平方根，就得到了信噪比(signal-to-noise ratio)

$$t = \frac{\hat{\beta}_i}{\sqrt{\mathrm{var}(\hat{\beta}_i)}} \tag{2.12}$$

信号是因子效应的估计(这里指主效应的估计)。噪声是估计方差的平方根。

我们称信噪比为 t 统计量，是因为根据对式(2.3)中模型的假设，如果 β_i 的真值是零，则信噪比是一个 t 分布的随机变量。均值为零的 t 分布随机变量，不大可能取非常大的负值或者正值。因此，如果 t 值取非常大的负值或者正值，则意味着 β_i 的真实值和零相差比较大。

在假设 β_i 的真值是零时，我们采用 p 值的方法来衡量 t 值不为零的可能性有多大。粗略地讲，p 值是我们得到一个大于或等于观测到 t 值的概率。我们认为一个小的 p 值可以强有力地表明 β_i 的真实值是不为零的。我们认为那些有较小 p 值的因子效应显著不为零，或者更通俗地说，我们说这些因子效应是显著的或活跃的。

p 值必须为多小才能让我们决定因子效应显著异于零？如果我们要求 p 值非常小，比如 0.0001，那么我们不会犯第一类错误，粗略地说，每 10000 次显著性检验会有一个错误。然而，同时我们会错失很多小却显著的效应。因此，对于 p 值的选择是在第一类错误或第二类错误结果之间的权衡。Fisher(1926)，统计学的奠基人之一，选择 5%或 0.05 为临界值，并决定“忽视所有无法达到这个水平的结果”。0.05 已经成为标准，但它也不是绝对最优的。在任何情况下，我们称任何被选择的临界值为检验的显著性水平 α。

显著性检验的一个重要特点是，我们从假设 β_i 为零出发。在此假设下，我们检查所得到的因子效应估计是否可能是零。如果 p 值比较小，则表明因子效应的估计不可能是零。然后，我们得出结论，开始的假设是错误的，β_i 一定显著异于零。

2.3.5.2 功效的计算

显著性检验的统计功效是指能识别出一个特定大小信号的概率。计算一个检验功效的出发点是信号，即 β_i 具有某个非零值的假设。为了计算功效，我们必须知道三件事：

(1) 临界值 α，对于我们要进行的显著性检验；

(2) 先验模型的误差方差 σ_ε^2；

(3) 我们希望检验出因子效应 β_i 应该有多大。

一般地，在试验之前误差方差 σ_ε^2 是未知的。这使得功效的计算有点困难。我们可以通过相对于 σ_ε 的 t 值大小来描述希望检测出 β_i 的大小。比如，我们想要检测出任何与噪声水平 σ_ε 一样大的信号 β_i。现在，我们不必知道实际中比较重要的效应大小或者噪声水平。我们只需要确定它们的比值—— $\beta_i / \sigma_\varepsilon$。

给定比值 $\beta_i / \sigma_\varepsilon$，统计软件可以对 β_i 进行显著性检验，以得到 β_i 显著不为零的概率。我们称这个概率为检验的功效。显然，我们希望这个概率接近 1，因为这表明我们的分析几乎肯定地识别出显著的效应，并且这些效应和噪声水平一样大。如果是这种情况，就意味着我们的试验可以进行有效的显著性检验。一般地，试验点越多、因子效应 β_i 越大时，显著性检验的功效越大。

我们建议在进行试验之前就进行功效的计算。如果对检验的功效不满意，那么就要尝试说服管理部门来增加试验预算并进行更多的试验。另一种可能的做法是识别一个或多个变异的来源，这样就可以对试验点进行分组，从而降低噪声水平 σ_ε。区组的使用将在第 7 章和第 8 章讨论。如果这些解决方案都不行，仍然值得进行试验，因为因子效应往往比预期的要大并且方差 σ_ε^2 往往比预期的要小，还因为设计的试验是建立因果关系的唯一途径。

2.3.6 方差膨胀

理想情况下，试验者会选择在给定模型下的正交设计。然而在现实中，预算会限制试验点个数或者因子水平组合，这就导致不能选择正交设计。如果设计不是正交的，模型参数估计中至少一个相对方差将大于 $1/n$。那么我们说，这个估计的方差膨胀了，我们称方差膨胀的乘数为方差膨胀因子（Variance Inflation Factor，VIF）。对于两水平设计，VIF 是

$$\text{VIF} = nv_i \tag{2.13}$$

在我们采用因子缩放的情况下，这等价于回归模型教科书中对 VIF 的标准定义。

VIF 的最小值是 1。对于正交设计，每个因子效应估计的 VIF 都为 1。如果设计不是正交的，至少将有一个 VIF 大于 1。如果某个因子效应的 VIF 是 4，那么该因子效应估计的方差会是正交设计下方差的 4 倍。一个因子效应置信区间的长度与方差的平方根成正比。因此，VIF 为 4 意味着该因子效应的置信区间是正交设计情况下的 2 倍。

VIF 常被用于回归分析中多重共线性的诊断。许多作者都使用拇指法则，即 VIF 大于 5 意味着可能存在共线性问题。

2.3.7 别名

当一个试验选定了先验模型，就可以假定这个模型足以描述所研究的系统。然而，是不可能知道这到底是不是正确的。例如，在许多筛选试验中，研究者想用近乎最少的试验点来拟合主效应模型。要做到这一点，他们假设两因子交互效应是可以忽略的。然而，很可能会有一个或多个两因子交互效应与主效应一样大。如果发生这种情况，并且大的两因子交互效应没有包含在模型中，那么由于它们真实存在会使得主效应的估计产生偏差。

为了用数学形式表示，我们假设真实模型(true model)有如下的矩阵形式：

$$\boldsymbol{Y}=\boldsymbol{X}_1\boldsymbol{\beta}_1+\boldsymbol{X}_2\boldsymbol{\beta}_2+\boldsymbol{\varepsilon} \tag{2.14}$$

但是研究者打算拟合的模型是

$$\boldsymbol{Y}=\boldsymbol{X}_1\boldsymbol{\beta}_1+\boldsymbol{\varepsilon} \tag{2.15}$$

因此，研究者假设 $\boldsymbol{X}_2\boldsymbol{\beta}_2$ 是可以忽略的。那么，包含所估计模型中所有效应的向量 $\boldsymbol{\beta}_1$ 的估计会受到没有包含在所估计模型中的向量 $\boldsymbol{\beta}_2$ 取值的影响而产生偏差。在筛选试验中，初始的拟合模型通常是一个主效应模型，此时令人担心的是，活跃的两因子交互效应会对主效应的估计造成偏差。在这种情况下

$$\boldsymbol{\beta}_1=\begin{bmatrix}\beta_0\\ \beta_1\\ \vdots\\ \beta_k\end{bmatrix},\quad \boldsymbol{\beta}_2=\begin{bmatrix}\beta_{12}\\ \vdots\\ \beta_{1k}\\ \beta_{23}\\ \vdots\\ \beta_{k-1,k}\end{bmatrix}$$

$$\boldsymbol{X}_1=\begin{bmatrix}1 & x_{11} & x_{21} & \cdots & x_{k1}\\ 1 & x_{12} & x_{22} & \cdots & x_{k2}\\ \vdots & \vdots & \vdots & \ddots & \vdots\\ 1 & x_{1n} & x_{2n} & \cdots & x_{kn}\end{bmatrix}$$

$$\boldsymbol{X}_2=\begin{bmatrix}x_{11}x_{21} & \cdots & x_{11}x_{k1} & x_{21}x_{31} & \cdots & x_{k-1,1}x_{k1}\\ x_{12}x_{22} & \cdots & x_{12}x_{k2} & x_{22}x_{32} & \cdots & x_{k-1,2}x_{k2}\\ \vdots & \ddots & \vdots & \vdots & \ddots & \vdots\\ x_{1n}x_{2n} & \cdots & x_{1n}x_{kn} & x_{2n}x_{3n} & \cdots & x_{k-1,n}x_{kn}\end{bmatrix}$$

$\boldsymbol{\beta}_1$ 最小二乘估计的期望为

$$E(\hat{\boldsymbol{\beta}}_1)=\boldsymbol{\beta}_1+\boldsymbol{A}\boldsymbol{\beta}_2 \tag{2.16}$$

式中

$$\boldsymbol{A}=(\boldsymbol{X}_1'\boldsymbol{X}_1)^{-1}\boldsymbol{X}_1'\boldsymbol{X}_2 \tag{2.17}$$

是别名矩阵。为了解释这个结论，我们从 $\boldsymbol{\beta}_1$ 的最小二乘估计出发：

$$\hat{\boldsymbol{\beta}}_1=(\boldsymbol{X}_1'\boldsymbol{X}_1)^{-1}\boldsymbol{X}_1'\boldsymbol{Y}$$

这个估计的期望是

$$\begin{aligned}E(\hat{\boldsymbol{\beta}}_1)&=E[(\boldsymbol{X}_1'\boldsymbol{X}_1)^{-1}\boldsymbol{X}_1'\boldsymbol{Y}]\\ &=(\boldsymbol{X}_1'\boldsymbol{X}_1)^{-1}\boldsymbol{X}_1'E[\boldsymbol{Y}]\\ &=(\boldsymbol{X}_1'\boldsymbol{X}_1)^{-1}\boldsymbol{X}_1'E[\boldsymbol{X}_1\boldsymbol{\beta}_1+\boldsymbol{X}_2\boldsymbol{\beta}_2+\boldsymbol{\varepsilon}]\\ &=(\boldsymbol{X}_1'\boldsymbol{X}_1)^{-1}\boldsymbol{X}_1'(\boldsymbol{X}_1\boldsymbol{\beta}_1+\boldsymbol{X}_2\boldsymbol{\beta}_2)\\ &=(\boldsymbol{X}_1'\boldsymbol{X}_1)^{-1}\boldsymbol{X}_1'\boldsymbol{X}_1\boldsymbol{\beta}_1+(\boldsymbol{X}_1'\boldsymbol{X}_1)^{-1}\boldsymbol{X}_1'\boldsymbol{X}_2\boldsymbol{\beta}_2\\ &=\boldsymbol{\beta}_1+(\boldsymbol{X}_1'\boldsymbol{X}_1)^{-1}\boldsymbol{X}_1'\boldsymbol{X}_2\boldsymbol{\beta}_2\\ &=\boldsymbol{\beta}_1+\boldsymbol{A}\boldsymbol{\beta}_2\end{aligned}$$

上述推导表明，通常，估计量 $\hat{\boldsymbol{\beta}}_1$ 是有偏的，仅在两种情况下偏差为零。第一，如果 $\boldsymbol{\beta}_2$ 中所有参数为零，那么 $E(\hat{\boldsymbol{\beta}}_1)=\boldsymbol{\beta}_1$。这就是 $\boldsymbol{\beta}_2$ 中因子效应都不活跃的情况。第二，如果 $\boldsymbol{X}_1'\boldsymbol{X}_2$ 是零矩阵，则 $\boldsymbol{A\beta}_2$ 是零。

别名矩阵 $\boldsymbol{A}$ 中的每一行对应着拟合模型中 $\boldsymbol{\beta}_1$ 的一个元素。$\boldsymbol{A}$ 中某一行的非零元素，展示了由于 $\boldsymbol{X}_2$ 中的效应存在于真实模型中但却没有被考虑进拟合模型，而造成的 $\boldsymbol{\beta}_1$ 中相对应元素的偏差程度。别名矩阵中第 i 行第 j 列的零元素表示第 j 列对应的效应没有使得第 i 行对应的参数估计产生偏差。这是理想的情况。如果做不到这一点，我们需要别名矩阵 $\boldsymbol{A}$ 的元素要尽可能地小。

表 2.7 展示了提取试验设计的别名矩阵，假设拟合的是主效应模型，并且所有的两因子交互效应是活跃的。该表显示甲醇主效应 β_1 的估计可能受到交互效应 β_{23}，β_{24}，β_{25}，β_{26}，β_{34}，β_{35}，β_{36}，β_{45}，β_{46} 和 β_{56} 的影响而产生潜在偏差。更具体地，β_1 估计量的期望是

$$E(\hat{\beta}_1)=\beta_1+\frac{1}{3}\beta_{23}-\frac{1}{3}\beta_{24}-\frac{1}{3}\beta_{25}+\frac{1}{3}\beta_{26}+\frac{1}{3}\beta_{34}+\frac{1}{3}\beta_{35}-\frac{1}{3}\beta_{36}+\frac{1}{3}\beta_{45}+\frac{1}{3}\beta_{46}-\frac{1}{3}\beta_{56}$$

假设唯一重要的交互效应是包含乙醇和丙醇因子的交互效应，则这个表达式可以简化为

$$E(\hat{\beta}_1)=\beta_1+\frac{1}{3}\beta_{23}$$

表 2.7　提取试验中的别名矩阵 *A*，展示了估计潜在的主效应时两因子交互效应所产生的偏差

	β_{12}	β_{13}	β_{14}	β_{15}	β_{16}	β_{23}	β_{24}	β_{25}	β_{26}	β_{34}	β_{35}	β_{36}	β_{45}	β_{46}	β_{56}
β_0	0	0	0	0	0	0	0	0	0	0	0	0	0	0	0
β_1	0	0	0	0	0	$\frac{1}{3}$	$-\frac{1}{3}$	$-\frac{1}{3}$	$\frac{1}{3}$	$\frac{1}{3}$	$\frac{1}{3}$	$-\frac{1}{3}$	$\frac{1}{3}$	$\frac{1}{3}$	$-\frac{1}{3}$
β_2	0	$\frac{1}{3}$	$-\frac{1}{3}$	$-\frac{1}{3}$	$\frac{1}{3}$	0	0	0	0	$\frac{1}{3}$	$-\frac{1}{3}$	$-\frac{1}{3}$	$\frac{1}{3}$	$\frac{1}{3}$	$\frac{1}{3}$
β_3	$\frac{1}{3}$	0	$\frac{1}{3}$	$\frac{1}{3}$	$-\frac{1}{3}$	0	$\frac{1}{3}$	$-\frac{1}{3}$	$-\frac{1}{3}$	0	0	0	$\frac{1}{3}$	$-\frac{1}{3}$	$\frac{1}{3}$
β_4	$-\frac{1}{3}$	$\frac{1}{3}$	0	$\frac{1}{3}$	$\frac{1}{3}$	$\frac{1}{3}$	0	$\frac{1}{3}$	$\frac{1}{3}$	0	$\frac{1}{3}$	$-\frac{1}{3}$	0	0	$\frac{1}{3}$
β_5	$-\frac{1}{3}$	$\frac{1}{3}$	$\frac{1}{3}$	0	$-\frac{1}{3}$	$-\frac{1}{3}$	$\frac{1}{3}$	0	$\frac{1}{3}$	$\frac{1}{3}$	0	$\frac{1}{3}$	0	$\frac{1}{3}$	0
β_6	$\frac{1}{3}$	$-\frac{1}{3}$	$\frac{1}{3}$	$-\frac{1}{3}$	0	$-\frac{1}{3}$	$\frac{1}{3}$	$\frac{1}{3}$	0	$-\frac{1}{3}$	$\frac{1}{3}$	0	$\frac{1}{3}$	0	0

别名矩阵的元素取 –1 或 +1 是特殊情况。在这种情况下，$\boldsymbol{X}_1$ 中会有一列或多列同时出现在 $\boldsymbol{X}_2$ 中(要么是相同的列，要么是各元素都相反的列)，并且不能用数据分析的方式去区分对应的效应或它们任意的线性组合。当发生这种情况时，我们就说相应的效应是混杂的或别名的。

比如，考虑用表 2.8 中包含 4 个试验点的两水平设计来估计 3 个因子的主效应模型。别名矩阵在表 2.9 中给出。例如，表格显示主效应 β_1 估计的期望是

$$E(\hat{\beta}_1)=\beta_1+\beta_{23}$$

在这种情况下，我们说 β_1 和 β_{23} 是混淆的或别名的。基于这个设计，没有办法区分 x_1 的效应和包含 x_2 与 x_3 的交互效应。

表 2.8　用于估计主效应模型的包含 4 个试验点和 3 个因子的两水平设计

试验点	x_1	x_2	x_3
1	−1	−1	+1
2	+1	−1	−1
3	−1	+1	−1
4	+1	+1	+1

表 2.9　对于表 2.8 中包含 4 个试验点的设计的别名矩阵 $\boldsymbol{A}$，展示了由于两因子交互效应存在造成的估计主效应时产生的潜在偏差

	β_{12}	β_{13}	β_{23}
β_0	0	0	0
β_1	0	0	1
β_2	0	1	0
β_3	1	0	0

2.3.8　最优设计

在式(2.8)和式(2.9)中，我们介绍了普通最小二乘估计量的方差-协方差矩阵。对于主效应模型来说，这个矩阵的对角线元素是每个模型系数 $\beta_0,\beta_1,\cdots,\beta_k$ 各自的方差；对于包含主效应和两因子交互效应的模型来说，其对角线元素是 $\beta_0,\beta_1,\cdots,\beta_k,\beta_{12},\beta_{13},\cdots,\beta_{k-1,k}$ 的方差。我们希望这些方差(个体和整体)要尽可能小。我们知道，对于两水平设计和因子缩放惯例，每个系数相对方差的最小值是 $1/n$。当设计正交时可以取到最小值，此时 $(\boldsymbol{X}'\boldsymbol{X})^{-1}$ 也是对角的。在这种情况下，$(\boldsymbol{X}'\boldsymbol{X})^{-1}$ 的行列式 $\left|(\boldsymbol{X}'\boldsymbol{X})^{-1}\right|$ 很容易计算。它是对角元素的乘积，即 $(1/n)^p$，其中 p 是模型中项的个数。这是 $\left|(\boldsymbol{X}'\boldsymbol{X})^{-1}\right|$ 最小的可能取值。所以，从某种意义上说，这个行列式可以用来作为估计 $\hat{\boldsymbol{\beta}}$ 的方差的总体度量。

最小化 $(\boldsymbol{X}'\boldsymbol{X})^{-1}$ 的行列式等价于最大化 $\boldsymbol{X}'\boldsymbol{X}$ 的行列式 $|\boldsymbol{X}'\boldsymbol{X}|$。矩阵 $\boldsymbol{X}'\boldsymbol{X}$ 与式(2.11)中定义的信息矩阵成比例。选择因子设置来最大化 $\boldsymbol{X}'\boldsymbol{X}$ 的行列式是最大化设计信息的一种方式。我们称最大化信息矩阵行列式的设计为 D-最优设计。D-最优中的“D”是指行列式。对于两水平因子和主效应模型或包含主效应和两因子交互效应的模型，正交设计是 D-最优的。然而，如果试验点个数不是 4 的倍数，那么就不存在两水平的正交设计。

经典教材强调正交设计已经使得许多试验者认为使用非正交设计没有意义。与此同时，这些试验者面临的实际问题又不允许使用正交设计。这个问题的常见原因是，预算不允许试验的次数是 4 的倍数或者由于因子水平组合的限制。本书中我们想阐述的一件事情是试验设计在这些情况下仍然有用。只不过，对于这些情形可能最好的设计不再是正交的。使用非正交设计，我们仍然可以估计模型中所有感兴趣的参数。正如 2.3.4 节提到的那样，不同因子效应的估计将会相关。而且，正如我们在 2.3.6 节介绍的那样，这些估计的方差在一定程度上膨胀了。但是，对于任何最优的设计，方差膨胀通常不是那么大，而且因子效应估计之间的相关性非常小以至于没有必要引起人们的关注。

在任何情况下，无论试验次数是多少，对于我们想拟合的模型，我们总能找到使得信息矩阵行列式达到最大的设计。这是最优试验设计一个主要的优势：对任意的试验次

数，你可以找到使得你想估计的模型信息矩阵行列式最大的设计。在这方面，最优试验设计和完全因析设计或部分因析设计完全不同。当你想使用完全因析设计或者(正规的)部分因析设计时，你的先验模型只包括主效应或主效应和交互效应。在前一种情况下，通常可以使用一个分辨度为Ⅲ的部分因析设计；在后一种情况下，你可以使用一个分辨度为 IV 或者 V 的设计。在这两种情况下，使用的(正规)部分因析设计或完全因析设计都要求试验次数是 2 的幂次。这对于试验者来说灵活性很低。与此相反，最优试验设计方法允许任何次数的试验。

事实证明，D-最优设计不依赖于因子缩放，尽管对于不同的因子水平尺度，行列式 $|\boldsymbol{X}'\boldsymbol{X}|$ 的值不同。也就是说，在不同的因子水平尺度下，行列式的最大值不同，但一个设计如果在一个因子水平尺度下使得 $|\boldsymbol{X}'\boldsymbol{X}|$ 最大，那么在另外一个因子水平尺度下，也会使得 $|\boldsymbol{X}'\boldsymbol{X}|$ 最大。然而，D-最优设计可能不是唯一的。对于指定数量的试验次数和先验模型，可能有很多个矩阵 $\boldsymbol{X}'\boldsymbol{X}$ 的行列式达到最大的设计。当然，对于指定数量的试验次数和先验模型，也可能有很多不同的正交设计。

我们称矩阵 $\boldsymbol{X}'\boldsymbol{X}$ 的行列式为 D-最优准则。这个最优准则是目前为止试验设计中最常用的一种准则。对于一个致力于因子效应估计和显著性检验的试验来说，使用 D-最优准则是相当合适的。可以证明，一个 D-最优设计使得 $\boldsymbol{\beta}$ 中的 p 个参数的置信椭球体积达到最小。这种置信椭球是一维置信区间的 p 维版本。因此，粗略地讲，D-最优设计可以保证模型参数有尽可能小的置信区间。

在第 4 章中，我们将介绍另一种最优准则——I-最优准则，它侧重于精确的预测。

2.3.9 生成最优试验设计

如果信息矩阵 $\boldsymbol{X}'\boldsymbol{X}$ 不是对角阵，那么手动计算 D-最优准则通常很烦琐且容易出错。在一般情况下，寻找 D-最优设计需要计算该行列式(或者是该准则下的其他形式)很多次。因此，除了在非常特殊的情况下，生成最优设计是计算机的事情。在试验设计各种不同的最优准则中，D-最优准则是计算最快的。这是 D-最优准则被广泛使用的另一个原因。

本节中，我们将学习一个通用的方法——坐标交换算法，使用计算机来寻找 D-最优设计。在下面的内容中，我们假设只对主效应模型或包括主效应和两因子交互效应的模型感兴趣，且任何分类因子都只有两个水平。在我们真正介绍坐标交换算法之前，我们需要介绍一些术语。

2.3.9.1 预备知识

我们称因子设置的矩阵为设计矩阵 $\boldsymbol{D}$。对于一个有 n 个试验点和 k 个因子的试验

$$\boldsymbol{D}=\begin{bmatrix} x_{11} & x_{21} & \cdots & x_{k1} \\ x_{12} & x_{22} & \cdots & x_{k2} \\ \vdots & \vdots & \ddots & \vdots \\ x_{1n} & x_{2n} & \cdots & x_{kn} \end{bmatrix}$$

只要感兴趣的模型中包含因子的主效应，那么设计矩阵 $\boldsymbol{D}$ 总是模型矩阵 $\boldsymbol{X}$ 的子矩阵。这是通常的情况，除了一个特例——试验含有混合过程变量，这样的试验将在第 6 章中讨论。在任何情况下，$\boldsymbol{D}$ 和 $\boldsymbol{X}$ 的行数都是相同的。$\boldsymbol{X}$ 中的列数 p 通常要比 $\boldsymbol{D}$ 中的列数 k

大。当 **D** 中某一行的因子设置发生一次改变时，**X** 中相应的行将发生一次或更多的改变。

我们称设计矩阵 **D** 的行为设计点。每一个设计点决定着在哪些因子设置上观测试验的响应。

D-最优准则可能是零。在这种情况下，我们说设计矩阵是奇异的，且 **X'X** 的逆是不存在的。只要试验点的个数 n 比模型参数的个数 p 多，我们就可以找到有正的 D-最优准则值的设计。我们称具有正的 D-最优准则值的设计为非奇异的。设计是非奇异的一个必要条件是：设计点的个数，即不同因子水平组合的个数，大于或等于模型参数的个数 p。注意，试验点的个数可能比设计点的个数或者说因子水平组合的个数多，这是因为某些组合可能会重复进行试验。

2.3.9.2　坐标交换算法概要

坐标交换算法是按照设计矩阵 **D** 的行和列的元素逐个进行的。在算法的每个循环中，我们考虑设计矩阵中每个元素的可能变化。因为设计矩阵中的每个元素实际上是试验空间中一个点的坐标，这种算法被称为坐标交换算法。

对于所有连续因子，算法从在 [−1,+1] 中产生随机数开始，每个随机数都对应于连续试验因子的设计矩阵 **D** 中的元素。对于那些分类因子，该算法从集合 {−1,+1} 中生成随机数。对于一个有 n 个试验点和 k 个试验因子的设计，总共需要 nk 个随机数，得到的设计即为一个随机的初始设计。一个随机初始设计几乎总是非奇异的。如果在特殊情况下，初始设计是奇异的，则算法重新开始，并生成一个全新的随机设计。

算法的下一步是通过逐个改变元素来改进设计。对于本章讨论的模型，并用 2.3.3 节介绍的因子缩放方法，我们考虑将初始设计中的元素 x_{ij} 要么改成 −1 要么改成 +1，并在 D-最优准则下评估设计改变的效应。如果两个效应中更大的 D-最优准则值超过之前的数值，则我们把 x_{ij} 改成 −1 或者 +1，取决于哪个有效应更大的 D-最优值。

对设计中的每个元素，在研究了可能的改变之后，我们重复这个过程，直到没有元素可以改变，或者直至迭代次数达到了一个预先设定的最大次数。此过程的输出结果是一个无法通过每次改变一个坐标而继续改进的设计。这是在很多相邻设计中最佳的一个。然而，这不能保证不存在一个更好的不相邻设计。因此，我们说，坐标交换算法得到的是局部最优设计。

一般情况下，每一个随机的初始设计都会得到一个不同的局部最优设计。在 D-最优准则下，其中的一些局部最优设计会比其他的要好。所有局部最优设计中最好的那个即为全局最优设计。为了使得找到全局最优设计的可能性更大，我们需要大量重复使用交换算法。除了只涉及少量几个因子和试验点的问题之外，我们建议至少使用 1000 个随机初始设计。这确保了我们可以找到全局最优设计或者非常接近全局最优的 D-最优设计。

搜索一个最优的试验设计类似于搜索山脉的最高峰。每条山脉都有几个山峰，其中每一个都是局部高峰。但只有一个山峰是最高的，即全局最高峰。最优试验设计的算法就像一个登山者被随机丢弃在一个山脚，然后这名登山者开始攀登离他最近的最高峰，而不去关注所有范围内潜在的更高山峰。为了增加找到最高峰的机会，有必要将此登山者随机丢在更大不同范围内的山脚位置，让他寻找离他最近的最高峰。

2.3.9.3 坐标交换算法的实施

假设我们有两个连续因子 x_1 和 x_2，我们希望用 4 个试验点来拟合主效应模型。坐标交换算法从生成一个随机的初始设计开始。图 2.3(a)是我们初始设计的散点图。

$$\boldsymbol{D}=\begin{bmatrix} x_{11} & x_{21} \\ x_{12} & x_{22} \\ x_{13} & x_{23} \\ x_{14} & x_{24} \end{bmatrix}=\begin{bmatrix} 0.4 & -0.8 \\ 0.5 & 0.2 \\ -0.2 & -0.9 \\ 0.9 & 0.3 \end{bmatrix}$$

相应的模型矩阵为

$$\boldsymbol{X}=\begin{bmatrix} 1 & x_{11} & x_{21} \\ 1 & x_{12} & x_{22} \\ 1 & x_{13} & x_{23} \\ 1 & x_{14} & x_{24} \end{bmatrix}=\begin{bmatrix} 1 & 0.4 & -0.8 \\ 1 & 0.5 & 0.2 \\ 1 & -0.2 & -0.9 \\ 1 & 0.9 & 0.3 \end{bmatrix}$$

因此

$$\boldsymbol{X}'\boldsymbol{X}=\begin{bmatrix} 4 & 1.60 & -1.20 \\ 1.60 & 1.26 & 0.23 \\ -1.20 & 0.23 & 1.58 \end{bmatrix}$$

此信息矩阵的行列式，$|\boldsymbol{X}'\boldsymbol{X}|$ 是 1.0092 。这是我们将要通过逐个改变设计矩阵 $\boldsymbol{D}$ 的每个元素来提升的 D-最优准则值。我们首先从第一个元素 x_{11} 出发，它等于 0.4 。

考虑将 0.4 改成 –1 或者 +1，得到的设计矩阵分别是

$$\boldsymbol{D}_1=\begin{bmatrix} -1 & -0.8 \\ 0.5 & 0.2 \\ -0.2 & -0.9 \\ 0.9 & 0.3 \end{bmatrix} \quad 和 \quad \boldsymbol{D}_2=\begin{bmatrix} +1 & -0.8 \\ 0.5 & 0.2 \\ -0.2 & -0.9 \\ 0.9 & 0.3 \end{bmatrix}$$

对应于 $\boldsymbol{D}_1$ 和 $\boldsymbol{D}_2$ 的信息矩阵的行列式分别是 2.2468 和 3.6708。两个行列式的值均大于初始行列式的值，但 x_{11} 变为 +1 的那个值更大。因此，我们用 +1 替换掉 0.4 ，这将给信息矩阵带来更大的行列式值。图 2.3(b)中展示了得到的设计，图中这个点的第一维坐标已被修改显示为黑色。然后，该算法将其注意力转移到设计矩阵 $\boldsymbol{D}_2$ 第一行的第二个元素，–0.8 。

我们考虑把这个值变成 –1 或者 +1，得到行列式的值分别是 4.7524 和 0.6324。这里，只有变为 –1 才能提高行列式的值，因此我们用 –1 替换 –0.8 ，得到的设计显示在图 2.3(c)中。

$$\boldsymbol{D}_3=\begin{bmatrix} +1 & -1 \\ 0.5 & 0.2 \\ -0.2 & -0.9 \\ 0.9 & 0.3 \end{bmatrix}$$

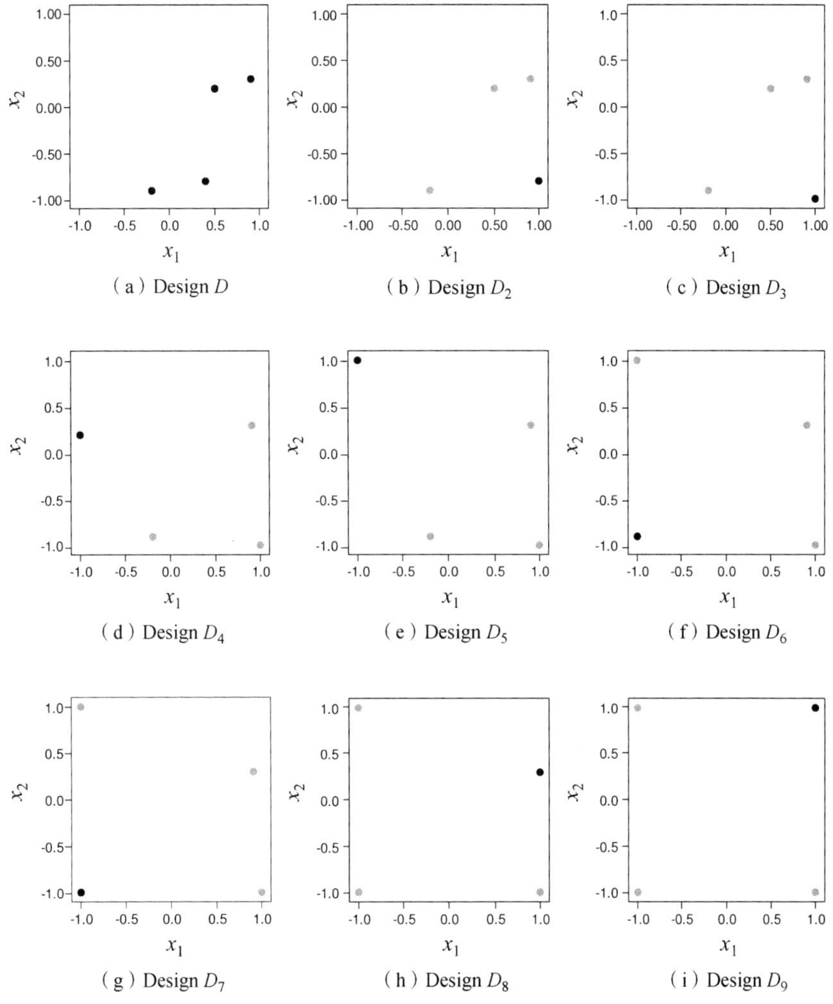

图 2.3　坐标交换算法：从随机初始设计到最优设计

下面我们进行下一行的第一个元素 0.5 。我们将其变为 –1 或者 +1，得到的行列式的值分别为 14.7994 和 4.5434 。因此，我们将 0.5 换成 –1，得到的设计矩阵是

$$
\boldsymbol{D}_4=\begin{bmatrix} +1 & -1 \\ -1 & 0.2 \\ -0.2 & -0.9 \\ 0.9 & 0.3 \end{bmatrix}
$$

$\boldsymbol{D}_4$ 的图显示在图 2.3(d)中。

接下来进行第二行第二列的元素 0.2。将其换成+1 得到的行列式的值比换成 –1 的更大，为 22.3050。因此，得到的设计矩阵为

$$
\boldsymbol{D}_5=\begin{bmatrix} +1 & -1 \\ -1 & +1 \\ -0.2 & -0.9 \\ 0.9 & 0.3 \end{bmatrix}
$$

接下来进行第一列第三行，我们发现将 –0.2 替换成 –1 更好，得到行列式为 39.9402 的设计。因此，我们将设计矩阵调整为

$$\boldsymbol{D}_6 = \begin{bmatrix} +1 & -1 \\ -1 & +1 \\ -1 & -0.9 \\ 0.9 & 0.3 \end{bmatrix}$$

进行第三行第二列，最佳的选择是将 –0.9 替换为 –1，得到行列式的值为 42.96，以及设计矩阵

$$\boldsymbol{D}_7 = \begin{bmatrix} +1 & -1 \\ -1 & +1 \\ -1 & -1 \\ 0.9 & 0.3 \end{bmatrix}$$

现在考虑最后一行，我们将 0.9 替换为 +1，得到行列式的值为 45.52，以及设计矩阵

$$\boldsymbol{D}_8 = \begin{bmatrix} +1 & -1 \\ -1 & +1 \\ -1 & -1 \\ +1 & 0.3 \end{bmatrix}$$

最后，考虑最后一行的第二列，我们将 0.3 替换为 +1，得到行列式的值为 64，以及设计矩阵

$$\boldsymbol{D}_9 = \begin{bmatrix} +1 & -1 \\ -1 & +1 \\ -1 & -1 \\ +1 & +1 \end{bmatrix}$$

此时模型矩阵为

$$\boldsymbol{X} = \begin{bmatrix} 1 & +1 & -1 \\ 1 & -1 & +1 \\ 1 & -1 & -1 \\ 1 & +1 & +1 \end{bmatrix}, \quad \boldsymbol{X'X} = \begin{bmatrix} 4 & 0 & 0 \\ 0 & 4 & 0 \\ 0 & 0 & 4 \end{bmatrix}$$

并且 $|\boldsymbol{X'X}| = 4^3 = 64$。

注意到 $\boldsymbol{X'X}$ 为对角阵，因此设计是正交的且有最大的信息量。我们可以结束坐标交换算法，而不用再循环下去，不用再考虑更多的初始设计了。设计矩阵 $\boldsymbol{D}_5 \sim \boldsymbol{D}_9$ 的图形展示在图 2.3 (e) ～ (i) 中。

对于有更多因子和试验点、更复杂的模型，找到一个最优设计当然会更加困难。那么，一般来说需要多于一次循环。

2.3.10 回顾提取试验

提取试验案例研究中的设计为正交设计，模型只包含截距项和所有主效应。因此，所有主效应的 VIF 都是 1。然而，当我们把乙醇和丙醇的交互效应加入模型之后，该设

计就不再正交了。$\boldsymbol{X'X}$ 和 $(\boldsymbol{X'X})^{-1}$ 都不是对角阵，这导致某些 VIF 大于 1。扩展模型中所有项的 VIF 展示在表 2.10 中。

表 2.10　对于包含主效应和两因子交互效应的模型，表 2.1 中设计的 VIF

效应	VIF
截距项	1
甲醇	1.2
乙醇	1
丙醇	1
丁醇	1.2
pH 值	1.2
时间	1.2
乙醇×丙醇	1.8

除了乙醇和丙醇的主效应，其他主效应的方差都膨胀了 20%。这意味着这些估计的标准误大约增加了 10%，等价地，和只包含主效应的模型相比，相应的置信区间长度增加了 10%。乙醇和丙醇的两因子交互效应的 VIF 为 1.8。因此，和 12 次试验的正交设计的情况相比，这个系数的方差增大了 80%，然而，没有 12 个试验点的两水平正交设计可以适应 6 个主效应和 1 个交互效应项。

假设在试验之前，研究者猜测存在 x_2 和 x_3 的两因子交互效应。那么，研究者可以添加这个两因子交互效应进入先验模型。适用于包含 6 个主效应和 x_2、x_3 交互效应模型的 12 个试验点的 D-最优设计展示在表 2.11 中。如表 2.12 所示，这个设计除了 x_2 和 x_3，其他主效应的 VIF 均为 1。截距项、x_2 和 x_3 及 x_2 和 x_3 交互效应的 VIF 都是 1.25。和表 2.10 相比，表 2.11 中 VIF 的改善源于明确将交互效应纳入先验模型中。

表 2.11　用于包含主效应和包含 x_2 和 x_3 两因子交互效应模型的 D-最优设计

试验点	x_1	x_2	x_3	x_4	x_5	x_6
1	+1	+1	−1	+1	−1	+1
2	+1	−1	−1	+1	+1	−1
3	−1	+1	+1	+1	+1	−1
4	−1	−1	−1	+1	−1	+1
5	+1	+1	+1	−1	−1	+1
6	+1	−1	+1	+1	+1	+1
7	−1	−1	−1	−1	+1	+1
8	−1	+1	−1	−1	+1	+1
9	+1	+1	−1	−1	+1	−1
10	−1	+1	−1	+1	−1	−1
11	−1	−1	+1	−1	−1	−1
12	+1	−1	−1	−1	−1	−1

表 2.12　对于包含主效应和一个两因子交互效应的模型，表 2.11 中设计的 VIF

效应	VIF
截距项	1.25
甲醇	1

续表

效应	VIF
乙醇	1.25
丙醇	1.25
丁醇	1
pH 值	1
时间	1
乙醇×丙醇	1.25

2.3.11 成功筛选原则：稀疏性、排序性、遗传性

2.3.11.1 稀疏性

帕累托原则指出，一个系统或过程中任何测得的输出的变异性大多数是由于一小部分变量的变化造成的。筛选试验把这一原则当作公理，因为研究的试验点个数可能刚刚超过因子效应的个数。

如果大多数系统是由包含多种复杂因子的函数驱动的，筛选研究成功的希望将很渺茫。

事实上，筛选研究往往是非常成功的。这个事实可以被数以千计已经发表的案例研究证明，比如一个快速的互联网搜索即可以证明。

在筛选试验中，帕累托原则被重新定义为因子(或效应)稀疏原则。以同样的方式，一个筛选过程可以让小效应通过，而捕捉到大的效应，一个筛选试验让大的因子效应显著出现，而忽略那些可以忽略不计的因子效应。

在筛选试验中，80-20 规则也许可以更好地描述稀疏原则。也就是说，你希望用 20%的因子来确定(至少)80%的变异性。

当大的效应个数超过试验次数一半的时候，正确识别所有大效应的概率会急剧下降。

2.3.11.2 排序性

回归建模的排序原则说的是一阶效应(线性或主效应)是大多数系统或过程变异的最大来源。二阶效应包含两因子交互效应和单个因子的二次效应，它是变异的第二大来源(参见第 4 章关于二次效应的讨论)。

在模型选择方法中，效应排序原则建议主效应的添加应该优先于二阶效应的添加，如两因子交互效应或单个因子的二次效应。

2.3.11.3 遗传性

效应遗传是另一个筛选原则，它主要与模型选择有关。有两种类型的模型遗传：强遗传与弱遗传。强遗传的模型有以下的性质：如果模型包含 x_i 与 x_j 的交互效应，那么模型也一定包含 x_i 与 x_j 两个主效应。对于弱遗传的模型，如果交互效应存在，那么只要求两个主效应之一存在于模型中。

基于强遗传原则的模型具有以下吸引人的技术优势：用所估计模型做的预测不随因子水平尺度的不同而改变。

2.3.11.4　经验证据

Li，et al.(2006)重新分析了已经发表的包含 3～7 个因子的完全因析试验的 113 组数据集，来验证上述三个原则。他们报告说一阶效应的百分比高于二阶效应的百分比，而相应地又比三阶效应的百分比高。这支持了效应排序原则。他们还指出，对于活跃的两因子交互效应，两个主效应都显著的条件概率要比只有一个主效应显著的条件概率大，更比没有主效应显著的条件概率高。这支持了效应遗传原则。

然而，Li，et al.(2006)也指出，与效应稀疏原则、排序原则及遗传原则相矛盾的情况比关于筛选试验的文献中的更为常见。一个值得注意的发现是，80%的活跃两因子交互效应是协同的。因此，需要更大的响应时，由于显著的两因子交互效应存在(即使这些交互效应尚未确定或估计出来)，利用正的主效应将带来响应额外的增加。相反地，需要更小的响应时，利用主效应去降低响应，很可能会被两因子交互效应所抵消。

2.4　背景阅读

2.4.1　筛选

Mee(2009)给出了两水平筛选试验设计和分析的全面概述。这个工作首先讨论了完全随机全因析设计，接着是完全随机部分因析设计。最初的关注点是正规部分因析设计，这些是非常知名的部分因析设计，并且可以利用设计生成元来得到[参见 Box，et al.(2005)，Montgomery(2009)，Wu and Hamada(2009)]。然而，非正规正交两水平的部分因析设计，包括 Plackett-Burman 设计、Hadamard 设计和其他正交表，也受到了很大的关注。只要试验点个数是 4 的倍数，非正规正交两水平部分因析设计就存在。因此，与正规两水平部分因析设计相比，它们为试验者提供了更为灵活的设计，因为正规两水平部分因析设计要求样本量是 2 的幂次。要认识到，所有这些两水平正交设计在很多不同情形下都是最优的，而当考虑试验的样本量时，定制的最优设计提供了更大的灵活性。

为了进行筛选，除了非正规两水平部分因析设计，两水平超饱和设计也得到了广泛的关注。超饱和设计的试验点个数比试验因子个数要少。Mee(2009)和 Gilmour(2006)对这个领域的最新进展进行了概述。Marley and Woods(2010)为超饱和设计的分析和因子的设置提供了一些指导。

Jones and Nachtsheim (2011a)提出了一种新的筛选方法，每个因子有三个水平。他们的设计所包含的试验点个数比因子个数的两倍还多一个，并拥有以下优良性质：主效应的估计不受任何两因子交互效应或二次效应的影响，他们允许对因子和响应之间可能的曲面关系进行估计。

通过最小化别名也可以构造筛选试验设计。Jones and Nachtsheim(2011b)展示了如何通过最小化别名矩阵元素的平方来构造设计，同时保证主要感兴趣的因子效应具有一定的最小精度。

对于工业筛选试验及筛选试验在医疗应用、药物发现和微阵列方面的概述，包括超饱和设计、分组筛选、模拟研究中的筛选和计算机试验，我们推荐阅读 Dean and Lewis(2006)。

2.4.2 寻找最优设计的算法

坐标交换算法是由 Meyer and Nachtsheim(1995)提出来的，有各种各样的软件包来实现试验的设计与分析。坐标交换算法的运行时间是多项式级别的，这意味着它找到一个最优设计所用的时间不会随着设计的大小和因子个数的增加而激增。这个算法有别于点交换算法，点交换算法是由 Fedorov(1972)提出来的，并被很多研究者改进使之速度更快[比如，Johnson and Nachtsheim(1983)和 Atkinson and Donev(1989)]。点交换算法的主要缺点是它们需要一系列设计点的列表作为一个输入，称为候选集。对于涉及大量试验因子的设计问题，这个列表变得非常大，不好处理。

近年来，一些研究人员已经研究了利用遗传算法、模拟淬火算法及禁忌搜索算法来寻找最优设计。虽然这些算法在某些情况下确实得到了更好的设计，但它们却没有得到很好的普及。主要的原因是它们比坐标交换和点交换算法复杂得多，实践性差。

2.5 总结

筛选设计通常涉及几个因子，且每个因子有两个水平。那么，只要试验点个数是 4 的倍数，总能产生一个适用于主效应模型的正交设计。成本效率最高的筛选设计的试验点个数往往只比因子多几个。

虽然筛选设计主要是为了寻找较大的主效应，但要记住的是，两因子交互效应也是普遍存在的。如果一个两因子交互效应是活跃的，那么它会对主效应的估计产生偏差。

就像在我们例子中的一样，添加一个或多个重要的两因子交互效应进入模型可能非常有效。所得到的模型矩阵一般不正交。然而，由于将交互效应加入模型而带来的均方根误差的减小，会弥补由于不正交带来的方差膨胀。

第 3 章　筛选试验的跟随试验

3.1　主要概念

(1) 理想情况下，试验是一个序贯的过程。

(2) 筛选试验往往会遗留一些未被解决的问题。在初始试验基础上添加新的试验点可以提供必要信息来回答这些问题。

(3) 添加新试验点的一个最优选择允许研究者在被拟合模型中加入额外项，并且在没有大幅增加总观测次数的情况下拟合新模型。

(4) 当搜索最优需添加的试验点时，包含一组备选模型所有项的更新的先验模型可以揭示多个潜在模型中最好的。

通常，有很多模型在解释筛选试验的结果时是等价(或近似等价)的。这种含糊不清是极端节约试验次数的结果。当存在多个可行模型时，通过对筛选设计添加试验点来获取更多信息是一个自然的做法。

为了优化第 2 章的筛选试验，本章我们将增加 8 个试验点来拟合一个更大的先验模型。新模型中包含的两因子交互效应项也出现在了用原始数据拟合的最优模型中。我们分析了原筛选试验和 8 次跟随试验的组合数据，从一系列优良的模型中识别出了最好的模型，同时也显著降低了模型估计的方差。

3.2　案例：扩充的提取试验

3.2.1　问题和设计

Peter 和 Brad 登上了前往 Rixensart 的火车，去参观 GeneBe——一个比利时生物技术公司。在那里他们进行过一个研究提取过程的筛选试验，试验的目的是提高提取过程中的产量。

【Peter】我认为 GeneBe 有兴趣跟进他们之前做过的筛选试验。你的文字信息像往常一样简洁，“上午 8:30 在火车站见面”。

【Brad】抱歉。我讨厌用拇指在我的 iPhone 上打字。不管怎样，我昨晚接到 Dr. Zheng 的电话。他得到了管理部门的批准以进一步研究我们使用全子集回归拟合的多个模型中哪一个能最好地描述他的提取过程。特别是，他对乙醇和丙醇的交互效应是否真的影响产量感兴趣。

【Peter】他们按我们推荐的因子设置进行试验了吗?

【Brad】我认为是的，我想他们现在得到了我们预期的结果，不然他们不会要求我们回来。

【Peter】他们已经实现了产量的提高。那么，他们做额外的试验只是出于求知欲吗？

【Brad】我对此表示怀疑。我确信 Dr. Zheng 会告诉我们他们的动机是什么。

从 Rixensart 火车站步行一小段路，他们到达了 GeneBe，Dr. Zheng 在接待区接待了他们。

【Dr. Zheng】你们好。很高兴你们今天可以来。

【Peter】我们不会错过这个做序贯试验的机会。

【Dr. Zheng】太好了，我们去会议室，我会告诉你们最新的进展。

在会议室里，当 Dr. Zheng 要咖啡的时候，Brad 打开了他的笔记本电脑。

【Peter】我们对你做这个跟随试验的动机感到好奇。你们已经实现我们预测的更高产量了吗？

【Dr. Zheng】是的。我们一直在使用你们推荐的设置，产量已经翻倍了。产量始终超过每 100 毫升 50 毫克，这是管理部门要求的可以继续这个项目研究的前提。

【Brad】太好了。我希望管理部门准备好了继续研发您的抗菌产品。

【Dr. Zheng】也许吧。之前你们在这里告诉 Bas Ritter 和我，乙醇和丙醇的交互效应只能勉强显著，而且还有几个替代模型也有相似的预测表现。

【Brad】是这样的。但你已经证实了产量的显著提高。看起来这似乎是充足的证明。

【Dr. Zheng】上次我跟你说过，试验设计在这儿还没有被普遍认可。第一项研究应该是观念的证明。有一些负面言论说我们还没有证明任何事情。我的主管——你们记得 Bas Ritter 吧——和我都认为，如果我们能够为生产过程提出一个有效的模型，就会平息这些言论。你们曾提到有一些备选的模型，Bas 已经允许我进行跟随试验来挑选这些模型，并找到一个有说服力的模型。

【Brad】事实上，感觉这像是一个能影响 GeneBe 某些想法的机会。

【Dr. Zheng，叹气】我希望如此。你还有筛选试验的数据吗？

【Brad】是的。在我的笔记本电脑上有一个关于 GeneBe 的文件夹。如果告诉我你们可以承担多少次新试验，我可以马上在初始试验上添加新的试验点。

【Dr. Zheng】我很关心上次试验与这次试验之间的时间间隔。我们如何假设一切都保持不变呢？

【Peter】你说得很对。假设一切都保持不变往往是不明智的。

【Brad】事实证明，处理这个问题有一个标准做法。定义一个新因子，用于指定一个给定的水平组合属于初始试验还是新试验。这个因子有两个水平，被认为是一个区组因子，因为它把整个试验分成两个部分或两组。

【Dr. Zheng】这个做法在实际中起到什么作用？

【Peter】如果产量已经向高或向低变动，那么区组因子的估计效应将捕捉到这一变动，并且避免与我们想要研究的效应混杂。在这种情况下，感兴趣的效应就是所有备选模型中效应的集合。

【Dr. Zheng】你们首选的模型中只有一个首要感兴趣的新效应，即乙醇和丙醇的交互效应。备选模型中包含多少个效应？我们最少需要运行多少次额外试验才能覆盖到所有的备选模型？

Brad 打开他的公文包，拿出他的 GeneBe 文件夹。短暂的寻找后，他找到了一页有

表 3.1 的纸，纸上显示一组备选模型，以及几个拟合优度的测度，Brad 将其展示给 Dr. Zheng 看。

表 3.1　基于原始提取试验的数据利用全子集回归得到的 9 个备选模型，每个模型中的项数及几个拟合优度的测度：决定系数（R^2）、均方根误差（RMSE）和校正的 Akaike 信息准则（AICc）

模型	项数	R^2	RMSE	AICc
1 甲醇、乙醇、丁醇、pH 值、时间、乙醇×丙醇	6	0.986	2.08	105
2 甲醇、乙醇、丙醇、时间、甲醇×时间、丙醇×时间	6	0.985	2.13	106
3 甲醇、乙醇、丁醇、时间、乙醇×时间、丁醇×时间	6	0.983	2.31	108
4 甲醇、乙醇、丁醇、pH 值、时间、丁醇×时间	6	0.981	2.42	109
5 甲醇、乙醇、丙醇、丁醇、pH 值、时间	6	0.980	2.47	109
6 甲醇、乙醇、丙醇、pH 值、时间、丙醇×时间	6	0.979	2.53	110
7 甲醇、乙醇、丁醇、pH 值、时间、甲醇×丁醇、乙醇×丙醇	7	0.995	1.45	138
8 甲醇、乙醇、丁醇、pH 值、时间、乙醇×丙醇、乙醇×时间	7	0.994	1.45	138
9 甲醇、乙醇、丙醇、丁醇、pH 值、时间、乙醇×丙醇	7	0.994	1.56	139

【Brad】我们这里有 9 个模型。忽略截距项，每个模型有 6 项或 7 项。所有这些模型对数据的拟合都不错。

【Dr. Zheng】哇！如果我早知道所有这些不同的可能性，我会对最近几批的生产更紧张。针对模型这么多的不确定性，你们是如何给出建议的？

Brad 从他的文件夹中拿出另外一张纸，上面显示着表 3.2。

表 3.2　从表 3.1 的 9 个备选模型中以最大化产量为目的得到的建议因子设置，加上了“一致选择”一行，其中 NA 指该因子在模型中不存在

模型	甲醇	乙醇	丙醇	丁醇	pH 值	时间
1	+	+	−	+	−	+
2	+	+	−	NA	NA	+
3	+	+	NA	−	NA	+
4	+	+	NA	+	−	+
5	+	+	+	+	−	+
6	+	+	−	NA	−	+
7	+	+	−	+	−	+
8	+	+	−	+	−	+
9	+	+	−	+	−	+
一致选择	+	+	−	+	−	+

【Peter】对于得到的 9 个模型中的任意一个，我们确定了能最大化产量的因子设置。结果显示，尽管包含的项不同，关于得到最大产量的那些因子设置的结论中的这些模型是基本一致的。在我们制作完这张表后，Brad 和我对我们的建议感到非常自信，即分别使用 10 毫升甲醇、乙醇、丁醇及低 pH 值和长时间作为解决方案。

【Dr. Zheng，皱着眉头】我想这是有道理的。不过，你们上次的展示隐瞒了很多复杂性。

【Brad】这件事我们也有过顾虑，但我们知道试验设计是在 GeneBe 进行的，我们想要在没有干扰的情况下对如何进行试验提出强有力的建议。我们确实说过还有其他备选模型。但当时，你对弄明白主效应和显著两因子交互效应之间的混杂更感兴趣。

【Peter】另外，如果你还记得，我们有两个建议。一个建议是在我们认为结果会是最好的因子水平组合处尝试进行验证性试验。初始试验在那个设置下没有进行观测。所以，不管怎样，你将会从那次试验中学到些东西。碰巧的是，该设置下的试验结果相当不错。我们另外一个建议就是对初始试验进行添加试验，来解决这个“多个可行模型”的问题。

【Dr. Zheng】你说的对。不过，我还是希望在 Bas Ritter 离开后的谈话中你能告诉我更多。我的印象是仅有几个不错的备选模型。

【Brad】很抱歉之前我没有把一切都告诉你。在未来的沟通中，我会把全部的想法都告诉你。

【Dr. Zheng，平息一下】我接受你的道歉。现在，在回到我的关于还需要多做多少次试验的问题前，对于你给我看的这张模型表格，你能告诉我更多的信息吗？我知道 R^2 是模型可以解释的变差占总变差的百分比，我也知道均方根误差(RMSE)是什么，但什么是 AICc？我应该寻找大的值还是小的值？

【Peter】这是校正的 Akaike 信息准则，是通过惩罚有更多项的模型来比较优良备选模型的一种方法。对于 AICc，值越小越好。我们包含 R^2 的值，因为它是最流行的拟合优度准则。但当你在模型中加入更多项时它总是会增大，所以我们不推荐它作为模型选择的准则。

【Dr. Zheng】这是众所周知的。那 RMSE 呢？

【Peter】RMSE 与响应具有相同的单位，我们想要它取较小的值。这很好。而且，如果你添加的一项没有解释价值，RMSE 会增大。然而，把最小化 RMSE 作为模型选择方法倾向于导致模型中有过多的项。最小化 AICc 则会得到更简约的模型。

【Brad，指着表 3.1】在我们的表中，前 6 个模型有较小的 AICc 值，而后 3 个模型具有较小的均方根误差值。

【Peter，打断一下】本着完全公开的精神，这些不是仅有的具有较低 RMSE 和 AICc 值且包含 6 项或 7 项的模型。我们发现很多包含 6 项或 7 项的模型都有较低的 RMSE 或 AICc 值。我们是通过估计最多有 7 项的所有可能模型做到的。我们称这种方法为全子集回归。

【Dr. Zheng，指着表 3.1】我猜你们是基于一些别的准则从更大一类模型中选出的这组模型。

【Peter】是的，这是事实。我们倾向于相信那些具有遗传特性的模型。

【Dr. Zheng】是什么让模型表现出遗传性呢？

【Peter】对于模型包含的任意两因子交互效应，如果这两个因子的主效应也包含在模型中，那么模型就具有强遗传性。

【Brad】例如，如果模型包含乙醇和丙醇的交互效应，那么想要模型具有强遗传性，它也必须包含乙醇主效应和丙醇主效应。弱遗传性意味着只有一个相应的主效应出现。

【Peter】我们剔除了相当多的有交互效应而没有相应主效应的模型。

【Dr. Zheng】这看起来对减少优良备选模型数量，同时降低模型选择复杂性是一个合理的方法。希望它能有效。回到我原来的问题，我们需要多少次新试验来拟合所有这些额外的潜在项？

【Brad，指着表 3.1】有 6 个可能的交互效应需要考虑：乙醇×丙醇，甲醇×丁醇，甲醇×时间，乙醇×时间，丙醇×时间，丁醇×时间。如果添加 Peter 前面提到的区组效应，就有 7 个效应没有包含在原筛选试验的先验模型中。我建议至少增加 8 次试验以便我们能估计所有的效应。这应该能让我们清楚到底是哪个模型在真正驱动这个过程，消除这些模型中哪个在真正驱动这个过程的不确定性。

【Dr. Zheng】我想我们可以得到 8 次新试验的批准。之前我担心你想要“折叠反转”我们的初始试验。这将使得原有预算增加一倍，很难说服他人。

【Brad】稍等几分钟，我来构造一个设计，在你原 12 次试验的基础上最优地添加 8 次新试验。

【Peter】有趣的是你提到了折叠反转的想法。这是出现在很多试验设计教科书里的添加试验的方法。如果所有的因子只有两个水平，你可以折叠反转任何设计，得到的设计可以保证活跃的两因子交互效应不会与任何主效应的估计别名。当然，你是对的，这种做法使得试验成本加倍。而在我们的案例中，这种技术是不够的，因为我们要估计相当数量的两因子交互效应，包括 6 个因子中的 5 个。因此，折叠反转技术不能帮我们解决问题。

【Dr. Zheng，打断一下】Peter，现在 Brad 正在工作，你能告诉我在什么意义上新试验点是原设计的最优扩充吗?

【Peter】在 Brad 使用的软件应用中，他可以在设计最优准则中指定一个先验模型来使用。在我们的案例中，先验模型是原筛选试验的主效应模型，加上 Brad 之前提到的所有两因子交互效应，再加上区组效应。区组效应是用来捕捉由于初始试验和跟随试验时间不同而导致响应可能发生的漂移。

Dr. Zheng 点头表示同意，Peter 继续。

【Peter】这个软件确保有足够多额外的添加试验点来估计新模型。如果在原模型中添加很多新效应，这会有用的。当然，在我们的试验中，添加试验次数受到经济因素和统计功效的共同控制。

【Dr. Zheng】你是什么意思?

【Peter】你可以对一个试验计划添加新的试验点来提高识别一个活跃效应的功效——也就是你识别出一个真正显著效应的概率。所以，试验次数越多越好。但经济因素对试验次数会有实际的限制。

【Dr. Zheng】这当然是正确的，尤其是对我们的例子。但我还是不明白最优添加的概念。

【Peter】初始试验点是固定的，因为你已经进行了这些试验，但他们仍然提供大量关于此过程的信息。所以，在选择跟随试验的因子设置时你想要利用这些信息。在 Brad 的软件中，他在初始试验的基础上添加新的试验点，通过最大化综合试验的总信息来拟合你确定更新的先验模型。

【Dr. Zheng】你在什么意义上最大化了设计中的信息?

【Peter】这是一个有趣的问题。当你估计主效应和两因子交互效应时，这些估计会有变异性，因为响应的变异性会传递到这些估计上。你不能改变响应受随机误差影响的事实，但可以最小化传递给效应估计的方差。衡量这个传递方差的一个综合度量是效应估计的方差-协方差矩阵的行列式。Brad 的软件可以找到最小化这个行列式的设计。我们称这个设计是最优的。

【Brad】我得到了我们的新设计。

Brad 转动他笔记本电脑的屏幕，以便其他人可以看到显示在表 3.3 中的设计。

表 3.3 带有观测响应的原筛选设计(上半部分)和跟随试验添加的试验点(下半部分)

试验点	甲醇 x_1	乙醇 x_2	丙醇 x_3	丁醇 x_4	pH 值 x_5	时间 x_6	区组 x_7	产量(毫克)
1	0	0	0	10	6	1	1	10.94
2	0	10	0	0	9	1	1	15.79
3	0	10	0	10	9	2	1	25.96
4	10	10	10	0	6	1	1	35.92
5	0	0	10	0	6	2	1	22.92
6	0	10	10	10	6	1	1	23.54
7	10	10	0	0	6	2	1	47.44
8	10	0	0	0	9	1	1	19.80
9	10	0	10	10	9	1	1	29.48
10	0	0	10	0	9	2	1	17.13
11	10	10	10	10	9	2	1	43.75
12	10	0	0	10	6	2	1	40.86
13	10	0	10	0	9	2	2	.
14	0	0	10	0	6	1	2	.
15	10	10	0	10	6	1	2	.
16	0	10	10	0	6	2	2	.
17	0	0	0	0	9	2	2	.
18	0	10	10	10	9	1	2	.
19	0	0	10	10	6	2	2	.
20	10	0	0	0	6	1	2	.

【Dr. Zheng】我注意到 8 个新试验点中各个因子的高水平和低水平的次数并不平衡。这似乎有点令人不安，有 5 次试验没有甲醇，只有 3 次试验有甲醇。这不就意味着我们在估计之间引入了一些相关性？这样能是最优的吗？

【Brad】你是正确的，我们的综合设计并不正交，因此，所有效应估计之间具有一些相关性。我们一定要从设计诊断的角度看相关性到底有多强，以及相关性使得效应估计的方差与其理论最小值相比增加了多少。

【Dr. Zheng】那么，你提到的设计诊断是什么？我们的 8 次试验够吗？

【Brad，展示表 3.4】这张表显示了使用扩充设计时模型中参数估计的相对方差。它也有一列显示了检测出一个与随机误差的标准差同等规模的效应的功效。

【Peter】从该表我们可以了解到的是，如果任何一个两因子交互效应仅仅和误差的标准差同等规模，那么在 0.05 显著性水平下的假设检验，有 94%把握拒绝事实上没有交互效应的原假设。

【Dr. Zheng】这有些拗口。你能告诉我一些对管理部门说得通的说法吗？

【Brad】粗略地讲，我们相当有信心的是，如果任何一个两因子交互效应真的存在，那么我们就会发现它。当然，我们发现它的概率取决于它实际的大小。如果它仅仅和误差的标准差同等规模，我记得根据我们原来分析误差标准差的估计是 1.6 左右，那么被检测出的概率就是 94%。如果真实效应是误差标准差的两倍，即 3.2 左右，那么我们几乎可以肯定能检测到它。底线是 8 次试验才能实现。

【Dr. Zheng】稍后我会进行这 8 次试验，一旦获得响应值，我将把带有响应值的表格用电子邮件发给你。

表 3.4　通过表 3.3 提取试验中 12 次初始试验和 8 次添加试验得到的因子效应估计的相对方差，以及识别效应与误差的标准差有同等规模的功效

效应	方差	功效
截距项	0.058	0.930
甲醇	0.056	0.938
乙醇	0.056	0.938
丙醇	0.056	0.938
丁醇	0.056	0.938
pH 值	0.052	0.950
时间	0.055	0.939
区组	0.058	0.930
乙醇×丙醇	0.055	0.939
甲醇×时间	0.056	0.938
乙醇×时间	0.056	0.938
丙醇×时间	0.056	0.938
丁醇×时间	0.056	0.938
甲醇×丁醇	0.055	0.939

【Peter】我们期待收到你的来信。

3.2.2　数据分析

一个星期后，Peter 和 Brad 收到了 Dr. Zheng 发来的带有表 3.5 的电子邮件。

Peter 和 Brad，

管理部门对这 8 次试验的产量是如此得低并不是很高兴。我告诉他们这个试验的目的不是最大化产量，而是证明某些两因子交互效应的存在性，同时改善我们主效应的估计。我希望我说的是对的。

无论如何，两位明早来解释你们的分析将会帮我解困。你们可以看看新的数据表，可否在明天上午 10 点来展示你们的结果和建议？我们与管理部门举行了一次会议，讨论我们的抗菌物质下一步的研发。请记住，这里的着装随意，所以不用穿得很正式。

谢谢！

Zheng

表 3.5　在 GeneBe 进行的初始和跟随提取试验的设计和响应数据

试验点	甲醇 x_1	乙醇 x_2	丙醇 x_3	丁醇 x_4	pH 值 x_5	时间 x_6	区组	产量(毫克)
1	0	0	0	10	6	1	1	10.94
2	0	10	0	0	9	1	1	15.79
3	0	10	0	10	9	2	1	25.96
4	10	10	10	0	6	1	1	35.92
5	0	0	10	0	6	2	1	22.92
6	0	10	10	10	6	1	1	23.54
7	10	10	0	0	6	2	1	47.44
8	10	0	0	0	9	1	1	19.80
9	10	0	10	10	9	1	1	29.48
10	0	0	10	0	9	2	1	17.13
11	10	10	10	10	9	2	1	43.75
12	10	0	0	10	6	2	1	40.86

续表

试验点	甲醇 x_1	乙醇 x_2	丙醇 x_3	丁醇 x_4	pH 值 x_5	时间 x_6	区组	产量(毫克)
13	10	0	10	0	9	2	2	34.03
14	0	0	10	0	6	1	2	13.47
15	10	10	0	10	6	1	2	41.50
16	0	10	10	0	6	2	2	27.07
17	0	0	0	0	9	2	2	9.07
18	0	10	10	10	9	1	2	15.83
19	0	0	10	10	6	2	2	24.44
20	10	0	0	0	6	1	2	24.83

第二天早上，Peter 和 Brad 向 GeneBe 的管理团队展示他们的结果。Dr. Zheng 和他的主管 Bas Ritter，都在场。

【Bas，介绍 Peter 为主讲人】请允许我介绍 Peter Goos 博士。他和他的统计工作室的搭档 Bradley Jones 博士，在这里展示我们添加试验的结果，这是我们几个月之前进行的成功筛选试验的跟随试验。Peter?

【Peter】谢谢您能来。我们很高兴能在这里展示我们的新结果。我们理解大家对最近研究中的低产量有些担心。我们打算解释一下这个问题，但首先，请允许我跟大家分享一些好消息。

Peter 将带有之前研究结果的表 3.6 展示给大家。

表 3.6　从在 GeneBe 进行的原筛选试验中得到的因子效应估计，并包括略微显著的乙醇和丁醇交互效应(*代表该效应在 5%显著性水平下显著不为零)

效应	估计值	标准误	t 值	p 值
截距项	27.79	0.45	61.9	<0.0001*
甲醇	9.00	0.49	18.3	<0.0001*
乙醇	4.27	0.45	9.5	<0.00007*
丙醇	1.00	0.45	2.2	0.0908
丁醇	1.88	0.49	3.8	0.0186*
pH 值	−3.07	0.49	−6.2	0.0034*
时间	4.63	0.49	9.4	0.0007*
乙醇×丙醇	−1.77	0.60	−2.9	0.0426*

【Peter】这张表显示了微生物抑制剂提取过程产量试验的因子效应估计，基于几个月前在 GeneBe 进行筛选试验的分析。请注意表的最后一行有一项“乙醇×丙醇”，这是在你们抗菌产品研发中涉及乙醇和丙醇的两因子交互效应。该行中的最后一个值是 0.0426，这是该效应的显著性概率。通常的做法是把任何小于 0.05 的显著性概率看作观测到的效应不是出于偶然的迹象。我们认为这个效应可能是真实存在的，并且建议进行跟随研究来确认这个效应的存在性。

Peter 切换新的幻灯片，展示表 3.7。

【Peter】这是我们对 GeneBe 最近完成的 8 次添加试验得到的数据进行类似分析的结果。注意到估计值几乎没有改变，但由于有了额外的数据，我们对结果变得更加自信了。现在，我们感兴趣的两因子交互效应的显著性概率小于 0.0001。这是如此之小，以至于我们把它作为乙醇和丙醇交互效应真正存在的强有力证明，它不是出于随机的偶然性。

表 3.7　从用于筛选和跟随组合试验的简化模型中得到的因子效应估计

效应	估计值	标准误	t 值	p 值
截距项	27.18	0.25	107.70	<0.0001*
甲醇	9.08	0.25	36.71	<0.0001*
乙醇	4.41	0.25	17.83	<0.0001*
丙醇	1.10	0.25	4.44	0.0010*
丁醇	1.85	0.25	7.47	<0.0001*
pH 值	−3.08	0.24	−12.60	<0.0001*
时间	4.44	0.25	17.94	<0.0001*
乙醇×丙醇	−1.87	0.25	−7.57	<0.0001*
区组	−0.61	0.25	−2.42	0.0337*

【Bas，举手】我注意到在这个表中多了标记为“区组”的一行，这是什么意思？

【Peter】我们把区组项添加进模型中是为了研究两轮试验之间过程均值是否产生漂移。这项估计值是正的，意味着第一区组比第二区组的试验在每个因子取值范围的中间处有更高的估计产量。这可能意味着一些其他的因子在此期间发生了变化，导致平均产量比他们在几个星期前得到的平均产量低了一毫克多。

【Bas】一毫克多？你是指 0.61 毫克？

【Peter】因为我们把试验因子的低水平和高水平分别编码为−1 和+1，我们需要翻倍表中的估计以得到水平从低变到高时因子对产量的效应。由于我们用+1 编码初始试验中的水平组合，用−1 编码跟随试验中的水平组合，故两个区组间产量之差是 0.61 毫克的两倍，即 1.22 毫克。

【Bas】你承诺解释增加的 8 次试验中那些低产量的。关于这个你可以说说吗？

Peter 再次切换幻灯片，显示表 3.8。

表 3.8　跟随试验中 8 个水平组合下的观测产量和预测产量(单位：毫克)

试验点	观测产量	预测产量
13	34.03	33.72
14	13.47	12.85
15	41.50	41.32
16	27.07	26.79
17	9.07	9.62
18	15.83	15.46
19	24.44	25.41
20	24.83	25.07

【Peter】用我们的模型估计，我们建立了一个用来预测 8 次新试验产量的预测方程。正如你看到的，观测到的产量和预测值相当接近。这是准确无误的，因为一次试验和下次试验的变差超过了 1.5 毫克，这个也可以从拟合模型的 RMSE 看出。所以，即使这些新试验的观测产量比较低，我们现在已经确定乙醇和丙醇的交互效应存在，并且是可以被验证的。依据原筛选试验我们推荐的过程设置，部分基于假设两因子交互效应是真实存在的。

【Bas】这是怎么回事？

【Peter】我们建议你从溶剂体系中去掉丙醇。这是因为我们的模型表明，如果乙醇在溶剂系统中，不加丙醇将有更高的产量。我们知道当前过程不包括丙醇，平均产量维持在每 100 毫升 50 毫克。

【Bas】这似乎是你最初建议合理性的很好证据。还有其他问题吗？

【Dr. Zheng】我注意到你没有包含添加试验先验模型中的其他项。这是因为其他潜在的两因子交互效应被证实统计上不显著吗？

Peter 再次切换幻灯片，展示表 3.9。

表 3.9 综合初始试验和跟随试验得到的包含 6 个两因子交互效应模型的因子效应估计

效应	估计值	标准误	*t* 值	*p* 值
截距项	27.22	0.20	134.30	<0.0001
甲醇	9.14	0.20	45.98	<0.0001
乙醇	4.37	0.20	21.98	<0.0001
丙醇	1.03	0.20	5.20	0.0020
丁醇	1.81	0.20	9.09	<0.0001
pH 值	−3.11	0.19	−16.12	<0.0001
时间	4.39	0.20	22.16	<0.0001
区组	0.57	0.20	2.84	0.0297
甲醇×丁醇	0.44	0.20	2.21	0.0689
甲醇×时间	0.48	0.20	2.40	0.0533
乙醇×丙醇	−1.83	0.20	−9.23	<0.0001
乙醇×时间	−0.22	0.20	−1.08	0.3210
丙醇×时间	0.03	0.20	0.16	0.8752
丁醇×时间	0.04	0.20	0.23	0.8288

【Peter】Dr. Zheng，情况确实如此。这是添加试验的全模型中所有项的估计。

【Peter】正如你看到的，其他项的估计都没有超过 0.5，并且这些效应在统计上不显著。我剔除了这些不显著的项，并重新拟合模型，得到一个更加简单的预测方程。正是我在两个幻灯片之前向您展示的那个。

【Dr. Zheng】谢谢。有道理。

【Bas】还有其他问题吗？

没有人再提出问题。

【Bas】既然这样，Peter，谢谢你的展示。你已经让这里的一些人相信设计试验的用处和设计扩充研究的好处。下面我们将讨论是否会继续这种抗菌物质的研发。

3.3 知识探究

设计扩充是在已有试验设计上添加新试验点的过程。换句话说，它是构造一个跟随试验的过程。如果初始试验给不出足够精确的参数估计，或者如果一些效应大到足以在实际中发挥重要作用，但依然太小达不到统计显著时，设计扩充是有用的。设计扩充对于由完全混杂、部分混杂或者别名而造成的不知道哪个效应重要的筛选试验也很有用。事实上，实施额外的试验是解除混杂模式和消除混杂效应的唯一数据驱动方式。挑战就是找到最优可能试验点来添加到试验中。

3.3.1　跟随试验的最优选择

以提取试验为例，我们解释如何为跟随试验选择尽可能好的试验点。试验的初始设计在表 2.1 中已给出。这个设计对于主效应模型

$$Y = \beta_0 + \beta_1 x_1 + \beta_2 x_2 + \beta_3 x_3 + \beta_4 x_4 + \beta_5 x_5 + \beta_6 x_6 + \varepsilon \tag{3.1}$$

是最优的。对应于这个设计和主效应模型的模型矩阵是

$$\boldsymbol{X}^* = \begin{bmatrix} 1 & -1 & -1 & -1 & +1 & -1 & -1 \\ 1 & -1 & +1 & -1 & -1 & +1 & -1 \\ 1 & -1 & +1 & -1 & +1 & +1 & +1 \\ 1 & +1 & +1 & +1 & -1 & -1 & -1 \\ 1 & -1 & -1 & +1 & -1 & -1 & +1 \\ 1 & -1 & +1 & +1 & +1 & -1 & -1 \\ 1 & +1 & +1 & -1 & -1 & -1 & +1 \\ 1 & +1 & -1 & -1 & -1 & +1 & -1 \\ 1 & +1 & -1 & +1 & +1 & +1 & -1 \\ 1 & -1 & -1 & +1 & -1 & +1 & +1 \\ 1 & +1 & +1 & +1 & +1 & +1 & +1 \\ 1 & +1 & -1 & -1 & +1 & -1 & +1 \end{bmatrix} \tag{3.2}$$

对模型(3.1)，包含在这个矩阵中的信息为

$$\boldsymbol{X}^{*\prime}\boldsymbol{X}^* = \begin{bmatrix} 12 & 0 & 0 & 0 & 0 & 0 & 0 \\ 0 & 12 & 0 & 0 & 0 & 0 & 0 \\ 0 & 0 & 12 & 0 & 0 & 0 & 0 \\ 0 & 0 & 0 & 12 & 0 & 0 & 0 \\ 0 & 0 & 0 & 0 & 12 & 0 & 0 \\ 0 & 0 & 0 & 0 & 0 & 12 & 0 \\ 0 & 0 & 0 & 0 & 0 & 0 & 12 \end{bmatrix} \tag{3.3}$$

这个矩阵是对角的，这意味着模型中所有的参数，即截距项和主效应，都可以被独立地估计。这个矩阵的行列式，在前面章节我们称为 D-最优准则值，等于 12^7。行列式取值为正数意味着设计包含足够多的信息来估计主效应模型。

在提取试验中添加额外试验点的目的是解决在分析初始试验数据之后仍然存在的不确定性。更具体地，这个案例添加试验点的目的是使包含 6 个两因子交互效应的模型

$$\begin{aligned} Y = {} & \beta_0 + \beta_1 x_1 + \beta_2 x_2 + \beta_3 x_3 + \beta_4 x_4 + \beta_5 x_5 + \beta_6 x_6 + \beta_{14} x_1 x_4 + \\ & \beta_{16} x_1 x_6 + \beta_{23} x_2 x_3 + \beta_{26} x_2 x_6 + \beta_{36} x_3 x_6 + \beta_{46} x_4 x_6 + \varepsilon \end{aligned} \tag{3.4}$$

可以被估计出来。这将允许我们检验哪个潜在的交互效应是活跃的。

通常，初始试验和跟随试验之间经过了一段相当长的时间。因此，观测到这两部分试验的平均响应发生漂移是很常见的。我们建议给模型添加一项——δx_7，来描述响应均值的这个潜在漂移：

$$Y = \beta_0 + \beta_1 x_1 + \beta_2 x_2 + \beta_3 x_3 + \beta_4 x_4 + \beta_5 x_5 + \beta_6 x_6 + \beta_{14} x_1 x_4 + \beta_{16} x_1 x_6 + \beta_{23} x_2 x_3 + \beta_{26} x_2 x_6 + \beta_{36} x_3 x_6 + \beta_{46} x_4 x_6 + \delta x_7 + \varepsilon \tag{3.5}$$

参数 δ 代表响应的漂移，x_7 是两水平因子，其中对应于初始试验取值为+1，跟随试验取值为−1。在试验设计中，我们称参数 δ 为区组效应，因子 x_7 为区组因子。分区组是试验设计的一个基本原则。在第 7 章和第 8 章，我们将更详细地讨论分区组。

为了构造跟随试验设计，我们首先需要创建对应于初始试验新模型的模型矩阵 $\boldsymbol{X}_1$。和原模型矩阵 $\boldsymbol{X}^*$ 一样，新模型矩阵有 12 行。然而，由于式(3.5)中的新模型包含 14 个未知参数，而不是 7 个，因此它将有 14 列：1 个截距项列，6 个主效应项列，6 个两因子交互效应项列，最后 1 个是区组效应项列。对原提取试验，新模型矩阵为

$$\boldsymbol{X}_1 = \begin{bmatrix} 1 & -1 & -1 & -1 & +1 & -1 & -1 & -1 & +1 & +1 & +1 & +1 & -1 & +1 \\ 1 & -1 & +1 & -1 & -1 & +1 & -1 & +1 & +1 & -1 & -1 & +1 & +1 & +1 \\ 1 & -1 & +1 & -1 & +1 & +1 & +1 & -1 & -1 & -1 & +1 & -1 & +1 & +1 \\ 1 & +1 & +1 & +1 & -1 & -1 & -1 & -1 & -1 & +1 & -1 & -1 & +1 & +1 \\ 1 & -1 & -1 & +1 & -1 & -1 & +1 & +1 & -1 & -1 & -1 & +1 & -1 & +1 \\ 1 & -1 & +1 & +1 & +1 & -1 & -1 & -1 & +1 & +1 & -1 & -1 & -1 & +1 \\ 1 & +1 & +1 & -1 & -1 & -1 & +1 & -1 & +1 & -1 & +1 & -1 & -1 & +1 \\ 1 & +1 & -1 & -1 & -1 & +1 & -1 & -1 & -1 & +1 & +1 & +1 & +1 & +1 \\ 1 & +1 & -1 & +1 & +1 & +1 & -1 & +1 & -1 & -1 & +1 & -1 & -1 & +1 \\ 1 & -1 & -1 & +1 & -1 & +1 & +1 & +1 & -1 & -1 & -1 & +1 & -1 & +1 \\ 1 & +1 & +1 & +1 & +1 & +1 & +1 & +1 & +1 & +1 & +1 & +1 & +1 & +1 \\ 1 & +1 & -1 & -1 & +1 & -1 & +1 & +1 & +1 & +1 & -1 & -1 & +1 & +1 \end{bmatrix} \tag{3.6}$$

扩展模型(3.5)中包含的初始试验中参数的信息为

$$\boldsymbol{X}_1'\boldsymbol{X}_1 = \begin{bmatrix} 12 & 0 & 0 & 0 & 0 & 0 & 0 & 0 & 0 & 0 & 0 & 0 & 0 & +12 \\ 0 & 12 & 0 & 0 & 0 & 0 & 0 & 0 & 0 & 4 & 4 & -4 & 4 & 0 \\ 0 & 0 & 12 & 0 & 0 & 0 & 0 & -4 & 4 & 0 & 0 & -4 & 4 & 0 \\ 0 & 0 & 0 & 12 & 0 & 0 & 0 & 4 & -4 & 0 & -4 & 0 & -4 & 0 \\ 0 & 0 & 0 & 0 & 12 & 0 & 0 & 0 & 4 & 4 & 4 & -4 & 0 & 0 \\ 0 & 0 & 0 & 0 & 0 & 12 & 0 & 4 & -4 & -4 & 4 & 4 & 4 & 0 \\ 0 & 0 & 0 & 0 & 0 & 0 & 12 & 4 & 0 & -4 & 0 & 0 & 0 & 0 \\ 0 & 0 & -4 & 4 & 0 & 4 & 4 & 12 & 0 & -4 & -4 & 4 & 0 & 0 \\ 0 & 0 & 4 & -4 & 4 & -4 & 0 & 0 & 12 & 4 & 0 & 0 & 0 & 0 \\ 0 & 4 & 0 & 0 & 4 & -4 & -4 & -4 & 4 & 12 & 0 & 0 & 4 & 0 \\ 0 & 4 & 0 & -4 & 4 & 4 & 0 & -4 & 0 & 0 & 12 & 0 & 0 & 0 \\ 0 & -4 & -4 & 0 & -4 & 4 & 0 & 4 & 0 & 0 & 0 & 12 & 0 & 0 \\ 0 & 4 & 4 & -4 & 0 & 4 & 0 & 0 & 0 & 4 & 0 & 0 & 12 & 0 \\ +12 & 0 & 0 & 0 & 0 & 0 & 0 & 0 & 0 & 0 & 0 & 0 & 0 & 12 \end{bmatrix} \tag{3.7}$$

这个矩阵的行列式为零，这表明初始设计没有足够多的信息来估计包含 6 个两因子交互效应和区组效应的扩展模型。一个原因是，初始设计的试验次数少于扩展模型参数的个

数；另一个原因是，$\boldsymbol{X}_1$的最后一列与第一列相同。因此，区组效应与截距项混杂。用数学术语来说，$\boldsymbol{X}_1$的第一列和最后一列线性相关。这也可以从信息矩阵$\boldsymbol{X}_1'\boldsymbol{X}_1$看出来，注意到第一行最后一个数是+12，同这个矩阵的第一个和最后一个对角元一样大。对于一个给定模型，如果设计给出的信息矩阵的行列式为零，我们称这个设计对于模型来说是奇异的。

设计扩充过程的下一步是向模型矩阵$\boldsymbol{X}_1$中添加行，每个新增的试验点作为一行。在跟随提取试验中，有 8 个新增的试验点。因此，如果我们将增加行之后的模型定义为$\boldsymbol{X}_2$，完整的模型矩阵定义为$\boldsymbol{X}$，则有

$$
\boldsymbol{X}=\begin{bmatrix}\boldsymbol{X}_1\\ \boldsymbol{X}_2\end{bmatrix}
=\left[\begin{array}{cccccccccccccc}
1 & -1 & -1 & -1 & +1 & -1 & -1 & -1 & +1 & +1 & +1 & +1 & -1 & +1\\
1 & -1 & +1 & -1 & -1 & +1 & -1 & +1 & +1 & -1 & -1 & +1 & +1 & +1\\
1 & -1 & +1 & -1 & +1 & +1 & +1 & -1 & -1 & -1 & +1 & -1 & +1 & +1\\
1 & +1 & +1 & +1 & -1 & -1 & -1 & -1 & -1 & +1 & -1 & -1 & +1 & +1\\
1 & -1 & -1 & +1 & -1 & -1 & +1 & +1 & -1 & -1 & -1 & +1 & -1 & +1\\
1 & -1 & +1 & +1 & +1 & -1 & -1 & -1 & +1 & +1 & -1 & -1 & -1 & +1\\
1 & +1 & +1 & -1 & -1 & -1 & +1 & -1 & +1 & -1 & +1 & -1 & -1 & +1\\
1 & +1 & -1 & -1 & -1 & +1 & -1 & -1 & -1 & +1 & +1 & +1 & +1 & +1\\
1 & +1 & -1 & +1 & +1 & +1 & -1 & +1 & -1 & -1 & +1 & -1 & -1 & +1\\
1 & -1 & -1 & +1 & -1 & +1 & +1 & +1 & -1 & -1 & -1 & +1 & -1 & +1\\
1 & +1 & +1 & +1 & +1 & +1 & +1 & +1 & +1 & +1 & +1 & +1 & +1 & +1\\
1 & +1 & -1 & -1 & +1 & -1 & +1 & +1 & +1 & +1 & -1 & -1 & +1 & +1\\
\hline
1 & . & . & . & . & . & . & . & . & . & . & . & . & -1\\
1 & . & . & . & . & . & . & . & . & . & . & . & . & -1\\
1 & . & . & . & . & . & . & . & . & . & . & . & . & -1\\
1 & . & . & . & . & . & . & . & . & . & . & . & . & -1\\
1 & . & . & . & . & . & . & . & . & . & . & . & . & -1\\
1 & . & . & . & . & . & . & . & . & . & . & . & . & -1\\
1 & . & . & . & . & . & . & . & . & . & . & . & . & -1\\
1 & . & . & . & . & . & . & . & . & . & . & . & . & -1
\end{array}\right] \tag{3.8}
$$

我们现在要找 6 个试验因子的水平值来最大化总信息矩阵的行列式

$$
\begin{aligned}
\boldsymbol{X}'\boldsymbol{X}&=\begin{bmatrix}\boldsymbol{X}_1\\ \boldsymbol{X}_2\end{bmatrix}'\begin{bmatrix}\boldsymbol{X}_1\\ \boldsymbol{X}_2\end{bmatrix}\\
&=\begin{bmatrix}\boldsymbol{X}_1' & \boldsymbol{X}_2'\end{bmatrix}\begin{bmatrix}\boldsymbol{X}_1\\ \boldsymbol{X}_2\end{bmatrix}\\
&=\boldsymbol{X}_1'\boldsymbol{X}_1+\boldsymbol{X}_2'\boldsymbol{X}_2
\end{aligned} \tag{3.9}
$$

最后一个表达式显示新的信息矩阵是初始试验信息矩阵$\boldsymbol{X}_1'\boldsymbol{X}_1$与跟随试验信息矩阵$\boldsymbol{X}_2'\boldsymbol{X}_2$

的和。在所有可能的矩阵 $\boldsymbol{X}_2$ 中，一个 D-最优跟随设计要最大化行列式

$$|\boldsymbol{X}'\boldsymbol{X}| = |\boldsymbol{X}_1'\boldsymbol{X}_1 + \boldsymbol{X}_2'\boldsymbol{X}_2| \tag{3.10}$$

在设置跟随试验时考虑初始试验的设计是常识性做法。如果不这样做，只最大化 $|\boldsymbol{X}_2'\boldsymbol{X}_2|$，将导致跟随试验同等关注主效应和交互效应，而我们已经从初始试验中获取关于主效应的足够多信息，对于交互效应我们还没有充足的信息。

在提取试验中，初始研究的设计对于包含交互效应项的扩展模型(3.5)来说是奇异的。因此，其信息矩阵 $\boldsymbol{X}_1'\boldsymbol{X}_1$ 不可逆。然而，在 $\boldsymbol{X}_1'\boldsymbol{X}_1$ 可逆的情况下，总试验的行列式可以写成

$$\left|\boldsymbol{X}_1'\boldsymbol{X}_1 + \boldsymbol{X}_2'\boldsymbol{X}_2\right| = \left|\boldsymbol{X}_1'\boldsymbol{X}_1\right| \times \left|\boldsymbol{I}_{n_2} + \boldsymbol{X}_2(\boldsymbol{X}_1'\boldsymbol{X}_1)^{-1}\boldsymbol{X}_2'\right| \tag{3.11}$$

这里 n_2 是跟随试验中试验点的个数。由于在设计跟随试验时，模型矩阵 $\boldsymbol{X}_1$ 已经给定，行列式 $|\boldsymbol{X}_1'\boldsymbol{X}_1|$ 是个常数。因此，在 $\boldsymbol{X}_1'\boldsymbol{X}_1$ 可逆的情况下，当跟随试验要求最大化

$$|\boldsymbol{I}_{n_2} + \boldsymbol{X}_2(\boldsymbol{X}_1'\boldsymbol{X}_1)^{-1}\boldsymbol{X}_2'| \tag{3.12}$$

总信息矩阵也就最大化了。这个表达式明确表明只最大化 $|\boldsymbol{X}_2'\boldsymbol{X}_2|$ 通常得不到最优跟随试验，当设计跟随试验时需要把 $\boldsymbol{X}_1$ 和 $\boldsymbol{X}_2$ 一起考虑。

通过最大化式(3.10)的行列式来最优化提取试验的跟随设计，得到下面的模型矩阵

$$\boldsymbol{X} = \begin{bmatrix}
1 & -1 & -1 & -1 & +1 & -1 & -1 & -1 & +1 & +1 & +1 & +1 & -1 & +1 \\
1 & -1 & +1 & -1 & -1 & +1 & -1 & +1 & +1 & -1 & -1 & +1 & +1 & +1 \\
1 & -1 & +1 & -1 & +1 & +1 & +1 & -1 & -1 & -1 & +1 & -1 & +1 & +1 \\
1 & +1 & +1 & +1 & -1 & -1 & -1 & -1 & -1 & +1 & -1 & -1 & +1 & +1 \\
1 & -1 & -1 & +1 & -1 & -1 & +1 & +1 & -1 & -1 & -1 & +1 & -1 & +1 \\
1 & -1 & +1 & +1 & +1 & -1 & -1 & -1 & +1 & +1 & -1 & -1 & -1 & +1 \\
1 & +1 & +1 & -1 & -1 & -1 & +1 & -1 & +1 & -1 & +1 & -1 & -1 & +1 \\
1 & +1 & -1 & -1 & -1 & +1 & -1 & -1 & -1 & +1 & +1 & +1 & +1 & +1 \\
1 & +1 & -1 & +1 & +1 & +1 & -1 & +1 & -1 & -1 & +1 & -1 & -1 & +1 \\
1 & -1 & -1 & +1 & -1 & +1 & +1 & +1 & -1 & -1 & -1 & +1 & -1 & +1 \\
1 & +1 & +1 & +1 & +1 & +1 & +1 & +1 & +1 & +1 & +1 & +1 & +1 & +1 \\
1 & +1 & -1 & -1 & +1 & -1 & +1 & +1 & +1 & +1 & -1 & -1 & +1 & +1 \\
\hline
1 & +1 & -1 & +1 & -1 & +1 & +1 & -1 & +1 & -1 & -1 & +1 & -1 & -1 \\
1 & -1 & -1 & +1 & -1 & -1 & -1 & +1 & +1 & -1 & +1 & -1 & +1 & -1 \\
1 & +1 & +1 & -1 & +1 & -1 & -1 & +1 & -1 & -1 & -1 & +1 & -1 & -1 \\
1 & -1 & +1 & +1 & -1 & -1 & +1 & +1 & -1 & +1 & +1 & +1 & -1 & -1 \\
1 & -1 & -1 & -1 & -1 & +1 & +1 & +1 & -1 & +1 & -1 & -1 & -1 & -1 \\
1 & -1 & +1 & +1 & +1 & +1 & -1 & -1 & +1 & +1 & -1 & -1 & -1 & -1 \\
1 & -1 & -1 & +1 & +1 & -1 & +1 & -1 & -1 & -1 & -1 & +1 & +1 & -1 \\
1 & +1 & -1 & -1 & -1 & -1 & -1 & -1 & -1 & +1 & +1 & +1 & +1 & -1
\end{bmatrix} \tag{3.13}$$

其信息矩阵为

$$
X'X=\begin{bmatrix}
20 & -2 & -2 & 2 & -2 & -2 & 0 & 0 & -2 & 0 & -2 & 2 & -2 & 2\\
-2 & 20 & 0 & -4 & 0 & 0 & -2 & -2 & 0 & 2 & 4 & 0 & 4 & 0\\
-2 & 0 & 20 & 0 & 4 & 0 & -2 & -2 & 4 & 2 & 0 & -4 & 0 & 4\\
2 & -4 & 0 & 20 & 0 & 0 & 2 & 2 & 0 & -2 & -4 & 0 & -4 & 0\\
-2 & 0 & 4 & 0 & 20 & 0 & -2 & -2 & 4 & 2 & 0 & -4 & 0 & 0\\
-2 & 0 & 0 & 0 & 0 & 20 & 2 & 2 & 0 & -2 & 0 & 0 & 0 & 4\\
0 & -2 & -2 & 2 & -2 & 2 & 20 & 4 & -2 & -4 & -2 & 2 & -2 & 2\\
0 & -2 & -2 & 2 & -2 & 2 & 4 & 20 & -2 & -4 & -2 & 2 & -2 & 2\\
-2 & 0 & 4 & 0 & 4 & 0 & -2 & -2 & 20 & 2 & 0 & -4 & 0 & 0\\
0 & 2 & 2 & -2 & 2 & -2 & -4 & -4 & 2 & 20 & 2 & -2 & 2 & 2\\
-2 & 4 & 0 & -4 & 0 & 0 & -2 & -2 & 0 & 2 & 20 & 0 & 4 & 4\\
2 & 0 & -4 & 0 & -4 & 0 & 2 & 2 & -4 & -2 & 0 & 20 & 0 & 0\\
-2 & 4 & 0 & -4 & 0 & 0 & -2 & -2 & 0 & 2 & 4 & 0 & 20 & 0\\
2 & 0 & 4 & 0 & 0 & 4 & 2 & 2 & 0 & 2 & 4 & 0 & 0 & 20
\end{bmatrix} \quad (3.14)
$$
①

这个信息矩阵完全不是奇异的，因为它行列式的值为 $6.55.41\times10^{17}$。所以，扩充设计，也就是原设计和跟随设计的组合，包含足够多的信息来估计扩展模型中的所有效应。扩充设计一个有趣的特点是可以通过对信息矩阵取逆 $(X_1'X_1)^{-1}$ 后的对角元素看出来。正如第 2 章中解释的，这些对角线元素是因子效应估计的相对方差。因子效应估计的相对方差及相应的方差膨胀因子在表 3.10 中给出。

表 3.10　由原提取试验和跟随试验的组合设计得到的因子效应估计的相对方差及 VIF

效应	方差	VIF
截距项	0.058	1.161
甲醇	0.056	1.117
乙醇	0.056	1.117
丙醇	0.056	1.117
丁醇	0.056	1.117
pH 值	0.052	1.049
时间	0.055	1.110
甲醇×丁醇	0.055	1.110
甲醇×时间	0.056	1.117
乙醇×丙醇	0.055	1.110
乙醇×时间	0.056	1.117
丙醇×时间	0.056	1.117
丁醇×时间	0.056	1.117
区组	0.058	1.161

扩展模型中所有效应估计的方差大小大致相同：它们都在 0.052 和 0.058 之间。这表明最大化总信息矩阵使得扩展模型中所有效应获得大致同等的关注。没有任何方差小到 $1/20 = 0.05$，这表明有一定的方差膨胀。这是因为信息矩阵不是对角的，而这又源于模型矩阵 X 列的不正交。正如我们从表 3.10 的最后一列看到的，任何效应估计最大的方差膨

① 原著中将式 (3.14) 中的信息矩阵记为 X，此处更正为 $X'X$。

胀因子是 1.161。这远远小于方差膨胀因子的警报水平 5。因此，没有理由担心因子效应估计之间的相关性。

3.3.2 设计构造算法

为了寻找最大化式(3.10)中总信息矩阵的行列式，或者等价地，当 $\boldsymbol{X}_1'\boldsymbol{X}_1$ 可逆时最大化式(3.12)中行列式的设计，我们使用在 2.3.9 节专为设计扩充介绍过的坐标交换算法的一个版本。它不同于原始的坐标交换算法，原始的坐标交换算法只对 $\boldsymbol{X}_2$ 进行，而不是对全模型矩阵 $\boldsymbol{X}$ 。

该算法从在区间 [–1,+1] 中产生随机值开始，每个值放在对应于试验因子的模型矩阵 $\boldsymbol{X}_2$ 的每个单元。如果跟随设计需要 n_2 个水平组合和 k 个试验因子，那么总共需要 n_2k 个随机值。

得到的初始设计可以基于逐个的坐标变换进行改进。该算法对这 n_2k 个坐标逐个进行，在集合{–1,+1}中找到一个值最优化式(3.10)中的 D-最优准则值。如果 D-最优准则值提高，则该坐标的旧值将被替换为新值。这个过程不断重复，直到设计矩阵中没有坐标可交换。

产生初始设计和逐个坐标进行迭代改进的过程需要对大量初始设计重复进行，以提高得到使式(3.10)中行列式接近全局最优的设计的可能性。

3.3.3 折叠反转设计

构造跟随试验设计最知名的技巧是折叠反转技术。该技术中，除了一列或多列的符号反转，跟随试验与初始试验其他列的水平符号皆相同，方法简单，研究者可以通过手动来构造。

折叠反转技术有两个主要的缺点。其一，折叠反转技术要求跟随试验的试验次数和初始试验相同。这会使得试验总成本自动翻倍，通常是没有必要的。其二，折叠反转技术只对消除一组特定效应的混杂有效。例如，折叠反转对消除主效应和交互效应的混杂有效，对消除一个因子的主效应和所有包含该因子的两因子交互效应之间的混杂有效。然而，初始试验中感兴趣的效应集通常是不同的。例如，在原提取试验后，感兴趣的是所有的主效应和 6 个额外的两因子交互效应，这些效应的混杂可能无法通过折叠反转技术消除。

因此，在大多数实际情况下需要一个更灵活的构造跟随筛选试验设计的方法。正如我们在提取试验案例研究中做的那样，采用最优试验设计是这样一种方法：它允许研究人员构造一个跟随试验来给出主效应、交互效应和/或多项式效应(如二次效应，见第 4 章)最精确的估计。唯一的要求是跟随试验的次数大于或等于扩展模型中多出来的额外项数。例如，对于提取试验，就可以使用只有 7 个试验点的跟随试验。

3.4 背景阅读

在跟随试验设计方面有大量的文献。做一次或多次跟随试验的原因可以有很多。Atkinson et al. (2007) 和 Mee (2009) 对做跟随试验为何有用提供了原因列表。

Mee（2009）对跟随试验提供了一个详尽的方法回顾。例如，他指出对一个分辨度为Ⅲ的正规部分因析设计添加镜像试验点，可以保证主效应与两因子交互效应不再混杂。他还讨论了在使用一个分辨度为Ⅳ的部分因析设计后，折叠反转技术和半折叠反转技术的应用。半折叠反转技术类似于折叠反转技术，但实际上只进行折叠反转设计的一半试验。最后，Mee（2009）应用注入塑模（injection modeling）的例子展示了跟随试验最优设计的添加值。另一个这样的例子是在 Wu and Hamada（2009）给出的钢板弹簧的试验中。Miller and Sitter（1997）阐述了当考虑多达 12 个因子、24 次试验时，对 12 次试验的 Plackett-Burman 设计进行折叠反转是有用的，即便预计到一些两因子交互效应可能是显著的。

相对于折叠反转设计，最优设计是一种更灵活、更经济的方法来进行跟随试验，关于这个主题的文献并不像折叠反转技术那样广泛。首次发表的 D-最优跟随试验设计的例子出现于 Mitchell（1974）。Atkinson et al.（2007）概述了 D-最优跟随试验设计，并附有几个例子。

Meyer et al.（1996）建议使用更先进的贝叶斯方法来选择跟随试验设计。在该文的讨论中，Jones and DuMouchel（1996）基于备选模型是真实模型的后验概率提出了另一种最优设计的方法。Ruggoo and Vandebroek（2004）基于贝叶斯策略提出了最优的包括初始试验和跟随试验的设计方法。

3.5　总结

通过对筛选设计添加试验，本章解决了在众多可能的两因子交互效应中哪些显著的问题。采用最优设计方法的构建算法，提供了一个极其经济有效的方式来区分几个高度相似的模型。

初始的筛选试验通常能指出某个因子水平组合可以解决眼前的工程问题，除了验证性试验，不需要进一步的试验。当然，这是一个非常理想的结果，你不能期待它总会发生。

我们鼓励实际操作者把试验作为一个迭代过程，每次迭代都建立在当前知识上。在我们看来，最优设计方法简化了这个过程。

第 4 章　含有分类因子的响应曲面设计

4.1　主要概念

(1) 如果只有几个因子影响一个产品或流程的性能，你可以进行试验以达到找出这些因子最优设置的目的。为了最优化，对因子和响应之间存在的关系的曲面建立模型是有用的。

(2) 拟合一个连续型因子和响应之间的关系的曲面，最简单的方法就是使用二次效应。模型中包含二次效应要求每个连续型因子至少设置 3 个水平。我们称这些试验的测试方案为响应曲面设计。

(3) 虽然标准的响应曲面设计只应用于连续型因子，但在很多试验情形中，分类因子和连续因子都是让人感兴趣的。

(4) I-最优设计准则关注预测的准确性，适合用来选择响应曲面设计。

(5) 对比来说，D-最优设计准则关注参数估计的准确性，更适用于筛选试验。

(6) 为发现那些使得预测响应关于分类因子水平改变而稳健的因子水平组合，包含分类因子和连续因子的两因子交互效应建模是必要的。

(7) 设计空间比率(Fraction of Design Space，FDS)图对于比较以预测准确性为目标的设计来说，是一个非常强大的诊断工具。

本章的案例研究处理的是使得一个过程对于来自不同供应商的材料稳健的试验。我们讲述在包含分类因子的二阶模型下的最优试验设计问题，同时也会展示如何使用 FDS 图对不同设计进行诊断性的评估和比较。

4.2　案例：稳健的流程优化试验

4.2.1　问题和设计

Peter 和 Brad 应邀为 Lone Star Snack Foods 公司总部提供咨询服务，他们乘坐的飞机已经抵达 Texas 州 Irving 市的 Dallas Fort Worth 机场。当他们驾驶租来的汽车行驶在 45 号州际公路上时，Brad 向 Peter 简要介绍将要去的与工程师和统计学家项目组的会面。

【Brad】Lone Star Snack Foods 公司最近在进行一系列的稳健性试验。他们想要同时优化和“稳健化”一个新流程。嗯，我想“稳健化”虽然不是一个词，但它听起来还不错。

【Peter】你到底想说什么？你别忘了我的母语可是弗拉芒语。

【Brad】对不起。他们刚刚购进了一台密封包装的机器。在消费者拉开的开口处有一个标签，这个标签需要很好地附着在包装上以确保包装在常态下能保持密封状态。同时它也要非常容易撕掉，这样消费者就不会因为打不开包装而沮丧。所以，他们不得不使密封的程度恰到好处。

【Peter】在我听来这和稳健性研究无关。

【Brad】我还没讲到那部分呢。Lone Star Snack Foods 公司的包装材料来自 3 家不同的供应商。尽管 3 家供应商都尽力做到规格相同，但来自不同供应商的包装还是不完全相同。20 年前，他们已经发展出 3 套不同的流程，每一套对应一家供应商。但是现在，他们想要有一套能适用于 3 家供应商的统一流程。因此，这套流程必须对由于供应商不同而造成的包装材料的不同相对不敏感。

【Peter】我现在明白稳健性要用在哪了。

【Brad】反正你将会在咱们和包装开发部的会议上再次听到这些。我只是想让你提前了解一些罢了。

他们将车停在了 Plano 研究所大楼的停车场，然后在前台签了字。几分钟后，他们的联系人 Dr. Pablo Andrés 过来并带他们去会议室。会议首先由 Dr. Andrés 介绍他们遇到的难题。

【Dr. Andrés】Lone Star Snack Foods 公司包装开发部的工程师想要找到与新密封流程相关的主要变量可行的设置。这套流程使用高速真空密封装置来密封包装。响应变量是拉力，衡量打开包装所需要的力量。如果拉力过小，很有可能包装会泄露；但是，如果拉力过大，那么消费者很有可能会抱怨打开包装太费劲。我们计划研究温度、压力和速度对拉力的影响。我们的第一目标就是找到可以匹配 4.5 磅拉力目标值的因子设置。

密封包装所用的材料由不同的供应商提供。供应商 1 是我们的主供应商，占我们全部订单的 50%，供应商 2 和供应商 3 各自供应原材料的 25%。我们不想改变依赖于哪家供应商为现有生产流程提供包装材料的生产设置。所以，我们的第二个目标就是找到合适的温度、压力和速度的设置，这些设置产生的拉力对供应商原材料的变动是稳健的。为了取得完全的成功，我们只能利用一组流程条件来同时实现这两个目标。有什么问题吗？

【Brad】在你的研究中，你考虑的温度、压力和速度的变动范围是什么？

Dr. Andrés 微笑着展示他的下一张幻灯片，表 4.1 显示了因子的取值范围和度量单位。

表 4.1　稳健性试验中因子水平的范围

因子	取值范围	单位
温度	193～230	摄氏度（℃）
压强	2.2～3.2	巴（bar）
速度	32～50	转/分（cpm）
供应商	1～3	—

【Dr. Andrés】问得好。答案在这里。还有其他问题吗？

【Peter】有没有因子的水平很难从一次处理试验切换到另一次试验的情况？

【Dr. Andrés】没有。为什么你要这样问？

【Brad】Peter 博士论文的部分内容就是研究在那种情况下如何进行试验。我同意他的观点，这是一个好问题。

【Dr. Andrés】为什么这是个好问题呢？

【Brad】当某些试验因子有很难改变的水平时，那么完全随机化的试验充其量也只是单调乏味的过程。从一次试验到下一次试验中，试验者没有独立地重设所有因子的水平。这产生了相关的观测，且需要更复杂的统计分析。

【Dr. Andrés】我明白了，不过我们确实没有遇到这类难题。下一个问题？

【Brad】你们对包装与包装之间拉力的差异有什么看法吗？

【Dr. Andrés】好吧，目前拉力的差异实在太大了，我们期望拉力的标准差能够小于 0.5 磅。

【Brad】你们对拉力的具体限制是什么？

【Dr. Andrés】我们期望的拉力目标值是 4.5 磅，但是 3～6 磅之间的值都是可接受的。

【Brad】你对这次试验的模型和设计已经提出过什么想法了吗？

【Dr. Andrés】我们只考虑 3 个连续型因子，所以我们想要拟合一个二次响应曲面模型。通常，我们只需采用一个 Box–Behnken 设计或者中心复合设计，但是我们的设计还必须适用于 3 家供应商。如果使用 3 个中心点，那么三因子的 Box–Behnken 设计需要 15 次试验，而中心复合设计则需要更多次试验。如果对每个供应商都运行整个 Box–Behnken 设计，那么至少需要做 45 次试验。这超过了这项研究所允许的预算。

【Peter】你最多可以承受多少次试验？

【Dr. Andrés】我觉得我们只能承受不超过 30 次试验。我们必须对所做的任何选择进行经济和统计方面的考量。

【Brad】预算充足与否取决于你想要在为了研究分类因子——供应商的效应而提出的模型中加入的项数。

【Dr. Andrés】我明白你的意思。我们已经考虑过不同的选择。含有 3 个连续型因子的全二次模型含有 10 项，它们是截距项、3 个主效应、3 个两因子交互效应和 3 个二次效应。

Dr. Andrés 展示了一张幻灯片，显示式(4.1)——只含有 3 个连续型因子的模型：

$$Y=\beta_0+\sum_{i=1}^{3}\beta_i x_i+\sum_{i=1}^{2}\sum_{j=i+1}^{3}\beta_{ij}x_i x_j+\sum_{i=1}^{3}\beta_{ii}x_i^2+\varepsilon \tag{4.1}$$

【Dr. Andrés】如果我们假设从一个供应商变为另一个供应商的效应只使拉力改变一个常数，那么我们可以得到下面这个模型。

Dr. Andrés 将式(4.2)补充到幻灯片：

$$Y=\beta_0+\sum_{i=1}^{3}\beta_i x_i+\sum_{i=1}^{2}\sum_{j=i+1}^{3}\beta_{ij}x_i x_j+\sum_{i=1}^{3}\beta_{ii}x_i^2+\sum_{i=1}^{2}\delta_i s_i+\varepsilon \tag{4.2}$$

【Dr. Andrés】供应商效应增加了两个待估参数。

【Brad】但是，如果这个等式描述了事实，那么你无法做到过程对供应商稳健。

Dr. Andrés 将式(4.3)补充到幻灯片：

$$Y = \beta_0 + \sum_{i=1}^{3} \beta_i x_i + \sum_{i=1}^{2} \sum_{j=i+1}^{3} \beta_{ij} x_i x_j + \sum_{i=1}^{3} \beta_{ii} x_i^2 + \sum_{i=1}^{2} \delta_i s_i + \sum_{i=1}^{2} \sum_{j=1}^{3} \delta_{ij} s_i x_j + \varepsilon \tag{4.3}$$

【Dr. Andrés】确实是！这就是为什么我们想要在提出的模型中包含供应商分别与 3 个连续型因子的两因子交互效应。当然，这导致额外增加了 6 个待估参数，即 6 个两因子交互效应。这使我们得到一个多达 18 个待估参数的模型。

Dr. Andrés 将第四个等式补充到幻灯片：

$$\begin{aligned} Y = \beta_0 &+ \sum_{i=1}^{3} \beta_i x_i + \sum_{i=1}^{2} \sum_{j=i+1}^{3} \beta_{ij} x_i x_j + \sum_{i=1}^{3} \beta_{ii} x_i^2 + \\ &\sum_{i=1}^{2} \delta_i s_i + \sum_{i=1}^{2} \sum_{j=1}^{3} \delta_{ij} s_i x_j + \sum_{i=1}^{2} \sum_{j=1}^{2} \sum_{k=j+1}^{3} \delta_{ijk} s_i x_j x_k + \\ &\sum_{i=1}^{2} \sum_{j=1}^{3} \alpha_{ijj} s_i x_j^2 + \varepsilon \end{aligned} \tag{4.4}$$

【Dr. Andrés】如果我们把包含供应商的三阶效应也加入，那么我们将得到这个等式。这个模型允许下面的可能性发生：每个供应商需要一个完全不同的包含 3 个连续型因子的响应曲面模型。

【Peter】最后一个模型相当于对每个供应商独立地拟合第一个模型，即包含 3 个连续型因子的二阶模型。这将需要估计 30 个参数，每个供应商需要 10 个参数。等价地，你的最后一个模型中包含 30 个参数。因为每个参数至少需要一次试验，所以最后一个模型将完全用尽你的全部试验预算。同时，这也会使你没有办法估计误差方差。

【Dr. Andrés】你的意思是，如果我们采用这个模型，就无法计算出均方误差来估计 ε 的方差？

Brad 点头同意。

【Dr. Andrés，指着式(4.3)】所以，也许我们应该选择含有 18 个参数的第三个模型作为我们的先验模型。

【Peter】这似乎很合理。Brad，你认为怎么样？

【Brad】考虑到你的试验预算和三阶效应通常都可忽略的事实，我也会选择这个模型。

【Dr. Andrés】太好了！现在我需要做的是确定设计方法和需要的试验次数。对我来说，显然某种最优设计会是我们的唯一选择。使用 D-最优设计怎么样？

【Brad】当然，D-最优设计是一个合理的选择，但是我也想建议考虑一下 I-最优设计。我们可以做几组不同次数的试验来比较一下 D-最优设计和 I-最优设计。

【Dr. Andrés】你为什么建议用 I-最优设计？它和 D-最优设计有什么不同？

【Brad】既然你将过程方差的主要来源限制为只有几个因素，并且在模型中加入了二阶项，所以我猜想你可能需要用你的模型去对不同温度、压力和速度所需的拉力做预测。

【Dr. Andrés】当然。

【Brad】I-最优设计的主要好处是，在你指定的任何区域，它可以最小化先验模型的平均预测方差。如果你的主要目标之一是预测，那么我认为你可能想要考虑这样一种基于强调预测的准则所构造的设计。

【Dr. Andrés】很有道理。构造出这些设计要多久?

【Peter】这就是当下商业设计软件的尴尬之一。我们可以在数秒钟内产生满足你想要情况下的 D-最优设计和 I-最优设计。这看起来相当容易。

【Dr. Andrés】好吧，那我们接着讨论。我们需要考虑多少次试验?

【Peter】看看 24 次试验的设计怎么样? 因为你有 18 个参数，24 次试验的设计会有 6 个自由度来估计误差方差。同时，24 可以被 3 整除，所以我们可以给每个供应商分配相同的试验次数。

【Brad】别这么快，Peter。我刚刚计算了一个 24 次试验的 D-最优设计。看这个表。

Brad 把笔记本电脑转过来，以便 Peter 和 Dr. Andrés 可以看到表 4.2 中的设计。每家供应商有不同的试验次数：供应商 1 有 7 次，供应商 2 有 9 次，供应商 3 有 8 次。

表 4.2 稳健性试验中有 24 次试验的 D-最优设计

试验点	温度	压力	速度	供应商
1	−1	0	−1	1
2	−1	1	−1	1
3	1	1	−1	1
4	1	−1	0	1
5	−1	−1	1	1
6	1	0	1	1
7	−1	1	1	1
8	−1	−1	−1	2
9	1	−1	−1	2
10	−1	1	−1	2
11	1	1	−1	2
12	0	0	0	2
13	−1	−1	1	2
14	1	−1	1	2
15	−1	1	1	2
16	1	1	1	2
17	0	−1	−1	3
18	0	1	1	3
19	1	0	−1	3
20	−1	0	1	3
21	−1	1	−1	3
22	1	−1	1	3
23	−1	−1	0	3
24	1	1	0	3

【Dr. Andrés】这看起来好像不对！D-最优设计怎么没做到将试验次数平衡分配给每个供应商？从常识来看，平衡设计会更好。

【Brad】我马上会解释的。但是在这之前，我们先看一下我刚刚构造的 I-最优设计。

Brad 给 Dr. Andrés 看他笔记本电脑离上的表 4.3。

表 4.3　稳健性试验中有 24 次试验的 I-最优设计

试验点	温度	压力	速度	供应商
1	0	−1	−1	1
2	−1	0	−1	1
3	1	1	−1	1
4	1	−1	0	1
5	−1	1	0	1
6	−1	−1	1	1
7	1	0	1	1
8	0	1	1	1
9	−1	−1	−1	2
10	1	0	−1	2
11	−1	1	−1	2
12	0	0	0	2
13	0	0	0	2
14	1	−1	1	2
15	−1	0	1	2
16	1	1	1	2
17	1	−1	−1	3
18	−1	0	−1	3
19	0	1	−1	3
20	−1	−1	0	3
21	0	0	0	3
22	1	1	0	3
23	0	−1	1	3
24	−1	1	1	3

【Dr. Andrés】嗯！据我关心的来看，我们已经有很好的理由使用 I-最优设计。

【Brad】一般来说，对这类问题我更喜欢选择 I-最优设计，但我也想为 D-最优设计做点辩护。注意到表 4.2 中对应于供应商 2 的试验，形成了一个带中心点的 2^3 因析设计。同样地，考虑供应商 3 的试验，每个因子都有 3 次低水平试验、2 次中等水平试验和 3 次高水平试验。因此，D-最优设计有大量的嵌入式对称。这可能是造成不同供应商试验次数不同的部分原因。

【Peter】漂亮的几何对称可能很容易让主管信服，但是我更想比较那些真正重要的东西，比如预测和因子效应估计的方差。

【Brad】啊，这听起来正是我想说的。不管怎么样，这里有张表比较了因子效应估计的相对方差。

Brad 给 Dr. Andrés 和 Peter 看了他笔记本电脑上的表 4.4。

表4.4 由 $(\boldsymbol{X}'\boldsymbol{X})^{-1}$ 对角元素得出的因子效应估计的相对方差，设计为表 4.2 中 D-最优设计和表 4.3 中 I-最优设计

模型项	I-最优	D-最优
截距项	**0.265**	0.691
温度	0.066	0.050
压力	0.065	0.063
速度	0.066	0.057
供应商 1	0.086	0.103
供应商 2	0.099	0.087
温度×压力	0.083	0.065
温度×速度	0.086	0.062
压力×速度	0.083	0.079
温度×温度	**0.220**	0.487
压力×压力	**0.227**	0.269
速度×速度	**0.220**	0.370
温度×供应商 1	0.122	0.102
温度×供应商 2	0.129	0.092
压力×供应商 1	0.120	0.155
压力×供应商 2	0.148	0.105
速度×供应商 1	0.122	0.129
速度×供应商 2	0.129	0.098

【Brad】在估计截距项和 3 个二次效应方面，I-最优比 D-最优更好。这些估计值的相对误差是这张表中间列的加粗数字。这些相对方差更小是因为 I-最优设计比 D-最优设计有更多因子中间水平的设置。

【Dr. Andrés】你说的因子效应估计的相对方差是什么意思？它们与别的量是如何相对的？

【Peter】每个因子效应估计的实际方差由表中数值乘以误差方差得到。但是，在我们真正进行试验之前，我们没有误差方差的估计值。在这个意义上，表中显示的数值是相对于误差方差来说的。一旦我们做了试验，就可以估计误差方差。之后，我们可以用误差方差的估计值去计算所有因子效应估计的绝对方差。同时，这些相对方差为两个设计的比较提供了很好的诊断信息。

【Dr. Andrés】很有趣……

【Brad】我也计算了 I-最优设计相比于 D-最优设计的 D-效率，它是 93%。这是因为由 D-最优设计得到的大多数因子效应估计比由 I-最优设计得到的因子效应估计略微更准确。由 I-最优设计预测的平均方差是 0.48，而由 D-最优设计预测的平均方差是 0.66。因此，D-最优设计的 I-效率只有 73%。

【Dr. Andrés】你说的 D-效率和 I-效率是什么意思？

【Peter】D-效率的解释有点复杂。D 代表所谓的设计信息矩阵的行列式，它是设计中所包含的因子效应信息的一个度量。一个设计相对于另一个设计的相对 D-效率是指两者信息矩阵行列式比值的 p 次方根，其中 p 是模型中未知参数的个数。在本案例中，D-最优设计的信息矩阵行列式为 5.3467×10^{20}，I-最优设计的信息矩阵行列式为 1.5121×10^{20}。因为模型含有 18 个未知参数，所以 I-最优设计相对于 D-最优设计的相对 D-效率就是 1.5121/5.3467 的 18 次方根，结果是 0.93。

【Brad】一个设计相对于另一个设计的 I-效率就是后一个设计的平均预测方差除以前一个设计的平均预测方差的值。

【Dr. Andrés，指着表 4.4】这些效率度量是为了进行简单比较，可能太简单了。我更愿意像你的表格那样，将所有因子效应估计的相对方差一一比较。有没有类似的方法可以比较预测方差？

【Peter】我们当然同意你的说法。仅仅依据一种概括度量来选择设计是一种僵化的方法。既然计算机可以计算任何设计的许多诊断度量，我们可以更合理地进行构造设计权衡。

【Brad】关于你关心的预测误差的比较问题，请看这个 FDS 图。

Brad 给 Dr. Andrés 和 Peter 看了他笔记本电脑上的图 4.1。

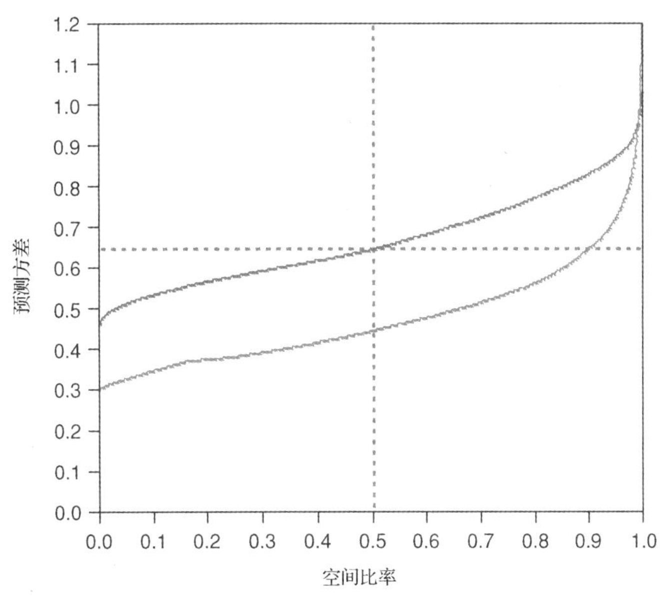

图 4.1　设计空间比率图：上面一条曲线代表在表 4.2 中的 D-最优设计，下面一条曲线代表在表 4.3 中的 I-最优设计

【Dr. Andrés】我怎么看这个图？图上的这两条实线是什么？

【Brad】实际上，这里你看到的是在一张图中的两个 FDS 图，因为我把 D-最优设计和 I-最优设计的曲线都画在了一张图中。因此，上面的那条实线代表的是 D-最优设计，另一条实线代表 I-最优设计。现在，对于一个点，给定了纵坐标上的预测方差值，该点的横坐标给出了被对应设计所覆盖区域的点的比例，这些设计的相对预测方差小于或等于给定预测方差值。注意到我用的是相对预测方差，因为我们不知道误差方差。因此，我们只能计算出相对于 ε 方差的相对预测方差。

【Dr. Andrés】让我看看我是否明白了。D-最优设计的相对预测方差没有低于 0.40 的，但是 I-最优设计却可以在 35%左右的试验区域中达到 0.4 甚至更低的相对方差。对吗？

【Brad】你已经明白了。为了帮助你理解这个图，我已经在图中加了两条虚线。这两条虚线表明，当采用 D-最优设计时，试验区域中 50%试验点的相对预测方差小于 0.65。换句话说，D-最优设计相对预测方差的中位数是 0.65。

【Dr. Andrés】那么 I-最优设计预测方差的中位数只有 0.42，是吗？

【Brad】对的。在大部分试验区域或大部分设计空间中，I-最优设计的曲线在 D-最优设计曲线下方的事实表明了，做预测时 I-最优设计的优异表现。你可以看到，除了图中右侧部分，I-最优设计曲线明显低于 D-最优设计曲线。因此，I-最优设计在 98%的区域内给出了更好的预测。

【Dr. Andrés，点头】我喜欢这个图。这是一个非常聪明的图形化理念！

【Peter】确实是。它作为一种试验设计的诊断工具，被普遍采用并不奇怪。

【Dr. Andrés】在看到 FDS 图之后，我还是坚持我之前的意见——这次试验应该采用 I-最优设计。

【Peter】我也同意这个选择。

【Brad】我也是。

【Dr. Andrés】很好。我们收集到试验设计数据后，我会联系你们。

4.2.2 数据分析

几周后，Dr. Andrés 通过电子邮件给 Brad 发送了表 4.5 的数据。Brad 对数据进行了分析，并且跟 Peter 分享了他的分析结果。

表 4.5 稳健性试验的数据

试验点	温度	压力	速度	供应商	拉力
1	211.5	2.2	32	1	4.36
2	193.0	2.7	32	1	5.20
3	230.0	3.2	32	1	4.75
4	230.0	2.2	41	1	5.73
5	193.0	3.2	41	1	4.49
6	193.0	2.2	50	1	6.38
7	230.0	2.7	50	1	5.59
8	211.5	3.2	50	1	5.40
9	193.0	2.2	32	2	5.78
10	230.0	2.7	32	2	4.80
11	193.0	3.2	32	2	4.93
12	211.5	2.7	41	2	5.96
13	211.5	2.7	41	2	6.55
14	230.0	2.2	50	2	6.92
15	193.0	2.7	50	2	6.18
16	230.0	3.2	50	2	6.55

续表

试验点	温度	压力	速度	供应商	拉力
17	230.0	2.2	32	3	5.44
18	193.0	2.7	32	3	4.57
19	211.5	3.2	32	3	4.48
20	193.0	2.2	41	3	4.78
21	211.5	2.7	41	3	5.03
22	230.0	3.2	41	3	3.98
23	211.5	2.2	50	3	4.73
24	193.0	3.2	50	3	4.70

【Brad】我首先对之前生成设计时的先验模型进行了拟合，结果显示大多数估计的因子效应无论在统计上还是实践上都是可以忽略的，所以我把它们删掉了。

【Peter】有没有较大的包含分类变量供应商的两因子交互效应？那正是 Lone Star Snack Foods 公司为了使其流程对供应商稳健所需要的。

【Brad，给 Peter 看了一张有 3 个手写等式的纸】事实上，不同供应商的速度效应不同。下面是工程单位下的 3 个预测方程：

拉力(供应商 1)=4.55−0.605 压力+0.0567 速度

拉力(供应商 2)=4.45−0.605 压力+0.0767 速度

拉力(供应商 3)=6.66−0.605 压力−0.0080 速度

【Peter】关于如何试验，这告诉我们什么呢？

【Brad】好问题。看一下这个图。

Brad 指着他笔记本电脑的屏幕，屏幕上出现了图 4.2。图中 3 条曲线显示了，当压力设置为 3.2 巴时，在低速、中速和高速下不同供应商的拉力差异。

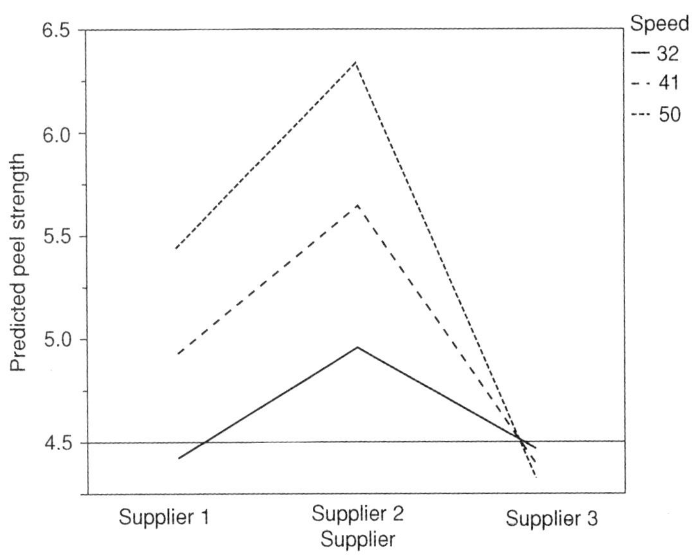

图 4.2　当压力设置为 3.2 巴时，3 种不同速度(32、41 和 50 转/分)及 3 个供应商的预测拉力

【Brad】我把压力设置为 3.2 巴是为了拉力降低 3.2×0.605 =1.936 个单位，接近目标值 4.5。

【Peter】看起来很清晰，在压力为 3.2 巴时，降低速度可以减小供应商不同所造成的差异。

【Brad】对的。如果我们把速度降低到 26.15 转/分，并且把压力提高到 3.23 巴，我们就得到了这幅图。

现在，屏幕上出现了图 4.3。

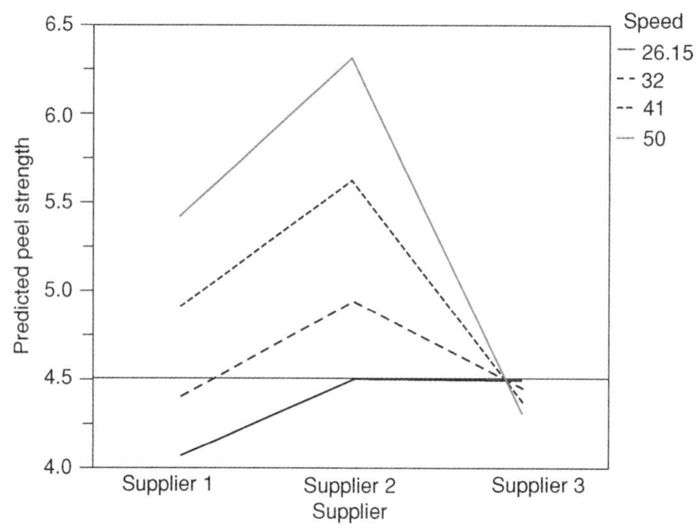

图 4.3 当压力设置为 3.23 巴时，4 种不同速度及 3 个供应商的预测拉力

【Peter】我知道你已经设法找到了可以使供应商 2 和供应商 3 达到目标拉力的因子设置。不幸的是，这些设置不在试验范围中，所以你在外推插值。

【Brad】你说得对。相较于实际试验中的设置，我设置了太高的压力和太低的速度。如果 Dr. Andrés 感兴趣在这些设置上的我们预测正确的可能性，他将不得不做几次额外的试验来证明模型在因子原始区域之外仍然成立。

【Peter】我记得 Dr. Andrés 说，他们的预算可以做 30 次试验，但是到目前为止他只做了 24 次。所以，额外做几次试验应该不是问题。

【Brad】还有一个问题。虽然供应商 2 和供应商 3 的预测值恰好是目标值，但是供应商 1 是主要供应商。Lone Star Snack Foods 公司想要采用供应商 1 提供 50%的包装材料。为了使得这个解决方案完美，Lone Star Snack Foods 公司就得和供应商 1 毁约，并且将供应商 1 的原材料供货量分配给其他两家供应商。

【Peter】我看到压力效应并不随着供应商的改变而改变。难道我们不能通过改变压力在供应商 1 和其他两家供应商之间折中吗？

【Brad，正展示图 4.4】我的准确想法是……这儿有一张压力降到 2.86 巴时拉力预测值的图。注意，我放大了纵轴的刻度。现在，供应商 1 的预测拉力值比目标值低 0.2 磅，而供应商 2 和 3 的预测拉力值比目标值高 0.2 磅。

【Peter】这让我想起来一个关于统计学家打猎的笑话。他朝着鸭子的上方和下方分别射击，但是，从平均值看，鸭子死了。

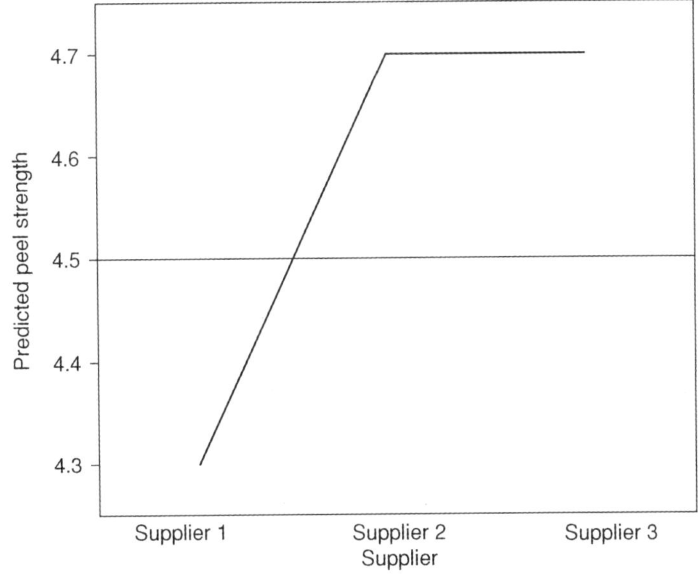

图 4.4　当速度设置为 26.15 转/分、压力设置为 2.86 巴时 3 个供应商的预测拉力

【Brad】是啊，是啊，很搞笑。无论如何，我想我们已经非常有效地解决了这只特别的“鸭子”。我们把这两种解决策略提供给 Dr. Andrés 吧。

4.3　知识探究

4.3.1　二次效应

通过一个筛选试验识别出少数的重要因子后，挖掘有关产品或流程的相关信息通常来说是很重要的。最常见的一个目标就是找到重要因子的最优设置。为实现这个目标，研究连续型试验因子是否有二次效应是很重要的。为了检测二次效应，我们需要在模型中加入 $\beta_{ii}x_i^2$ 这样的项。如果所有的试验因子都是连续的，那么通常选择全二次模型作为先验模型。如果有 k 个这样的因子，则全二次模型是

$$Y = \beta_0 + \sum_{i=1}^{k} \beta_i x_i + \sum_{i=1}^{k-1} \sum_{j=i+1}^{k} \beta_{ij} x_i x_j + \sum_{i=1}^{k} \beta_{ii} x_i^2 + \varepsilon \tag{4.5}$$

这个模型中包括 1 个截距项、k 个主效应 β_i、$k(k-1)/2$ 个两因子交互效应 β_{ij} 和 k 个二次效应 β_{ii}。因此，这个模型包括 $2k+k(k-1)/2+1$ 个未知参数，这意味着至少需要 $2k+k(k-1)/2+1$ 次试验来估计它们。根据效应的大小和符号，一个全二次模型可以表示试验因子和响应变量之间的各种关系。比如，考虑只含 1 个试验因子 x 的二次模型。图 4.5 展示了在给定试验范围内 4 种可能的二次关系。

从图 4.5 中可以看出，为什么两个设计点不足以估计二阶模型。很明显，对于一个因子，需要该因子的至少 3 个设置，才能检测二次模型所描述的曲面。更一般地，为了估计先验模型中的二次效应，设计要求每个因子至少有 3 个水平。这就解释了为什么本章的最优设计中每个连续因子都有 3 个水平，即 $-1, 0, +1$。

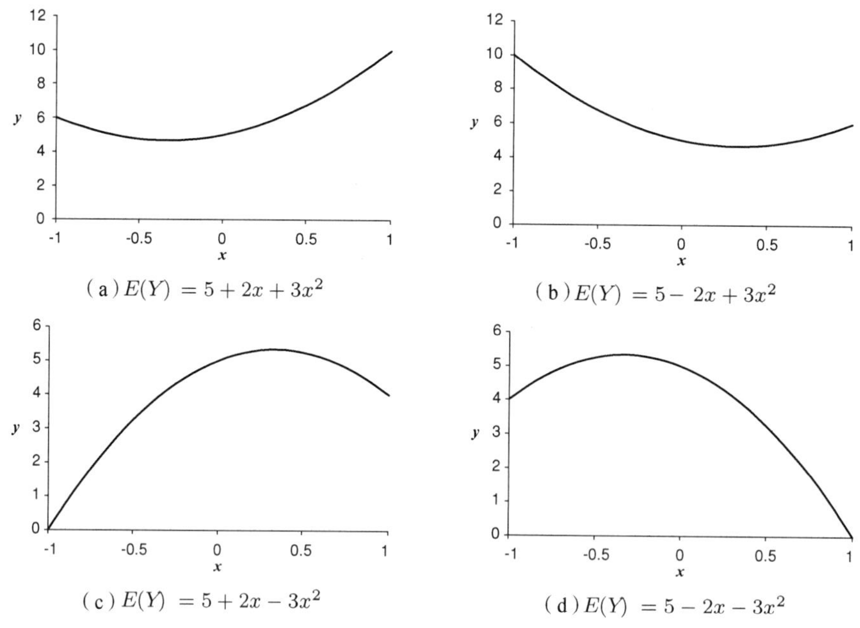

图 4.5 一个试验因子 4 种不同的二次函数

4.3.2 针对多水平分类因子的虚拟变量

Lone Star Snack Foods 公司稳健性试验的一个主要特征是它包含一个三水平的分类试验因子——供应商。讨论中所考虑的模型之一，是改变供应商所带来的效应只以常数改变响应——拉力。

写出这样一个模型的自然方式是为每个供应商都引入一个虚拟变量。第一个虚拟变量 s_1，在由供应商 1 提供包装材料的试验中取值为 1，在由另外两家供应商之一提供包装材料的试验中取值为 0；第二个虚拟变量 s_2，在由供应商 2 提供包装材料的试验中取值为 1，否则取值为 0；第三个虚拟变量 s_3，在由供应商 3 提供包装材料的试验中取值为 1，否则取值为 0。由供应商改变造成响应平移的模型可以表示如下：

$$Y = \beta_0 + \sum_{i=1}^{3}\beta_i x_i + \sum_{i=1}^{2}\sum_{j=i+1}^{3}\beta_{ij}x_i x_j + \sum_{i=1}^{3}\beta_{ii}x_i^2 + \sum_{i=1}^{3}\delta_i s_i + \varepsilon \tag{4.6}$$

虽然这样的方式描述模型是直观的，但是我们无法估计模型中的参数。这是因为 3 个虚拟变量 s_1、s_2 和 s_3 与截距项是共线性的。为了看清楚这一点，考虑对应于式(4.6)中模型的模型矩阵 $\boldsymbol{X}$

$$\boldsymbol{X} = \begin{bmatrix} 1 & x_{11} & x_{21} & x_{31} & x_{11}x_{21} & \cdots & x_{21}x_{31} & x_{11}^2 & x_{21}^2 & x_{31}^2 & 1 & 0 & 0 \\ 1 & x_{12} & x_{22} & x_{32} & x_{12}x_{22} & \cdots & x_{22}x_{32} & x_{12}^2 & x_{22}^2 & x_{32}^2 & 1 & 0 & 0 \\ \vdots & \vdots & \vdots & \vdots & \vdots & \ddots & \vdots & \vdots & \vdots & \vdots & \vdots & \vdots & \vdots \\ 1 & x_{1i} & x_{2i} & x_{3i} & x_{1i}x_{2i} & \cdots & x_{2i}x_{3i} & x_{1i}^2 & x_{2i}^2 & x_{3i}^2 & 1 & 0 & 0 \\ \vdots & \vdots & \vdots & \vdots & \vdots & \ddots & \vdots & \vdots & \vdots & \vdots & \vdots & \vdots & \vdots \\ 1 & x_{1n} & x_{2n} & x_{3n} & x_{1n}x_{2n} & \cdots & x_{2n}x_{3n} & x_{1n}^2 & x_{2n}^2 & x_{3n}^2 & 1 & 0 & 0 \end{bmatrix}$$

这里，最后3列代表 s_1、s_2 和 s_3 的值。注意到最后3列的逐行求和总是等于第一列，所以

$$s_1 + s_2 + s_3 = 1$$

完全共线性使得 $\boldsymbol{X'X}$ 是奇异的，因此它的逆为 $(\boldsymbol{X'X})^{-1}$，进而模型参数的最小二乘估计 $(\boldsymbol{X'X})^{-1}\boldsymbol{X'Y}$ 是不存在的。

为了规避这个技术性难题，我们可以采用下列补救措施之一：

(1) 从模型中删除截距项，这样的话，每个参数 δ_i 可以被解释为约束为第 i 个供应商模型的截距项。

(2) 从模型中删除一个参数 δ_i，这样的话，β_0 就是第 i 个供应商模型的截距项，并且，对于其余每个供应商 j，$\beta_0 + \delta_j$ 项就是供应商 j 模型的截距项。

(3) 约束参数 δ_i 估计值之和为0，使得对应于供应商 j 模型的截距项是 $\beta_0 + \delta_j$。这意味着 δ_i 代表为拟合供应商 j 而需要的截距项改变。

共线性问题的另一种补救措施是对供应商使用效应型编码，而不是虚拟变量编码。这种方法在8.2.3节的数据分析中讲述。

这几种补救措施之间没有质的差别。从一个设计角度来看，强调下面这一点是很重要的，即不论是D-最优设计还是I-最优设计，都不会受补救方法选择的影响。在式(4.2)的模型中，Dr. Andrés 采用虚拟变量编码，且删除了包含 δ_3 的项，因此 β_0 代表约束为供应商3模型的截距项。

稳健性试验中最终被选中的模型——式(4.3)，比式(4.2)中的模型包含更多项，因为它包含了虚拟变量 s_1 和 s_2 与其他试验因子的交互效应。包含 s_3 的交互效应将会引起完全共线性，包括：① s_1x_1，s_2x_1，s_3x_1 和 x_1（因为 $s_1x_1 + s_2x_1 + s_3x_1 = x_1$）；② s_1x_2，s_2x_2，s_3x_2 和 x_2（因为 $s_1x_2 + s_2x_2 + s_3x_2 = x_2$）；③ s_1x_3，s_2x_3，s_3x_3 和 x_3（因为 $s_1x_3 + s_2x_3 + s_3x_3 = x_3$）。鉴于此，Dr. Andrés 并未在模型中包含任何涉及虚拟变量 s_3 的交互效应。这种关于共线性问题的补救措施和上述讨论相似。它的影响是，截距项 β_0 和主效应 β_i 应当被解释为供应商3提供包装材料情况下的因子效应；参数 δ_1 和 δ_2 代表供应商1和2的模型的截距项分别与供应商2的截距项的差值；参数 δ_{11}、δ_{12} 和 δ_{13} 代表对应于供应商1的三个定量因子 x_1、x_2 和 x_3 的主效应与对应于供应商3的这些因子的主效应的差值。类似地，δ_{21}、δ_{22} 和 δ_{23} 定义了供应商2的这种差值。

4.3.3 计算D-效率

模型的矩阵形式为

$$\boldsymbol{Y} = \boldsymbol{X\beta} + \boldsymbol{\varepsilon}$$

参数向量 $\boldsymbol{\beta}$ 的最小二乘估计为

$$\hat{\boldsymbol{\beta}} = (\boldsymbol{X'X})^{-1}\boldsymbol{X'Y}$$

且该估计的方差-协方差矩阵为 $\sigma_\varepsilon^2(\boldsymbol{X'X})^{-1}$。信息矩阵就是这个方差-协方差矩阵的逆，即 $\sigma_\varepsilon^{-2}\boldsymbol{X'X}$。这些表达式中的方差 σ_ε^2 是一个未知的比例常数，它与比较试验设计优良性的目的无关。因此，通常在最优试验设计课本中忽略 σ_ε^2（或者，更精确地，设 σ_ε^2 为1），例如，

当利用 D-最优性进行试验设计比较时。

回想一下，D-效率和 D-最优中的 D 代表的是行列式。更具体地，它指的是信息矩阵的行列式。一个给定设计的 D-效率，比较了该设计信息矩阵的行列式与相应的正交设计的理想行列式。我们在这里使用“理想行列式”是因为给定条件的正交设计有可能不存在。如果我们用 n 表示一个设计的试验次数，p 表示 $\boldsymbol{\beta}$ 中参数的个数，那么理想行列式就是 n^p。因此，D-效率的计算如下：

$$\text{D-效率} = \left(\frac{|\boldsymbol{X}'\boldsymbol{X}|}{n^p}\right)^{1/p} = \frac{|\boldsymbol{X}'\boldsymbol{X}|^{1/p}}{n} \tag{4.7}$$

这里，取 p 次方根是为了提供一种度量，可以解释为每个参数的度量。这种 D-效率定义的一个问题是，它依赖于试验变量的尺度或编码，该问题在许多软件包中都被指出。另一个问题是，在许多实际试验设计中，理想行列式是得不到的，因为不存在大到像 n^p 行列式的设计。鉴于上述原因，式(4.7)定义的 D-效率作为一个绝对度量是不实用的。这样的 D-效率定义只能用来比较试验因子尺度或编码相同并且试验次数相同的两个设计。

因此，我们并不建议将注意力放在式(4.7)定义的 D-效率上。然而，我们发现用相对 D-效率来比较两个竞争力相当的设计是有用的。如果 D_1 是一个设计信息矩阵的行列式，D_2 是第二个设计信息矩阵的行列式，那么前一个设计与后一个设计的相对 D-效率定义如下：

$$\text{设计1与设计2的相对D-效率} = \left(\frac{D_1}{D_2}\right)^{1/p}$$

从 D-最优性来看，相对 D-效率大于 1 表明设计 1 优于设计 2。在 D-效率的定义中，我们采用两个竞争力相当的设计行列式比值的 p 次方根，来得到每个参数的相对效率度量值。

我们处理多水平分类试验因子的方法(在 4.3.2 节中已讨论)对信息矩阵的精确值有影响，但并不影响备选设计的 D-最优或相对 D-效率最优的顺序。

4.3.4 构建 FDS 图

FDS 图呈现了一个或多个设计在预测精确度方面的表现。设 $\boldsymbol{f}(\boldsymbol{x})$ 是一个函数，它取一个因子设置向量，并将其拓展为相应的模型项。因此，如果 $\boldsymbol{x}$ 是对应于设计的一次试验的因子水平向量，那么 $\boldsymbol{f}'(\boldsymbol{x})$ 就是相对应矩阵 $\boldsymbol{X}$ 的行。例如，设计一个试验来估计式(4.5)中的模型，其第 i 次试验在因子水平设置向量 $\boldsymbol{x}_i = (x_{1i}, x_{2i}, x_{3i})$ 下进行。那么

$$\boldsymbol{f}'(\boldsymbol{x}_i) = [1 \quad x_{1i} \quad x_{2i} \quad x_{3i} \quad x_{1i}x_{2i} \quad x_{2i}x_{3i} \quad x_{1i}x_{3i} \quad x_{1i}^2 \quad x_{2i}^2 \quad x_{3i}^2]$$

在水平设置 $\boldsymbol{x}$ 下预测值的方差是

$$\text{var}(\hat{\boldsymbol{Y}} \mid \boldsymbol{x}) = \sigma_\varepsilon^2 \boldsymbol{f}'(\boldsymbol{x})(\boldsymbol{X}'\boldsymbol{X})^{-1}\boldsymbol{f}(\boldsymbol{x})$$

因此，相对于误差方差 σ_ε^2 的预测响应方差是

$$\text{相对预测方差} \ \frac{\text{var}(\hat{\boldsymbol{Y}} \mid \boldsymbol{x})}{\sigma_\varepsilon^2} = \boldsymbol{f}'(\boldsymbol{x})(\boldsymbol{X}'\boldsymbol{X})^{-1}\boldsymbol{f}(\boldsymbol{x})$$

为了构建给定设计的 FDS 图，我们在试验区域内随机抽取大量的点(约 10000 个点)。对于每个点，我们计算其预测值的相对方差。然后，将这些值从小到大排序。设 v_i 是方差排序后的第 i 个值，如果样本中有 N 个点，我们将有序对 $(i/(N+1), v_i)$ 作图。那么，FDS 图就是连接这 N 个点的非降曲线。图中每个点的横坐标取值范围为 0～1，对应于设计空间或试验区域的比率。纵轴包括所抽取样本点的从最小相对预测方差到最大相对预测方差的区域。比如，假设点 $(0.65, 2.7)$ 在 FDS 曲线上，那么，相对预测方差小于或等于 2.7 的点覆盖了试验区域的 65%。

4.3.5　计算平均相对预测方差

4.3.4 节介绍了在给定因子设置或因子水平组合 $\boldsymbol{x}$ 下的相对预测方差。在构建 FDS 图时，我们可以平均得到的 N 个相对方差来估计一个给定设计的平均相对预测方差。但是，我们可以在整个试验区域(称为 χ)，中对相对预测方差进行积分，再除以区域的体积，来精确计算此平均值：

$$\text{平均方差}=\frac{\int_{\chi}\boldsymbol{f}'(\boldsymbol{x})(\boldsymbol{X}'\boldsymbol{X})^{-1}\boldsymbol{f}(\boldsymbol{x})\mathrm{d}\boldsymbol{x}}{\int_{\chi}\mathrm{d}\boldsymbol{x}} \tag{4.8}$$

本节中我们将展示，对于任意模型，计算这个表达式都相对比较容易。如果有 k 个定量的试验因子，且试验区域是 $[-1,1]^k$，那么分母中试验区域的体积为 2^k。为了简化分子的计算，我们首先观察到 $\boldsymbol{f}'(\boldsymbol{x})(\boldsymbol{X}'\boldsymbol{X})^{-1}\boldsymbol{f}(\boldsymbol{x})$ 是一个常量，因此

$$\boldsymbol{f}'(\boldsymbol{x})(\boldsymbol{X}'\boldsymbol{X})^{-1}\boldsymbol{f}(\boldsymbol{x})=\mathrm{tr}[\boldsymbol{f}'(\boldsymbol{x})(\boldsymbol{X}'\boldsymbol{X})^{-1}\boldsymbol{f}(\boldsymbol{x})]$$

我们可以利用这个性质：当计算矩阵乘积的迹时，可以循环排列矩阵。因此

$$\mathrm{tr}[\boldsymbol{f}'(\boldsymbol{x})(\boldsymbol{X}'\boldsymbol{X})^{-1}\boldsymbol{f}(\boldsymbol{x})]=\mathrm{tr}[(\boldsymbol{X}'\boldsymbol{X})^{-1}\boldsymbol{f}(\boldsymbol{x})\boldsymbol{f}'(\boldsymbol{x})]$$

且

$$\begin{aligned}\int_{\chi}\boldsymbol{f}'(\boldsymbol{x})(\boldsymbol{X}'\boldsymbol{X})^{-1}\boldsymbol{f}(\boldsymbol{x})\mathrm{d}\boldsymbol{x}&=\int_{\chi}\mathrm{tr}[(\boldsymbol{X}'\boldsymbol{X})^{-1}\boldsymbol{f}(\boldsymbol{x})\boldsymbol{f}'(\boldsymbol{x})]\mathrm{d}\boldsymbol{x}\\&=\mathrm{tr}\left[\int_{\chi}(\boldsymbol{X}'\boldsymbol{X})^{-1}\boldsymbol{f}(\boldsymbol{x})\boldsymbol{f}'(\boldsymbol{x})\mathrm{d}\boldsymbol{x}\right]\end{aligned}$$

现在，注意到设计的因子水平设置是固定的，就所考虑的积分来说，矩阵 $\boldsymbol{X}$ 及 $(\boldsymbol{X}'\boldsymbol{X})^{-1}$ 就是常数。因此

$$\int_{\chi}\boldsymbol{f}'(\boldsymbol{x})(\boldsymbol{X}'\boldsymbol{X})^{-1}\boldsymbol{f}(\boldsymbol{x})\mathrm{d}\boldsymbol{x}=\mathrm{tr}\left[(\boldsymbol{X}'\boldsymbol{X})^{-1}\int_{\chi}\boldsymbol{f}(\boldsymbol{x})\boldsymbol{f}'(\boldsymbol{x})\mathrm{d}\boldsymbol{x}\right]$$

于是可以将平均相对预测方差的公式重写为

$$\text{平均方差}=2^{-k}\,\mathrm{tr}\left[(\boldsymbol{X}'\boldsymbol{X})^{-1}\int_{\chi}\boldsymbol{f}(\boldsymbol{x})\boldsymbol{f}'(\boldsymbol{x})\mathrm{d}\boldsymbol{x}\right]$$

表达式中的积分被应用到只含单项的多项式(单项式)矩阵中。这种表示法被解释为这些单项式积分的矩阵。如果试验区域是 $\chi=[-1,+1]^k$，那么这些积分就非常简单。令

$$M=\int_{x\in[-1,+1]^k} f(x)f'(x)\mathrm{d}x \tag{4.9}$$

则

$$\text{平均方差}=2^{-k}\operatorname{tr}[(X'X)^{-1}M]$$

矩阵 M 被称为矩矩阵。对于一个全二次模型，M 具有非常特殊的结构，我们将在附件 4.1 中演示从一个二维试验区域 $\chi=[-1,+1]^2$ 开始，然后将其推广到一个 k 维立方体试验区域 $\chi=[-1,+1]^k$。在这里，我们可以容易地理解式(4.8)中的平均方差是如何计算的。

附件 4.1 全二次模型的矩矩阵 M。

对于含有两个连续型因子 x_1 和 x_2 的全二次模型，因子 x_1 和 x_2 都在区间 $[-1,+1]$ 取值，我们有

$$f'(x)=f'(x_1,x_2)=[1 \quad x_1 \quad x_2 \quad x_1x_2 \quad x_1^2 \quad x_2^2]$$

因此，矩矩阵为

$$\begin{aligned}
M&=\int_{x\in[-1,+1]^2} f(x)f'(x)\mathrm{d}x\\
&=\int_{-1}^{+1}\int_{-1}^{+1} f(x_1,x_2)f'(x_1,x_2)\mathrm{d}x_1\mathrm{d}x_2\\
&=\int_{-1}^{+1}\int_{-1}^{+1}\begin{bmatrix}
1 & x_1 & x_2 & x_1x_2 & x_1^2 & x_2^2\\
x_1 & x_1^2 & x_1x_2 & x_1^2x_2 & x_1^3 & x_1x_2^2\\
x_2 & x_1x_2 & x_2^2 & x_1x_2^2 & x_1^2x_2 & x_2^3\\
x_1x_2 & x_1^2x_2 & x_1x_2^2 & x_1^2x_2^2 & x_1^3x_2 & x_1x_2^3\\
x_1^2 & x_1^3 & x_1^2x_2 & x_1^3x_2 & x_1^4 & x_1^2x_2^2\\
x_2^2 & x_1x_2^2 & x_2^3 & x_1x_2^3 & x_1^2x_2^2 & x_2^4
\end{bmatrix}\mathrm{d}x_1\mathrm{d}x_2\\
&=2^2\begin{bmatrix}
1 & 0 & 0 & 0 & 1/3 & 1/3\\
0 & 1/3 & 0 & 0 & 0 & 0\\
0 & 0 & 1/3 & 0 & 0 & 0\\
0 & 0 & 0 & 1/9 & 0 & 0\\
1/3 & 0 & 0 & 0 & 1/5 & 1/9\\
1/3 & 0 & 0 & 0 & 1/9 & 1/5
\end{bmatrix}
\end{aligned}$$

这个表达式可以推广到包含 $k>2$ 个因子的情形。在一般情况下，除了比例常数需要由 2^2 变为 2^k 外，在矩矩阵中其他所有对应于主效应、交互效应和二次效应的常数均保持不变。因此，一般说来，一个全二次模型的矩矩阵是

$$M=2^k\begin{bmatrix}
1 & \mathbf{0}'_k & \mathbf{0}'_{k(k-1)/2} & \frac{1}{3}\mathbf{1}'_k\\
\mathbf{0}_k & \frac{1}{3}I_k & \mathbf{0}_{k\times k(k-1)/2} & \mathbf{0}_{k\times k}\\
\mathbf{0}_{k(k-1)/2} & \mathbf{0}_{k(k-1)/2\times k} & \frac{1}{9}I_{k(k-1)/2} & \mathbf{0}_{k(k-1)/2\times k}\\
\frac{1}{3}\mathbf{1}_k & \mathbf{0}_{k\times k} & \mathbf{0}_{k\times k(k-1)/2} & \frac{1}{5}I_k+\frac{1}{9}(J_k-I_k)
\end{bmatrix}$$

式中，$\mathbf{0}_k$ 和 $\mathbf{0}_{k(k-1)/2}$ 分别是包含 k 个 0 和 $k(k-1)/2$ 个 0 的列向量，$\mathbf{1}_k$ 是包含 k 个 1 的列向量，$\boldsymbol{I}_k$ 和 $\boldsymbol{I}_{k(k-1)/2}$ 分别是 k 维和 $k(k-1)/2$ 维的单位矩阵，$\mathbf{0}_{k\times k}$、$\mathbf{0}_{k\times k(k-1)/2}$ 和 $\mathbf{0}_{k(k-1)/2\times k}$ 分别是 $k\times k$、$k\times k(k-1)/2$ 和 $k(k-1)/2\times k$ 的 0 矩阵，$\boldsymbol{J}_k$ 是 $k\times k$ 的 1 矩阵。

我们将平均相对预测方差最小化的设计称为 I-最优设计。I-最优中的 I 强调的是一个 I-最优设计最小化积分方差。有些学者更喜欢术语 V-最优或 IV-最优，而不是 I-最优。

选择试验设计的另一个基于预测的准则是 G-最优准则，它是在试验区域中寻找最小化最大预测方差的设计。最近的研究表明，在大多数情况下，减小最大预测方差产生的代价是在超过 90%的试验区域中增加预测方差。因此，我们更倾向于 I-最优设计而非 G-最优设计。

4.3.6　计算 I-效率

如果 P_1 是一个设计的平均相对预测方差，而 P_2 是第二个设计的平均相对预测方差，那么前一个设计相比较后一个设计的相对 I-效率计算如下：

$$\text{设计1与设计2的相对I-效率} = \frac{P_2}{P_1}$$

从平均预测方差看，相对 I-效率大于 1 表明设计 1 优于设计 2。

我们处理多水平分类试验变量的方法不影响相对预测方差。

4.3.7　保证基于普通最小二乘推断的有效性

在第 2 章的式 (2.3)～(2.5) 中的模型和本章式 (4.5) 中的全二次模型中，我们假设 n 次试验的随机误差 $\varepsilon_1,\varepsilon_2,\cdots,\varepsilon_n$ 是统计独立的。因此，所有的响应 $Y_1,Y_2,\cdots,Y_n$ 也是独立的。这种独立性是普通最小二乘估计量成为最好可能估计量的关键条件。

试验者确保随机误差 $\varepsilon_1,\varepsilon_2,\cdots,\varepsilon_n$ 真正相互独立是非常重要的。如果不能保证独立性，则会导致相关的响应，使模型估计和因子效应的显著性检验复杂化。

试验中存在的难变因子可能是误差不满足独立性假设的最常见原因。如果改变某因子水平很费力或费时，则通常进行试验是按系统顺序而非随机顺序。系统顺序的一个重要特征就是尽可能少地改变那些难变因子的水平。试验的水平组合会被分组进行，同组内难变因子的水平不重设。这将在同组内的所有试验之间产生相关性，进而导致相关误差和响应的聚集。普通最小二乘的推断则不再适用。

这个陷阱现在已众所周知，所以许多研究者试图按照随机顺序进行试验来规避它。然而，这不足以保证误差和响应的独立性。即使使用随机顺序做试验，每次试验时设置或重置因子水平仍然是必要的。否则，我们又会得到有一个或多个因子水平未重置的多组试验，将导致相关误差和响应的聚集。

从以上得出的教训是，对于普通最小二乘估计，无论因子水平是否难变，每次试验时所有的因子水平都必须独立设置。不论试验的水平组合随机化的结果如何，n 个水平组合的试验要求每个因子的水平独立设置 n 次。如果从实际应用或经济性角度来看，这行不通，裂区设计和双向裂区设计将是适当的可供选择的试验设计。这些设计在第 10 章和第 11 章中有详细的讨论。

造成相关的误差和响应的另一个常见原因是试验条件的异质性。例如，当试验需要分批进行或在不同日期进行时，我们经常观察到，同批次或同一天得到的误差和响应比不同批次或不同天得到的误差和响应更为接近。这种情况下，采用固定或随机的区组效应捕获批次间或日期间差异的相关性是重要的。第 7 章和第 8 章将解释如何做到此类分析。

4.3.8 设计区域

在 4.3.5 节，我们提到试验区域 χ，它是可以在试验中使用的所有可能的因子水平组合或试验点的集合。试验区域的其他术语是设计空间、设计区域或感兴趣区域。

如果所有试验因子是连续的，那么编码后的试验区域通常是 $\chi=[-1,+1]^k$。如果除上限和下限之外没有因子水平的约束，则这个区域是合理的。这个试验区域被称为是立方体的，它的主要特征是所有试验因子可以同时设置在它们的极值水平。

立方体区域的最常见形式是球形区域

$$\chi=\left\{\boldsymbol{x}=\left(x_1,x_2,\cdots,x_n\right)\left|\sum_{i=1}^{k}x_i^2\leqslant R\right.\right\}$$

式中，在这些因子可以同时取极值水平 -1 和 $+1$ 的情形下，半径 R 等于因子的最大个数。当所有因子同时设置在极值水平不可行时，球形试验区域仍然有意义。

然而，在大多数试验中，试验区域既不是立方体的也不是球形的。这可能是由试验中分类因子或混合变量的出现，或使用因子水平组合的约束造成的。我们在第 5 章和第 6 章将讲述带有试验因子水平约束及存在混合变量的试验例子。

当对给定问题选择最佳设计时，选择与试验区域相匹配的设计至关重要。

4.4 背景阅读

FDS 图是 Zahran，et al.（2003）提出的，作为由 Giovannitti-Jensen and Myers（1989）及 Myers，et al.（1992）提出的方差离散度图的替代选择。FDS 图和方差离散度图都是在整个试验区域中可视化一个或多个设计的预测方差表现。因此，它们提供比常用于比较不同试验设计的平均或最大预测方差更详细的信息。近年来，FDS 图和方差离散度图已经成为很多研究的主题。Anderson-Cook，et al.（2009）对该工作进行了回顾，并对该论文进行了讨论。

Meyer and Nachtsheim（1995）讨论了 I-最优设计（最小化平均预测方差）的构造。Rodríguez，et al.（2010）讨论了 G-最优设计（最小化预测方差最大值）的构造和性质。后者的一项重要发现是，最小化预测方差最大值，通常必然允许在大部分试验区域中的预测方差变差。在许多实际案例中，这是不可接受的结果。关于立方体区域和球形的试验区域的矩矩阵 $\boldsymbol{M}$ 的显示表达式，我们建议阅读 Wesley，et al.（2009）。

除了 D-最优准则、I-最优准则和 G-最优准则之外，还存在许多其他选择设计的准则。其中许多准则都在 Atkinson，et al.（2007）中讨论和阐述。有些人认为，不同设计最优性准则的存在被看作是最优试验设计方法的缺点。然而，不同设计最优性准则的存在完全符合最优试验设计的原理：不同的试验目的和问题需要不同的试验设计。实现这一目标的最佳途径就是根据试验目标采用不同的设计最优性准则。显然，在某些试验中可能有多个目标。那么，我们应该寻找在多个准则下同时表现良好的设计，而不是寻找在单一设计最优性准则下最优的设计。在这种情形下，通常将上述定义的准则进行加权平均得到的综合或者复合最优设计准则是有用的。我们推荐阅读 Atkinson，et al.(2007)对这些准则的讨论。

关于包含定量因子和分类因子试验的 D-最优设计构造和最优设计的非平衡性在 Atkinson and Donev (1989)中进行了讨论。更多的细节也可参考 Atkinson，et al.(2007)。

4.5　总结

本章考虑了设计的试验来估计主效应和两因子交互效应，还有二次效应的模型。先验模型包含二次效应，要求每个因子均包含三个水平的设计。本章的案例研究阐述了这一点，也演示了最优试验设计方法可能构造包含连续型因子和分类因子的试验。

最优设计算法产生在某一特殊准则下最优的试验设计。因此，虽然生成的设计在至少某一个准则下是最优的，但还是建议要考虑多种设计诊断工具来决定给定的设计是否足够解决手头的难题。第一种有用的诊断方法是因子效应估计的相对方差。设计越好，这些方差值越低。第二种诊断方法是 FDS 图。对于一个良好的设计，它在 FDS 图上的曲线应该尽可能低。这意味着，这个设计在大部分试验区域中都产生较小的预测方差。

本章中引入了 I-最优设计准则。与其他任何有相同试验次数、相同先验模型和试验区域的设计相比，最优化此准则的设计具有最小的平均预测方差。因为 I-最优设计的关注点在预测，所以它比 D-最优设计更适合响应曲面试验。注重因子效应估计的 D-最优设计更适用于筛选试验。

第 5 章　规则设计区域的响应曲面设计

5.1　主要概念

(1) 二次效应有时不能充分描述因子—响应关系中的完整曲度。在这种情况下，往模型中加入三次效应是很有价值的。

(2) 使用算法方法进行设计，可以在试验区域中引入不等式约束。在事先知道某些因子水平组合不能安排试验的实际情况下，这是非常有用的。

在本章中，我们设计的一个试验，采用含全部三次效应的两个因子模型研究化学反应行为。附加的复杂性在于事先知道许多因子水平组合是不能安排试验的。因此，两个因子的水平不能完全独立地改变。我们讨论在这种情况下如何进行设计和数据分析。

5.2　案例：产量最大化试验

5.2.1　问题和设计

在赴 Rohm and Haas 部门即曾经是 Shipley Specialty Chemical Company 的约定会面之前，Peter 和 Brad 正坐在 Massachusetts 州 Newton 市的 Starbucks 咖啡店里。

【Brad】在这次咨询会议上我们必须小心谨慎。我们的客户已经解雇了一个试验设计顾问。

【Peter】哇！你怎么知道的？

【Brad】我们的联系人 Dr. Jane McKuen，她打电话问我是否感兴趣的时候告诉我的。

【Peter】这是耐人寻味的。她提到原因了么？

【Brad】好像是那个顾问忽略了化学家说的有关这个问题的特殊性。

【Peter】我们的风格是我们提供的设计建议总是适合要解决问题的特殊方面。因而，这使我有信心，我们将受到化学家的欢迎。

【Brad，看着他的手表】不要过分自信。无论如何，出发时间到了。我真好奇关于这个问题的细节。

几分钟后，他们在接待处见到了 Dr. McKuen。

【Brad】Dr. McKuen，让我介绍我的搭档——来自 Intrepid Stats 的 Peter Goos。他这个星期正逗留在美国，如果你同意，我邀请他和我一起加入这个项目。

【Dr. McKuen，正在制作法律文件】没有问题，只要你们签署我们的保密协议。

【Peter，签完名】很高兴效劳。

Peter 和 Brad 交了他们签名的文件，三人走向会议室，一个穿着试验室工作服的人正在等他们。

【Dr. McKuen】现在，由我做介绍。Dr. Gray，这是 Dr. Bradley Jones 博士和来自 Intrepid Stats 的 Dr. Peter Goos。

【Brad，握手】请称呼我们 Brad 和 Peter。

【Gray】很高兴认识你。我从不使用我的名字，但如果你们愿意，我们可以省略头衔。请直接称呼我 Gray。我渴望马上开始。我认为我们已经在这个项目上花费太多时间。

【Brad】是的，我们听说你不满意你的第一个顾问。

【Gray】哼！那家伙超自信他的方法论，并不把注意力放在我们的专注点上。如果他的试验设计方法有效，我想这些都是没关系的。

【Brad】我希望你没有放弃设计试验！

【Gray】我只能说我现在是十分怀疑的，但我愿意再尝试一次。从现在开始我不准备盲目遵从顾问的意见。

【Peter】无论如何，我们不希望产生这样的客户关系。我们不认为试验设计会如同某种神药一样，不管它如何被应用都可以自动使过程变得更好。

【Brad】对，每一个过程都是不同的。我们认为，设计的试验应该适应它所试图建模过程的特殊约束。

【Gray】你们刚才说的的确与众不同。

【Brad】我希望如此。你能告诉我们有关你的前一个试验吗？

【Dr. McKuen】我们想从零开始这项研究。我们对前面的结果没有任何信心。

【Peter】这对我们是无所谓的，但或许我们依然可以从你手里掌握的数据中了解一些东西。

【Gray】我有些数据在这个存储盘里。

Brad 拿起存储盘，打开他的笔记本电脑，下载数据文件。他转动电脑屏幕，使 Gray 能够看到表 5.1 所示的数据表。

表 5.1　原产量最大化试验数据

试验点	时间(s)	温度(K)	产量(%)
1	430	500	10.0
2	430	525	44.1
3	430	550	51.6
4	540	500	12.3
5	540	525	49.6
6	540	550	42.9
7	650	500	14.5
8	650	525	53.7
9	650	550	35.1

注：“s”为秒，“K”为开尔文。

【Brad】是这些数据吗？

【Gray】是的，到目前为止这些数字都非常熟悉。

【Brad】看起来，似乎你之前的顾问采用了经典的三阶完全因析设计。

【Gray】在正方形边中加入轴点后，他称它为改进的中心复合设计。

【Peter，看着 Brad 的肩膀】是的，这也是事实。看起来低温试验的百分比产量相当令人失望。通常的反应试验是在 525K 下持续 540s 吗？

【Gray，看起来有点惊讶】是在这两个条件下。你是如何猜到我们的标准设置的？

【Peter】这个设置位于设计的中心。这是相当常见的做法，把当前运行的设置定在设计区域的中心。通过比较中心的产量与低温下产量，我推断后者是令人不满意的。

【Gray】我们告诉我们的顾问水平 500K 太低，在该温度下反应物不能完全地转换。我们还认为，在最长时间、最高温度下的设定会引起二次反应发生，并造成低产量。正如你看到的，在 550K 温度下反应持续 650s 得到的产量很低。

【Brad】你能给我们介绍下这个二次反应吗？

Gray 走到白板前，写出

$$A \rightarrow B \rightarrow C$$

【Gray】这个反应实际上非常简单。当你加热我们的初始反应物，A，它转变成我们的产品，B。可惜，一旦你开始生产 B，在特定温度下额外的时间会使它转变成 C。因而，技巧是要找到运行条件，使得 A 以最大百分比转变成 B，又没有留出 B 进一步转变成 C 的足够时间。

【Brad】所以，你认为在低温下 A 不能完全反应，在长时间和高温设置下太多的 B 会发生反应转变成 C。

【Gray】对，但我们不只想到这一点。我们知道这点是因为我们停止反应后也测量反应容器中 A 和 C 的百分比。

【Brad】我认为我听到的是，对于短时间和低温条件下你预计 A 不会太多地转变为 B，而对于长时间和高温条件下你预计太多的 B 转变为 C。

【Gray】确实是这样。这点我们也告诉了那个顾问。他说如果在这些试验条件下产量不是很大就不受影响。他说想让他的设计中主效应与两因子交互效应是正交的，他也想大胆探索因子范围。

【Peter】确实，正交设计具有非常好的数学性质。

【Brad】如果每个因子对响应的效应是线性的或至少是单调的，在更宽广范围内改变这些因子将导致响应发生更大变化。这使得即使存在大量的过程变化的情况下，也更容易看出哪些因子的效应最大。

【Gray】嗯！听起来像是你在为那个顾问辩解。

【Peter】我们不试图辩解在你的问题中他做了什么。事实证明，他的建议在常规情况下是好的，但不适合这个特定应用。

【Brad】例如，那个顾问的 3×3 设计通常运用得非常好。但这种方法依赖于假设所有可能的因子水平组合都可以试验。而在你的案例中，9 个试验点中的 4 个处在不切实际的设置上。

【Gray】你对 4 个试验条件的看法是正确的。对于 A 能够充分转变为 B，500K 的温度太低了，而 550K 的温度和 650s 的条件导致时间太多发生 B 转变为 C 的二次反应。我要强调的还有另外一个问题被那个顾问忽略了。我告诉他，时间和温度的效应应该是完全非线性的。他说，他的设计允许他拟合一个完全二次模型，通常是充分逼近。

【Peter】对，这个通常是正确的，但在这个案例中可能不正确。我们可以看看这个数据的分析吗？

Gray 将手伸进公文包，拿出一张纸，展示了表 5.2。

表 5.2　原产量最大化试验数据分析

效应	估计值	标准误	t 值	p 值
截距项	49.20	3.89	12.66	0.0011
时间	−0.40	2.13	−0.19	0.8629
温度	15.47	2.13	7.27	0.0054
时间 × 时间	−0.10	3.69	−0.03	0.9801
时间 × 温度	−5.25	2.61	−2.01	0.1375
温度 × 温度	−21.40	3.69	−5.80	0.0102

【Brad，俯身在他的笔记本电脑上展开分析】让我检查一下这些数字。

很快，Brad 再次生成表 5.2。

【Brad】这个分析看来没有问题。

【Gray】那么，我们的顾问至少做对了一件事。在表中标记为“估计值”列的因子效应是基于时间和温度数据值的变换，低的值对应于−1，高的值对应于+1。我看到的第一件事情，涉及时间的效应在统计上都是不显著的。我知道在这个反应中时间是很重要的，所以这个模型不好。

【Brad，看着屏幕上的输出结果】来看看我们分析结果中残差的均方根误差。在这里，它大约为 5.2%。

【Peter】在你们常规的环境下进行反应，一次试验到下次试验的产量变化是多少？

【Gray】最近的两周里，在试验中我们得到 49.6%左右的产量，我们得到的变化不超过 0.5%。你为什么问这些？

【Brad】这是很有说服力的证据，证明你对那个模型的看法正确。如果你的残差只能反映一次试验到下次试验的变差，它们将会缩小为原来的十分之一。残差是大的，因为该模型遗漏了至少一个重要项。我做一个合理的猜测，你的一次试验到下次试验的标准差约为 0.5%的三分之一，即 0.2%。如果这是正确的，则时间与温度交互效应的估计值将具有很高的统计显著性。

【Gray】那么，这些信息如何帮助我们现在正在做的事情？

【Brad】那个顾问使用的先验模型是不充分的。因此，只将二次效应加入模型中是不够的。

【Peter】我们了解到的另一件事情是，在接下来的试验中，我们期望避免时间和温度均过低或过高的组合。

【Gray】这是对的，但我认为还有比这些数据更多的试验信息。我掌握的化学知识表明，可行试验区域是这样的形状。

Gray 走近白板，绘制图 5.1。

【Brad】这就是我想要的图形。现在，我们需要的是这些对角线段的全部端点。我注意到，你原来试验中两次试验的产量比现在的产量高。

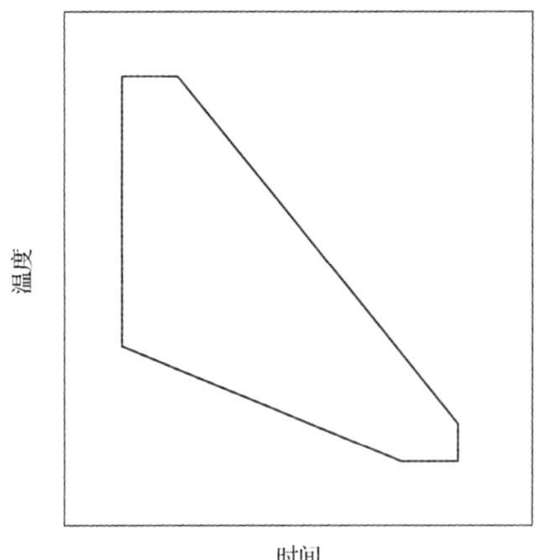

图 5.1 试验因子时间和温度的可行设置区域

【Gray，变得兴致勃勃】是的，一次试验是在比我预想温度高的条件下进行的。该试验的一个更好性质是反应时间要缩短 110s。另一次试验是在我们通常使用的温度下进行的，但反应时间要延长 110s。这说明，我们可能要考虑一个更宽的时间范围。

【Brad】你的标准反应需要 540s 或 9min。在 6～12min 试验范围内试验如何？就是 360～720s。

【Gray】只要你建议的试验点落在黑板上我画的这个区域内，感觉就是可行的。对于温度，我建议范围定在 520～550K。当然，将受到同样的约束。

【Peter】如果你打算在时间为 360s 的条件下进行试验，那么你需要考虑的最低温度是多少？

【Gray】我不知道。也许是 529K 或 530K。

【Peter】如果你打算在温度为 520K 的条件下进行一次试验，你打算设置多长的试验反应时间？

【Gray】大概是 660s，11min。

【Brad】这给我们提供了在你的图形中较低对角线的端点值。

Brad 走近白板，添加了这两个端点的坐标，得到图 5.2。在此期间，Peter 在一张草稿纸上演算。

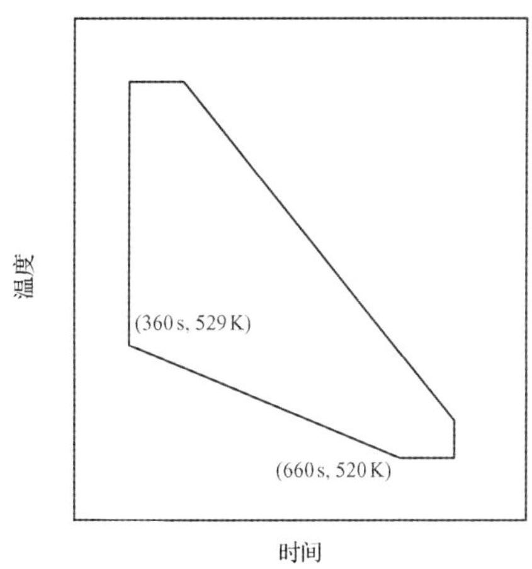

图 5.2 试验因子时间和温度的可行设置区域，以及两个端点的坐标

【Peter，宣布他的结果】下面是 Gray 的下对角线的不等式约束方程：

$$0.03时间+温度\geqslant 539.8$$

【Gray】我知道你们在做什么。现在，你们想要知道，在 550K 的条件下我期望试验反应的最长时间，对不对？

Brad 和 Peter 都点头。

【Gray】鉴于我们前面的结果，420s 似乎会是一个很好的猜测。

【Brad】在 720s 的条件下你进行试验的最高温度又是多少？

【Gray，抓抓头】这是一个很难的问题。我猜测是 523K 左右。

Brad 在白板的图形上添加新坐标，得到图 5.3。Peter 重新开始计算。

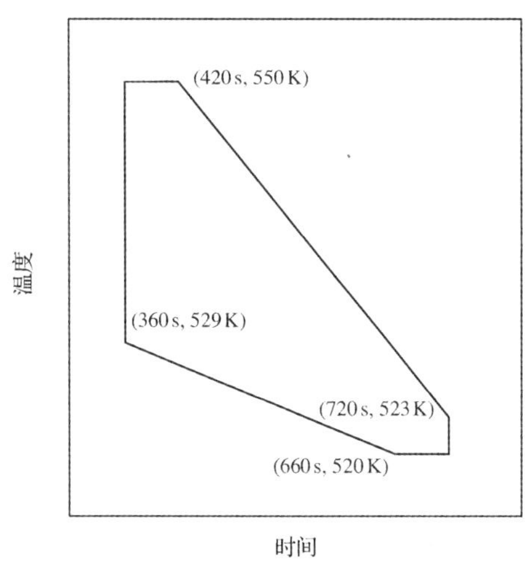

图 5.3　试验因子时间和温度的可行设置区域，以及 4 个端点的坐标

【Peter】如果我的快速计算是正确的，以下是 Gray 的上对角线的不等式约束方程：

$$0.09时间+温度\leqslant 587.8$$

Brad 在他的试验设计应用软件中开始输入温度的因子范围[520K,550K]、时间的因子范围[360s,720s]，以及两个不等式约束。他还注明期望给出一个 D-最优设计。

【Peter，向 Gray 解释】Brad 正在往他的程序里录入你的因子范围和约束。程序利用这些信息来构建一个满足这些具体要求的最优设计。

【Brad，打断对话】我想知道我们要拟合哪个模型，以及你愿意进行多少次试验。

【Gray】Brad，你前面指出我们之前拟合的二次模型并不充分。我们可以拟合一个更加灵活的模型么？

【Peter】好想法！假设我们将所有三阶项加入二次模型中。对于两个因子，只有 4 个这样的项。

【Gray】你如何得到 4 项的？只有 2 个三次项，1 个因子对应一个三次项。

【Peter】对的，但还有 2 个其他类型的三次项 $x_i x_j^2$。

【Gray】哦，原来如此。

【Brad，迫不及待地】我输入了完全三阶模型。试验次数是多少？我们需要至少 10 次试验。Peter 和我通常建议额外用 5 个试验点来提供试验之间变差的合理区间估计。

【Gray】我认为我们能够完成 15 次试验。

Brad 往他的程序里输入 15 次试验，在用户界面按下“生成设计”按钮。20s 后，他转动计算机屏幕以展示表 5.3 中的设计。

表 5.3 在约束试验区域中，新的产量最大化试验的最优设计。试验点 2 和试验点 3 与试验点 13 和试验点 7 分别具有相同的试验设置

试验点	时间(s)	温度(K)
1	580	528
2	360	529
3	480	525
4	720	523
5	360	545
6	660	520
7	480	525
8	420	550
9	360	536
10	454	539
11	720	520
12	630	531
13	360	529
14	510	542
15	360	550

【Gray】我明白 15 次试验是令人满意的，但我不知道设计点的散布图是否符合我的图形。

【Brad】稍等一下。

Brad 执行了几个绘图命令，生成了图 5.4 中的图形。

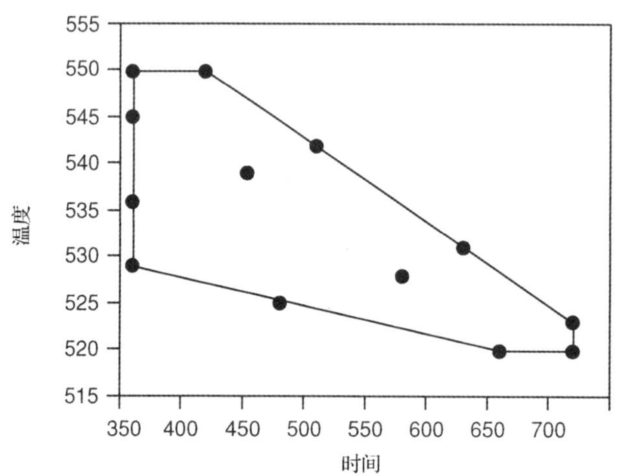

图 5.4 表 5.3 中最优设计的图形表达，试验因子时间和温度的可行设置区域

【Brad】你只能看到 13 个点而不是 15 个点，因为有两个点出现了重复。

【Gray】哪两个点？

【Brad】时间 360s 和温度 529K 的点，时间 480s 和温度 525K 的点。

【Gray】我喜欢这个设计。它在较短时间和较高温度下安排了几次试验，这很好。如果我们是幸运的，我们将在这个区域中找出最佳产量。在这种情况下，我们不仅将有更高的产量，而且可以每天进行更多次的反应试验。

【Peter】那么，你愿意实施这个试验么？

【Gray】当然愿意。一旦我们执行试验并测定结果，我就把产量数据用电子邮件发给你。

【Brad】太棒了！我们期待你的邮件。

5.2.2　数据分析

三天后，Peter 和 Brad 在他们美国的办公室里。Brad 收到 Gray 发来的电子邮件，里面包含表 5.4 所示的带有试验结果的一张表格。

表 5.4　新的产量最大化试验的数据

试验点	时间(s)	温度(K)	产量(%)
1	580	528	55.9
2	360	529	46.7
3	180	525	46.8
4	720	523	52.8
5	360	545	62.1
6	660	520	45.7
7	480	525	46.6
8	420	550	52.6
9	360	536	57.8
10	454	539	61.9
11	720	520	47.7
12	630	531	60.0
13	360	529	46.8
14	510	542	59.4
15	360	550	57.3

【Brad】嘿，Peter！过来看看我刚刚从 Gray 那儿得到的结果。

【Peter，看着数据表格】哇！看看在 360s 和 545K 条件下 62.1%的产量。这比他们之前得到的产量提高了 20%。

【Brad】我希望三次模型拟合良好。如果拟合良好，这个问题分析起来将会很有趣。

Brad 利用三次模型拟合试验数据，生成表 5.5。他的软件自动转换试验因子的编码单位。

表 5.5　新的产量最大化试验的数据分析：完全模型

效应	估计值	标准误	t 值	p 值
截距项	61.08	0.10	598.66	<0.0001
时间(360,720)	0.91	0.33	2.77	0.0391
温度(520,550)	5.06	0.34	14.97	<0.0001
时间^2	−3.57	0.60	−6.21	0.0016
时间×温度	−16.50	1.08	−15.22	<0.0001
温度^2	−21.32	0.56	−38.08	<0.0001
时间×温度^2	−7.63	1.06	−7.19	0.0008
时间^2×温度	−1.69	0.99	−1.71	0.1475
温度^3	−5.39	0.53	−10.11	0.0002
时间^3	−0.12	0.34	−0.36	0.7323

【Peter】看起来你可以通过剔除“时间 ^{3}”项和“时间 ^{2}×温度”项来获得更好的模型。

Brad 剔除这两项，并向 Peter 展示在表 5.6 中新的拟合模型。

表 5.6 新的产量最大化试验的数据分析：简化模型

效应	估计值	标准误	t 值	p 值
截距项	60.99	0.10	610.21	<0.0001
时间(360,720)	1.38	0.32	4.32	0.0035
温度(520,550)	5.22	0.40	13.19	<0.0001
时间 ^{2}	−2.89	0.26	−10.92	<0.0001
时间×温度	−14.69	0.42	−35.36	<0.0001
温度 ^{2}	−20.32	0.27	−75.91	<0.0001
时间×温度 2^5	−5.74	0.52	−11.08	<0.0001
温度 2^5	−4.73	0.53	−8.90	<0.0001

【Brad】均方根误差仅为 0.17%。这个与 Gray 说的他们的一次试验和下一次试验之间的变异性很好地匹配了。

【Peter】剔除这两个不重要项实际上确实降低了其余某些系数的标准误。对于三次模型和不规则形状的区域，我有点担心因子效应估计的标准误会由于方差膨胀而很大。

Brad 皱起眉头，等待 Peter 继续……

【Peter】你知道我说的意思。因为试验区域极不规则的形状和模型中的三次项，你构造的 D-最优设计不是正交的。进一步，我认为，在我们的因子效应估计中会存在很大的相关性，将造成很大的标准误或很大的方差。

【Brad】我也预期到很大的方差膨胀。但我不想让 Gray 为此担心。另外，当他告诉我们从一个反应到下一个反应中试验过程有很小的变异性时，我并没有那么担心方差膨胀。我更关注即使是三阶模型都不能近似真实响应曲面的可能性。这是利用了两个纯误差自由度对模型进行的失拟检验。

Brad 向下滚动屏幕并产生表 5.7。

表 5.7 基于新的效益最大化试验数据的简单模型失拟检验

来源	自由度	平方和	均方	F 值	p 值
失拟	5	0.1827	0.0365	2.92	0.2743
纯误差	2	0.0250	0.0125		
总误差	7	0.2077			

【Brad】该软件报告这个检验源于时间和温度的两个组合是重复试验。第一个重复组合为反应时间 360s 和温度 529K，第二个重复组合为反应时间 480s 和温度 525K。

【Peter】目前没有出现任何强有力的理由怀疑我们的三次模型不充分近似真实响应曲面：失拟检验不接近于显著的。

【Brad】是的。这个模型的一个有趣方面是，当温度由低到高变化时温度因子的影响是完全改变的。看看这幅图。

Brad 生成图 5.5，图形展示出当另一个试验因子固定时每个试验因子的影响。

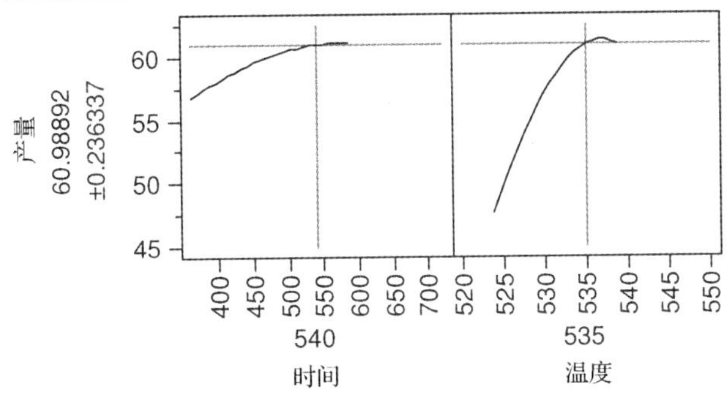

图 5.5　当时间固定为 540s 或温度固定为 535K 时时间和温度设置对产量影响的图形表示

【Brad】这是在反应时间 540s 和温度 535K 条件下的一张图形。在图形的左边，你可以看到在这个试验条件下的预测产量略低于 61%。在时间因子图形中的递增曲线表明，减少时间会导致更小的产量，而通过增加时间只能提高少许产量。注意到，当温度为 535K 时，我们不能增加时间超过 586s，因为这会违反 Gray 对因子设置的第二个约束。

【Peter】对。

【Brad，修改图 5.5，得到图 5.6】现在，看看这张图。这里，我得到了 Gray 项目的最大化预测产量。现在反应温度固定在 543K，代替原来的 535K，在时间图形上具有很大效应。在新的反应温度下，由于交互效应影响，降低了时间对产量产生的正向效应，得到的最大产量是在 Gray 想研究的最低温度 360K 的条件下。你可以看到，最大产量位于垂直轴旁边：约 62.5%。

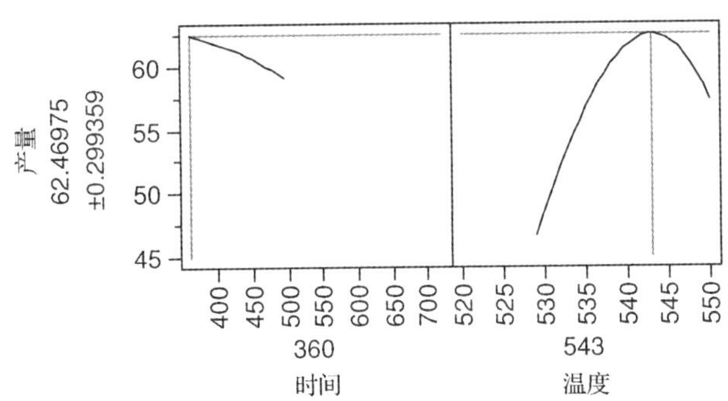

图 5.6　产生最大预测产量的因子设置的图形表示，以及最优设置下的因子效应

【Peter】加或减 0.3%。从而，在反应时间 360s 和温度 543K 的条件下平均产量的 95% 预测区间约为[62.2%,62.8%]。

【Brad，继续绘制因子效应的图形表示，最后产生图 5.7】这里，我用一幅图形同时显示因子效应与预测区间。注意到，我必须使用不同的坐标轴刻度以使预测区间可见。你可以看到，在每个可能的因子设置下预测区间或置信带是非常窄的。因此，预测的产量几乎没有不确定性。

【Peter】对这些结果，Gray 会很满意。

Brad 点头同意，并继续操作他的笔记本电脑。然后，他转动屏幕展示了图 5.8 中的图形。

【Peter】我看到你画出了由约束条件定义的六角形可行区域，以及预测产量的等高线。

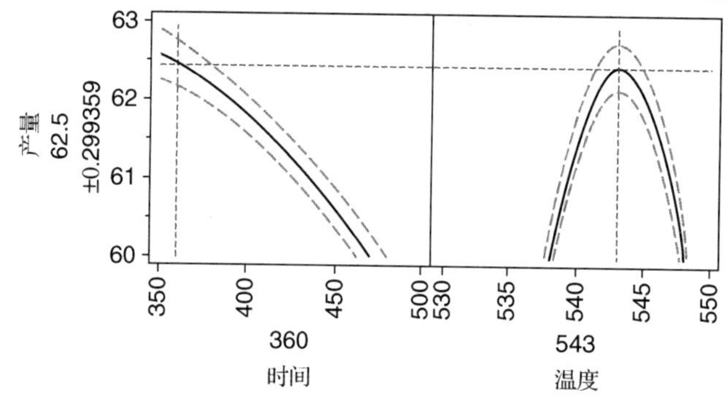

图 5.7 产生最大预测产量的因子设置图形表示，在这些试验设置下的因子效应和预测区间

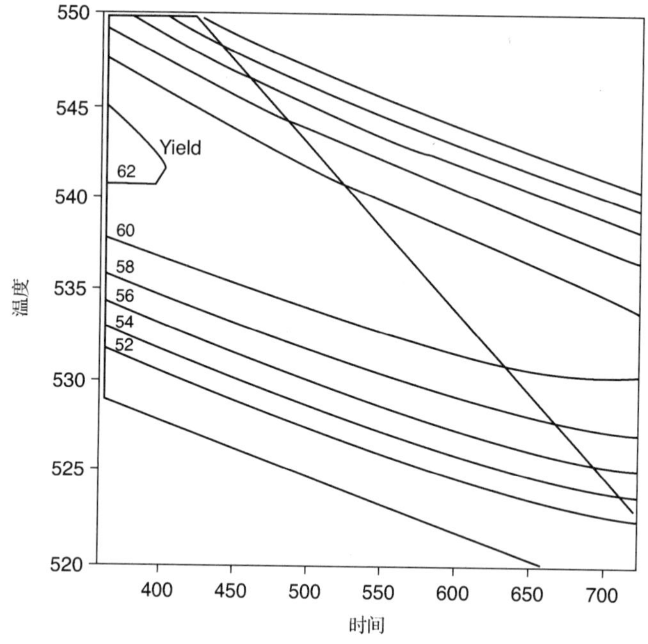

图 5.8 时间和温度的不同组合下预测产量的等高线图，与其试验区是重叠的

【Brad】这幅图显示了一些在其他图形中看不到的情况。首先，你可以清楚地看到最大产量的区域，就是说，62%或更高的产量等高线包围的区域。另外，这幅图提示，仍然存在进一步降低反应时间以提高产量的一些机会。

【Peter】你认为在我们给 Gray 的陈述中引入关于研究更短反应时间的跟随试验主题的想法怎么样？他曾暗示更短的反应时间对 Rohm and Haas 很重要。

【Peter】让我来看看，当我们去陈述这些结果时如何展开。

5.3 知识探究

5.3.1 三次因子效应

有时，试验数据显示出很大的曲度，使得在模型中仅包括两因子交互效应和二次效应是不够的。因此，纳入更高阶项是值得考虑的。除了二次效应，我们可以考虑三次效应及其他三阶效应。在本章的案例研究中，我们看到在响应曲面试验中引入可加的三次效应值。三次效应也常被证明对混料试验的数据建模非常有用(见第 6 章)。

包含三次效应的最复杂模型是完全三次模型，包括所有可能的三阶效应。如果因子数量 k，大于 2，则这些项有 3 种不同的形式：

(1) 有 k 个效应项的形式为 $\beta_{iii}x_i^3$；

(2) 有 $k(k-1)$ 个效应项的形式为 $\beta_{iij}x_i^2x_j$；

(3) 有 $k(k-1)(k-2)$ 个效应项的形式为 $\beta_{ijk}x_ix_jx_k$。

容易看出，随着因子数量的增加，三阶效应的数量快速增加。在工业应用中，试验预算能够容纳多于 4 个因子的完全三次模型很少见。

5.3.2　失拟检验

在产量最大化试验中，有 13 个不重复的因子水平组合或设计点。这些因子水平组合中的两个进行两次试验：我们说它们被重复。可重复是试验设计中的重要思想。事实上，可重复和随机化、分区组是试验设计的三个主要原则。

重复观测的优点是，它们提供与模型无关的误差方差估计。在没有重复的试验中，研究者必须使用由拟合回归得到的残差估计误差方差。如果模型缺少某些重要效应，就有可能产生误差方差估计膨胀。这归咎于模型中缺失真实的效应引起数据的变异性。膨胀的误差方差估计导致的结果是，少数因子效应将表现为显著。这是没有重复因子水平组合不可避免的风险。

如果包含重复因子水平组合和多于被估计参数个数的单独因子水平组合，则可以构造一个假设检验，以确定模型是否可能缺失效应。这个检验被称为失拟检验，因为它用于识别假定模型不能很好拟合数据的情况。失拟检验的原假设为模型是充分的，备择假设为模型中一项或多项(典型项包括高阶效应，如交互效应、二次效应或三次效应)缺失。

总残差平方和

$$\mathrm{SSE}=\sum_{i=1}^{n}(Y_i-\widehat{Y}_i)^2$$

度量回归模型中响应变量无法解释的变异性，这只是回归的残差平方和。无法解释的变异性可以分成两部分。一部分称为纯误差，是系统固有的变异性。这一部分是根据重复观测得到的。另一部分归咎于模型是不完美的事实。这一部分被称为失拟。

只有存在重复的因子水平组合，纯误差才可以被估计。为了计算纯误差，我们需要的是重复点的响应。如果我们用 Y_{ij} 表示第 i 个重复因子水平组合的第 j 个观测响应，用 m 表示重复因子水平组合的数量，用 n_i 表示在第 i 个因子水平组合下的重复数，则纯误差平方和为

$$\mathrm{SSPE}=\sum_{i=1}^{m}\sum_{j=1}^{n_i}(Y_{ij}-\widehat{Y}_i)^2$$

式中

$$\widehat{Y}_i = \frac{1}{n_i}\sum_{j=1}^{n_i} Y_{ij}$$

是在第 i 个因子水平组合下的平均响应。失拟平方和为

$$\text{SSLOF} = \text{SSE} - \text{SSPE}$$

残差平方和的两个组成部分，即 SSPE 和 SSLOF，在统计上是独立的。对应于残差平方和的总自由度是总试验次数减去模型中参数的个数，即 $n-p$。对应于纯误差平方和 SSPE 的自由度为

$$\text{df}_{\text{PE}} = \sum_{i=1}^{m}(n_i - 1) = \sum_{i=1}^{m} n_i - m$$

这两个自由度的差值

$$\text{df}_{\text{LOF}} = n - p - \text{df}_{\text{PE}}$$

对应于失拟平方和 SSLOF。从表 5.4 中可以看出，在产量最大化试验中总共有 15 次试验，在表 5.6 中的简化模型包含 8 个参数。因而，$n=15$，$p=8$。进而，对应于残差平方和的自由度为 $n-p=7$。这个设计包括两个重复点，有 $m=2$，$n_1=n_2=2$。于是，$\text{df}_{\text{PE}}=n_1+n_2-m=2+2-2=2$，$\text{df}_{\text{LOF}}=7-\text{df}_{\text{PE}}=7-2=5$。

在失拟检验的模型是充分的原假设下，失拟均方

$$\frac{\text{SSLOF}}{\text{df}_{\text{LOF}}}$$

和纯误差均方

$$\frac{\text{SSPE}}{\text{df}_{\text{PE}}}$$

的比值服从 F 分布，分子自由度等于 df_{LOF} 和分母自由度等于 df_{PE}。如果这个比值特别大，就会对原假设的正确性提出质疑。在我们的案例中，这个比值比 3 小一点。这个规模的结果是容易随机发生的。这是用 p 值 0.2743 反映的。因此，没有理由怀疑潜在系统性效应的出现导致误差方差膨胀。换句话说，不存在模型失拟证据。

5.3.3 在试验设计的构造算法中加入因子限制

控制因子水平组合可行性的不等式约束条件限制了因子设置的取值，反过来限制了我们在 2.3.9 节定义的设计矩阵 $\boldsymbol{D}$ 中的因子取值。当逐点替换设计点坐标时，坐标交换算法必须考虑这些约束条件。为了明确这是如何做到的，考虑下面的例子。

假设我们有两个连续的试验因子 x_1 和 x_2，每个因子可以在区间 $[-1,+1]$ 上取值。此外，两个因子取值的总和必须小于或等于 1：

$$x_1 + x_2 \leqslant 1 \tag{5.1}$$

最后，假设坐标交换算法可以更换设计矩阵给定行的 x_1 和 x_2 的水平，当前水平是第一个因子 x_1 为−0.5，第二个因子 x_2 为 0.3。

对于 x_1，在不违反不等式(5.1)的约束下，坐标交换算法可以考虑的最小值为−1。然

而，给定 x_2 的取值为 0.3， x_1 的最大可能值是 0.7。我们可以重写约束条件为

$$x_1 \leqslant 1-x_2$$

并观察到当 $x_2=0.3$ 时， $1-x_2=0.7$ 。从而，对于设计矩阵的这个特定元素，坐标交换算法将更换为数值–0.5，这是在区间[–1,0.7]内找到的最佳值。依赖于你选用的最优性准则，最优值是最大化的 D-准则值或最小化的 I-准则值，取决于所使用的最优标准。

对于第二个因子 x_2 ，假设 x_1 的取值仍为–0.5，坐标交换算法会考虑在其下限–1 和上限 1 之间的任何值。这是因为， x_2 取值为–1 或者+1 都不违反约束条件。

在 2.3.9 节描述的坐标交换算法中，注意到在每一步中只有设计矩阵的一个坐标发生变化，所有其他项保持固定不变。我们用这种方式修改算法。对于考虑变换的因子水平，我们将其他因子水平的已知值代入约束不等式中，求解每个不等式，得到指定因子的允许取值范围。在某些情况下，不等式组约束条件只有一个唯一解，就是当前的因子水平。如果这种情况发生，我们就保留因子的当前坐标，继续计算下一个。如果不等式组的解包含某个区间，我们就计算在这个区间内多个因子水平取值的最优准则。在最优准则中最大改进对应的水平成为设计矩阵的新坐标。

5.4　背景阅读

在文献中，大多数试验涉及试验因子的水平约束条件只是线性约束。然而，Atkinson, et al.(2007)描述了带有非线性因子水平约束的混料试验。混料试验往往包含试验因子的多个约束条件，我们将在第 6 章中讨论这些类型的试验。

5.5　总结

虽然大多数响应曲面试验的文献，都考虑了包含主效应、两因子交互效应及二次效应的完全二次模型的试验和分析，然后在有些情况下包含更高阶项的模型仍是必要的。

标准筛选和响应曲面设计隐含假设，即所有因子都可以独立地改变。换句话说，它们假设试验的可行区域是球形或立方体。然而，在相当多的情况下因子水平的某些组合是不可行的，因此试验区域不是球形或立方体。

使用最优试验设计方法允许灵活地设定模型中的多项式项和试验区域的形状。

第 6 章　带有过程因子的混料试验

6.1　主要概念

(1) 设计的试验优于观察性研究，因为观察性研究虽然可以建立相关关系，但无法建立因果关系，而恰当的随机试验可以证实因果关系。

(2) 混料试验 (mixture experiments) 要求各成分比例的和为 1 (更一般地讲，和可为任意常数)。因此，混料试验中因子的水平不能独立变化。

(3) 混料问题的模型不同于因子试验的标准模型。例如，混料试验模型一般没有截距项或常数项，因为这一项线性依赖于混合成分的总和。

(4) 混料试验中，除了混合成分往往还包括一些过程变量。过程变量与混合成分对标准模型有进一步的影响。例如，对于包含混料因子和过程因子的所有两因子交互效应模型，过程变量的主效应不能出现在其中。

这一章中的案例研究始于一个关于观察性研究性质的警示故事。在观察性研究中，“自”变量仅仅是在没有被明确改变的情况下观测到的。因此，研究者可以观察到自变量与感兴趣的响应之间的相关关系，但这并不说明因变量的变异会导致所观察到响应的变异。

这一案例研究包含一组因子，它们的总和是一个常数。即使这些因子不是一个混合成分，但在这一方面问题的性质与混料试验是一样的。除了这些因子的总和是常数，试验中其他的因子可能会独立地变化。同样，这种特性使这个例子类似于一个混料-过程变量试验 (mixture-process variable experiment)。

6.2　案例：轧机试验

6.2.1　问题和设计

Peter 和 Brad 开车穿过 Minnesota 州的乡村，去一个专门供应铝板的公司开展咨询活动。

【Brad】最开始建立这个工厂的人很精明。他们在一个铝回收厂对面的一块空地上建立了自己的工厂。为了避免购买原材料产生的大量成本，他们只用从回收厂得到的碎铝。同时，他们从轧钢厂购买加热炉和轧机时，因为厂家不再生产，他们还得到了折扣。

不幸的是，这个工厂也有一些质量上的问题。铝片经过铣削过程后，本该像镜子一样有光泽。因为客户不会购买没有光泽或者看起来很脏的铝片，所以他们必须把质量差的成品回炉重新做一次。

【Peter】这听起来并不是很糟糕。毕竟，铝是可以重复使用的。

【Brad】这其实存在两个问题。首先，这个加热炉需要大量的能源，所以一批材料操作两次会提高每块铝板的成本。其次，如果返工量增大，他们可能无法满足订货量。

【Peter】工厂方面是谁促成了这次咨询？

【Brad】Dr. Nighthome。他是他们的质量专家，他现在很担心。

过了一会儿，Dr. Nighthome 在办公室给他们展示了生产线，示意图如图 6.1 所示。

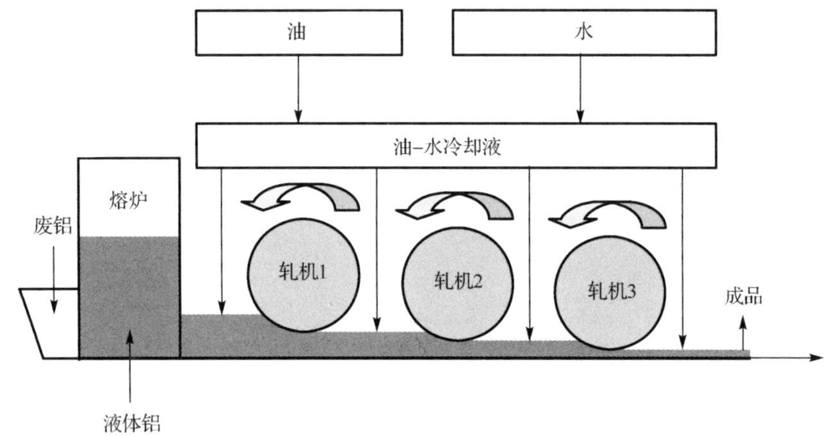

图 6.1　铣削操作示意图

【Dr. Nighthome】这就是熔铝出炉的地方。在这里，我们有一些手段能控制金属的温度，我们有证据表明，金属温度越高，铝的质量也越高。

【Peter】你看起来不是那么确定。

【Dr. Nighthome】是的。参观完生产线后，我会给你们展示我们的数据。现在，这是铣削操作。3 个滚筒将金属轧到要求的厚度。每个滚筒都会减少一定量的金属厚度，我们可以通过改变施加在滚筒上的力量来控制减少的厚度。

【Brad】即使对耳朵采取了保护措施，这个操作的声音也大得令人印象深刻。而且这里太热了，夏季这里一定是个受罪的地方。

【Dr. Nighthome 笑道】是的，但是，在 Minnesota 州，我们真的喜欢在冬天热一点。说到热，在铣削操作的过程中要通过喷洒油-水冷却液对金属进行冷却。我们可以控制油、水的比例和冷却的液量。

参观过后，Peter 和 Brad 对铣削操作的工作有了自己的想法。他们喝了杯咖啡，之后在办公室里与工厂经理(PM)展开了讨论。

【PM】Dr. Nighthome，为什么不给 Dr. Goos 和 Dr. Jones 看看你在这个问题上已经完成的工作？

【Brad】请叫我们 Peter 和 Brad 就好。Dr. Goos 和 Dr. Jones 太正式了。

【PM】好的，Brad。

【Dr. Nighthome】我先给你们介绍一下我们目标的一些细节。我们的响应是铝板在完成处理后所测得的反射率。反射率不低于 5.5 是可以接受的，而反射率小于 5.5 的则需要回炉。问题是，最近，大约 50%的铝板是不可接受的。

他在幻灯片中放出了图 6.2。

【Dr. Nighthome，指着这张图】现在，我们来看这张散点图。这是我们测量的经过最终铣削操作的铝的温度。这个散点图似乎表明终轧温度和反射率之间存在正向的线性关系。我们原以为只需提高熔炉中熔化金属的温度就可以了。这样做虽然需要更多的能源，但和回炉比起来是非常值得的。

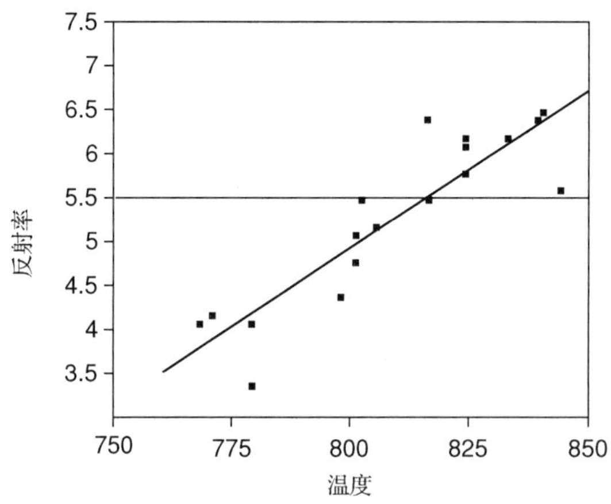

图 6.2 熔化温度与反射率之间关系的散点图

【Peter】终轧温度和反射率之间历来有很强的相关性。这很容易让人误以为提高熔化温度可以解决这个问题。

【Dr. Nighthome】是的，我们兴奋于看到能迅速解决质量问题的希望。然而不幸的是，这和我们想的并不一样。

【Brad】为什么这么说？

【Dr. Nighthome】我们做了一个简单的研究。我们将熔化温度提高到散点图中显示的好的结果对应的终轧温度，但得到的反射率并未提高。事实是，在我们的研究中废品率其实还增加了。

【Brad】哇！这就令人费解了。

【Peter】听起来某处必然有一个潜在变量。

【Dr. Nighthome，冷淡地】是的，现在我们从自身的惨痛经历意识到，有相关性并不意味着有因果关系。

【PM】对我们所有人来说这都是一个宝贵的教训，即使它是昂贵且令人失望的。那么，Ferris，你有什么新计划吗？

【Dr. Nighthome】我请 Peter 和 Brad 来就是因为我想做一个更大规模的试验。我们可能已经排除了熔化温度这个因子，但还有很多其他因子需要研究。

【PM】我猜你计划一次只研究一个因子，同时固定其他因子以找出显著的因子。我看书上说这种方法比较科学。

【Dr. Nighthome，不好意思】嗯，啊……

【Brad】我认为，Ferris 想要说的是，最近因析方法更常见。

【PM】因析方法有什么不同呢？

【Brad】在因析研究中，从一个处理运行到下一个时，你甚至可以改变所有潜在相关因子水平。

【PM】哇！这听起来像试错一样危险。用这样的方法，你会浪费大量的时间和金钱。

【Peter】我们完全同意。

【PM，疑惑】那么回报是什么？

【Brad】因析方法的关键在于进行试验的水平组合有着很强的系统结构。这种结构使得每个因子的个体效应能够通过统计分析获取，比你之前提到的一次一个因子研究方法更经济有效。

而且还有另一个好处，有时，一个系统的行为是多个因子协同(synergistic)或对抗(antagonistic)的结果，通过正确研究，你也可以量化这些影响系统的行为。

【PM】Ferris，我猜这些你都已经知道了吧？

【Dr. Nighthome】是的，我是因析方法的坚定拥护者。这是我上过的一门工业工程课程。不过，这个问题有一方面与我所学的方法不吻合。我知道 Peter 和 Brad 是这一领域的专家，所以我邀请他们来帮忙。

【Peter】因为我的母语是弗拉芒语，所以我不能确切理解不吻合是什么意思。但是从前后关系来看，我猜测你课本上的设计在这个实际问题上不起作用。

【Dr. Nighthome】说的很对。这就是问题所在。

我的团队认为有 5 个潜在的重要因子，其中 3 个因子与 3 个滚筒有关。我们还认为改变冷却液中的油水比，以及改变在步骤之间喷洒的冷却剂的量是其他两个重要因子。

如果我们只考虑这些因子的高、低设置，那么就可以用一个跟我书上一样的两水平因子设计。我一开始考虑用 2^5 因析设计一半的水平组合，因为我们可以估计出全部两因子交互效应。就像 Brad 之前提到的协同或对抗效应。好处是只需要运行 16 个处理，我们几天就可以完成。

【PM】关于因析设计的东西对于我来说都是术语，但是只进行 16 次试验就能研究 5 个因子确实相当吸引人。那么，问题出在哪里？

【Dr. Nighthome】问题来自这些轧机因子。熔化物的初始厚度是 1.1 个单位，而最终成品的厚度是 0.1 个单位。每个滚筒所减少的厚度在 0.1～0.8 个单位之间。

他展示了一个关于因析设计的幻灯片，如表 6.1 所示。

表 6.1　用于轧机试验中 5 个因子的 2^5 因析设计一半的水平组合

轧机 1	轧机 2	轧机 3	喷雾量	油水比
0.8	0.8	0.8	High	High
0.8	0.8	0.8	Low	Low
0.8	0.8	0.1	High	Low
0.8	0.8	0.1	Low	High
0.8	0.1	0.8	High	Low
0.8	0.1	0.8	Low	High
0.8	0.1	0.1	High	High
0.8	0.1	0.1	Low	Low
0.1	0.8	0.8	High	Low
0.1	0.8	0.8	Low	High
0.1	0.8	0.1	High	High

续表

轧机 1	轧机 2	轧机 3	喷雾量	油水比
0.1	0.8	0.1	Low	Low
0.1	0.1	0.8	High	High
0.1	0.1	0.8	Low	Low
0.1	0.1	0.1	High	Low
0.1	0.1	0.1	Low	High

【Dr. Nighthome】注意这个试验中的第一个试验点。我需要让第一个滚筒轧薄 0.8 个单位厚度，第二个滚筒轧薄 0.8 个单位厚度，第三个滚筒轧薄 0.8 个单位厚度。这些加起来有 2.4 个单位厚度，但熔化物只有 1.1 个单位的初始厚度。如果我愚蠢到让他们做这种试验，任何一个操作人员都会笑话我的。

【Peter】我意识到你说的问题了。材料厚度减少的总量是一个固定的值。所以 3 个因子设置的总和也需要是一个常数，而对个体设置没有约束。如果你将一个给定轧机的设置看作锻轧过程中厚度减少的比例，那么这个试验就和混料试验有相同的结构。

【Dr. Nighthome】我还没完全理解。你能说得更清楚一点吗?

【Brad】我给你举个例子。假如第一个铣削操作使厚度减少了 20%，第二个铣削操作也使厚度减少了 20%，那么最后一个铣削操作就需要完成剩余的 60%。这就相当于混合 3 种成分，使其和为 100%的混合物。

【Dr. Nighthome】即使我们不混合东西，我也可以看出约束的相似性，即 3 个因子设置的总和为 1。但因析设计的整个概念不是建立在因子间都相互独立的基础上吗？有了这种约束，不就引入了共线性?

【PM】又是术语!

【Peter】是的，有时候很难避免术语。但是 Ferris 想要知道的是，如果我们不能独立地改变每个轧机设置，我们是否能够知道每个铣削操作将如何独立地影响其他铣削操作的响应。

【Brad】尽管用到术语，Ferris 已经明确了问题。因为在混合物中你很难独立地变化成分，这就会影响设计、模型拟合和试验结果的解释。

【Peter】很多书通篇都在介绍混料试验的特殊性。Ferris 所采用的书本上的试验设计并没有涉及这些问题，这并不让我感到意外。一般来说，混料试验是中级课程。

【PM】好吧。所以，你能用通俗易懂的话谈谈这个问题吗?

【Brad】现在有一个好消息，还有一个坏消息。坏消息是，你无法独立地讨论每个铣削操作的效应。但好消息是，通过一个设计过的研究投入，你可以预测各个滚筒设置各种组合产生的结果，甚至连那些不包括在研究内的组合也可以被预测。

【PM】你的“好消息”对于我来说就像魔法一样。

【Peter】这些预测的精度取决于模型对数据拟合的有效性。这就是为什么我们总是用看起来不错的因子设置做跟随试验，以此来验证我们的预测。

【Brad】观点不错，Peter。此外，虽然我们知道用于拟合过程的模型并不能完全描述过程的特性，但有时结果仍然是不可思议的。

【PM】我对此表示怀疑，但是我们需要解决这个质量问题。所以，假设我们要做这个混料试验。你给出一套测试方案要多久？

Brad 拿出笔记本，开始飞快地打字。

【Peter】这部分工作很快、很容易。Brad 正在将你试验中的 5 个因子输入试验设计软件里。

几分钟后，Brad 把他的笔记本电脑转向工厂经理，并展示了表 6.2。

表 6.2　用于 5 因子轧机试验的包含 12 个试验点的 D-最优设计

轧机 1	轧机 2	轧机 3	喷雾量	油水比
0.10	0.80	0.10	Low	Low
0.80	0.10	0.10	Low	Low
0.10	0.45	0.45	Low	Low
0.10	0.10	0.80	High	Low
0.45	0.45	0.10	High	Low
0.45	0.10	0.45	High	Low
0.45	0.10	0.45	Low	High
0.10	0.10	0.80	Low	High
0.45	0.45	0.10	Low	High
0.80	0.10	0.10	High	High
0.10	0.80	0.10	High	High
0.10	0.45	0.45	High	High

【Brad】假设 3 个铣削操作间存在两因子交互效应，我为你的 5 个因子创建了一个包含 12 个试验点的设计。但我只考虑了喷雾量因子和油水比因子的主效应。

【Dr. Nighthome，兴奋地】我看到了，如果你将每行中 3 个轧机因子的设置相加，那么和一定是 1。

【Peter】是的，我还注意到，喷雾量因子和油水比因子的高、低水平设置的个数也是相同的。事实上，这两个因子可能的组合有 4 种，且每个都出现了 3 次。这使得设计有很好的对称性。

【Brad】像这样的研究中，我们通常使用三元图展示混合成分的设置。看这个图。

Brad 展示了如图 6.3 所示的三元图。

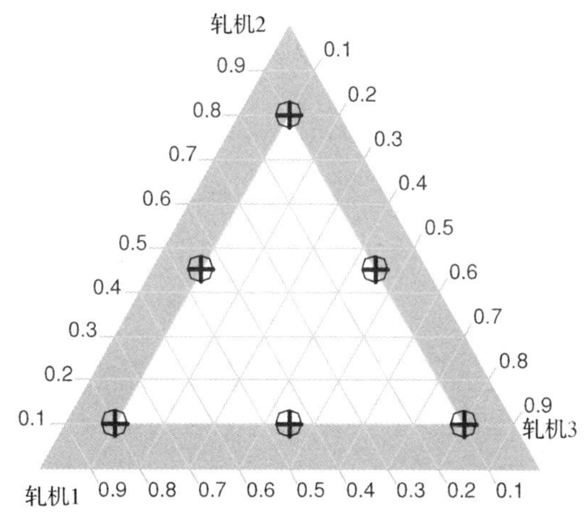

图 6.3　轧机试验中包含 5 个因子 12 次试验的 D-最优设计的三元图

【Brad】首先，这个图清楚地表明，轧机因子有 6 种不同的水平组合。它们中的每个都出现了两次。这个设计另一个不错的特点是，这 6 种不同的轧机因子水平组合中的每一种，都在油水比的高设置和低设置中各出现一次。为了在图中体现出这一点，低水平的油水比我用圆圈表示，高水平的油水比用一个加号表示。

【Dr. Nighthome】确实很吸引人。那对于喷雾量因子也一样适用吗？

【Brad】是的。

【PM】你们讨论的重点好像是漂亮的几何图形。我更关心的是找到这个问题的根源并且解决它。

【Peter】好的，我们也这样认为。现在我们把关注点放在统计属性上。

【PM】好主意。

【Brad】我已经检查过了，最差的预测相对方差为 2/3。对于这个数量的试验点及模型，有一个理论结果指出，2/3 是最差预测相对方差所能取的最小值。所以，在最小化最差预测方差的意义上，这个设计是众多可能的设计中最好的。平均预测相对方差比 1/2 稍小一些。也就是说，当我们用这个模型进行预测时，这些预测期望值的方差比过程中一次试验与下一次试验间方差的一半还要小。这就是说，我们的模型可以认为是正确的。

【Peter】如果能做更多次的试验，我们可以使这些数字更小一些。你似乎更喜欢用 16 次试验进行研究的想法。我先进行 12 次试验，是想保留 4 个试验点来验证看起来不错的处理设置。

【PM】坦率地说，我仍然持怀疑态度。只有当我看到结果时，我才会相信。

【Peter】感谢你的坦诚。你认为做 12 次试验需要多久？

【Dr. Nighthome】由于我们问题的紧迫性，我认为今天我们就可以完成全部的试验点。

【PM】一定要完成！

6.2.2 数据分析

当天晚上，Brad 在酒店房间里收到了来自 Dr. Nighthome 的电子邮件（如下），并附上了如表 6.3 所示的数据。

Brad，

12 次试验中，只有两次反射率的值是可接受的。这两个有良好结果的试验中，第一个轧机和第二个轧机都使厚度减少了 10%，第三个滚筒完成了剩下的 80%。我们也注意到这两次试验的终轧温度都比其他试验高。

可以请你对结果进行分析吗？然后咱们明天上午 10:30 会面。工厂经理对此很着急！

Ferris

表 6.3 轧机试验的数据

轧机 1	轧机 2	轧机 3	喷雾量	油水比	反射率
0.10	0.80	0.10	Low	Low	5.3
0.80	0.10	0.10	Low	Low	4.8
0.10	0.45	0.45	Low	Low	5.4

续表

轧机 1	轧机 2	轧机 3	喷雾量	油水比	反射率
0.10	0.10	0.80	High	Low	6.3
0.45	0.45	0.10	High	Low	4.7
0.45	0.10	0.45	High	Low	5.4
0.45	0.10	0.45	Low	High	4.9
0.10	0.10	0.80	Low	High	6.8
0.45	0.45	0.10	Low	High	5.3
0.80	0.10	0.10	High	High	4.3
0.10	0.80	0.10	High	High	4.7
0.10	0.45	0.45	High	High	5.1

第二天一早，Brad 和 Peter 与 Dr. Nighthome 及工厂经理在之前的同一个会议室会面了。

【PM】我已经看了昨天的水平组合产生的试验数据，并且从表面上看情况并不是很好。12 个试验点中，只有两个结果是可以接受的。

【Brad】实际上，我们认为还是有理由庆祝的。我们做试验并不是期望所做的试验点本身是好的。我们的想法是以此建立一个预测模型，来给出更好的操作方法。

【Peter】是的，我们有 3 个主要发现：

(1) 喷雾量和油水比作为过程变量没有明显影响；

(2) 轧机和反射率之间存在线性关系；

(3) 第一个和第二个滚筒分别使厚度减少 10%，第三个滚筒使厚度减少 80%，相应的预测反射率为 6.25。这远高于你们要求的 5.5。

【Brad】我们建议你们今天进行确认试验，将第一个滚筒和第二个滚筒轧薄的量都设置为减少 10%的厚度，再用第三个滚筒使厚度达标。由于喷雾量和油水比对结果没有影响，对它们使用标准设置即可。

【Dr. Nighthome】你这个模型有预测方程吗？

【Brad】有。形式如下：

$$\text{反射率} = 4.55 \times \frac{\text{滚筒}1 - 0.1}{0.7} + 4.95 \times \frac{\text{滚筒}2 - 0.1}{0.7} + 6.25 \times \frac{\text{滚筒}3 - 0.1}{0.7}$$

【Brad】这个公式中的 3 个比率称为虚拟成分。从每个滚筒的因子设置中减去 0.1，然后除以 0.7 使虚拟成分取值介于 0～1 之间，而其实际成分取值介于 0.1～0.8 之间。这是一个方便的缩放惯例，可以很容易地在各因子的极端设置上对反射率做出预测。

【Peter】当第一个滚筒的虚拟成分的值为 1 时，其他的为零，反射率的预测值为 4.55；类似地，当第二个滚筒的虚拟成分的值是 1 时，所预测的反射率是 4.95；最后，也是最好的，当第三个滚筒的虚拟成分的值为 1 时，预测的反射率是 6.25。这是 Peter 的最后一个建议的技术理由。

【Brad】4.55、4.95 和 6.25 这些数值都是我们用最小二乘法拟合你们的数据得到的估计值。

【PM】我第一次听“最小二乘法”这个词是很久之前的事了。不管怎样，反正我很乐意进行你们的确认试验，来看看会发生什么。还有什么要补充的？

【Brad】另一方面，您可能会对 Ferris 昨天在邮件中指出的东西感兴趣。高反射率的试验也会有高的终轧温度。你觉得最后的铣削操作会造成温度上升吗？

【PM】是很有趣。可能在最后一步铣削 80%的操作既提高了反射率，也提高了终轧温度。希望您的结论是正确的。

一个星期后，Brad 从 Dr. Nighthome 那儿收到以下电子邮件。

> Brad，
>
> 听取你的意见后，我们像你建议的那样来控制 3 个滚筒。在这 4 个验证试验中，反射率平均为 6.4，并且所有试验的反射率均大于 5.5。从那之后，我们一直夜以继日地完成订单。实际操作中仅有不超过 5% 的产品反射率比 5.5 小。当然，相比我们之前 50%的不良率，这是一个巨大的进步。
>
> 工厂经理非常高兴。他让我向你们表示祝贺，并且告诉你们他现在是你们的信徒了。他还提到，整个一周的终轧温度一直保持在高位，也许潜在变量的谜底揭开了。
>
> 祝好！
>
> Ferris

6.3 知识探究

6.3.1 混料约束

混料试验的独特之处在于混料约束。这是一个等式约束。如果 $x_1, x_2, \cdots, x_q$ 是混合物中的 q 个成分的比例，那么

$$\sum_{i=1}^{q} x_i = x_1 + x_2 + \cdots + x_q = 1 \tag{6.1}$$

更一般的是，如果你更喜欢用比例的形式表达，这个等式的右边可以写成 100。或者说，如果你考虑的是质量或体积，那么可以使其和为任意正的常数。

混料试验的响应并不是混合物数量的函数，而仅仅是各种成分占比的函数。这是混料试验最重要的假定。约束方程式(6.1)的主要结果是：如果你改变了一个特定成分的比例值 x_i，那么至少有一个其他成分的比例值，如 x_j，也必须改变以做出补偿。这意味着混合试验中各成分的比例不能是正交的，并且它们的效应不能被独立地估计。

6.3.2 混料约束对模型的影响

在迄今为止我们考虑的所有试验中，先验模型包括一个截距项。例如，对于一个主效应模型，我们假设的模型[①]如下：

① 原文中的“第 j 个响应”去掉了。

$$Y = \beta_0 + \sum_{i=1}^{q} \beta_i x_i + \varepsilon \tag{6.2}$$

模型中 β_0 即为截距项。也可以将式(6.2)写成矩阵形式：

$$\boldsymbol{Y} = \boldsymbol{X\beta} + \boldsymbol{\varepsilon} \tag{6.3}$$

式中，模型矩阵 $\boldsymbol{X}$ 第一列的元素全为 1。对于混料试验，如果存在 q 个混合成分，每个成分都对应于模型中的一个项，并且 $\boldsymbol{X}$ 中这些混合成分对应列的每行之和为 1。那么，式(6.1)中的等式约束意味着截距项对应的元素全为 1 的列是多余的。就像 4.3.2 节讨论包含分类因子的模型时所指出的那样，如果模型矩阵 $\boldsymbol{X}$ 的一个列是 $\boldsymbol{X}$ 中其他列之和(或任何其他列的线性组合)，那么我们就无法计算普通最小二乘估计量

$$\hat{\boldsymbol{\beta}} = \left(\boldsymbol{X'X}\right)^{-1} \boldsymbol{X'Y} \tag{6.4}$$

这是因为 $\boldsymbol{X'X}$ 无法求逆。避免这个难题的一种方法是去掉模型中不必要的截距项。只要模型矩阵 $\boldsymbol{X}$ 的一列是其他列的线性组合，我们就说 $\boldsymbol{X}$ 的列之间存在线性相关或完全共线性。

还有两个类似的问题值得讨论。首先，对于每个成分只有线性效应的模型，如式(6.2)中的模型，无法捕捉各成分与响应之间关系的曲度。那么寻找可以得到曲度的模型就是自然而然的事。为了达到这个目的，我们通常会在模型中添加两因子交互效应和纯二次效应。然而，如果模型包含所有混合成分的线性效应和两因子交互效应，那么纯二次效应就是多余的。为了体现这一点，对于每一个成分比例 x_i，我们有

$$x_i^2 = x_i \left(1 - \sum_{\substack{j=1 \\ j \neq i}}^{q} x_j \right) = x_i - \sum_{\substack{j=1 \\ j \neq i}}^{q} x_i x_j \tag{6.5}$$

可以看出，一个成分比例的平方等于这个成分比例自身及它和其他各个成分比例之间交互效应的线性组合。举一个具体的例子，假设有 3 个成分比例 x_1、x_2和x_3

$$x_1^2 = x_1(1 - x_2 - x_3) = x_1 - x_1 x_2 - x_1 x_3 \tag{6.6}$$

因为模型已经包含了主效应和两因子交互效应，所以再添加二次项将导致此模型的最小二乘估计量不存在。因此，为了避免拟合模型时出现这样的问题，我们应该把混合成分比例的纯二次效应从模型中剔除。

第二个类似的问题是，一个模型含有一个过程变量主效应及该过程变量与所有混合成分的两因子交互效应。在这种情况下，过程变量的主效应是多余的，应该从模型中删除。为了体现这一点，再次假设 3 种成分的比例为 x_1、x_2和x_3，但这次还有一个额外的试验因子，即过程变量 z。过程变量与成分比例各个值的交叉乘积之和是

$$zx_1 + zx_2 + zx_3 = z(x_1 + x_2 + x_3) = z \tag{6.7}$$

因为成分比例之和 $x_1 + x_2 + x_3$ 永远为 1。式(6.7)意味着，模型中不应该同时包括一个过程变量的主效应及其与成分比例的两因子交互效应。

6.3.3 混料试验数据常用的模型

6.3.3.1 无过程变量的混料试验

到目前为止，对混料试验的响应 Y 建模，最常用的模型是谢夫(Schéffe)模型。一阶谢夫模型有如下形式

$$Y=\sum_{i=1}^{q}\beta_i x_i+\varepsilon \tag{6.8}$$

而二阶谢夫模型有如下形式

$$Y=\sum_{i=1}^{q}\beta_i x_i+\sum_{i=1}^{q-1}\sum_{j=i+1}^{q}\beta_{ij}x_i x_j+\varepsilon \tag{6.9}$$

特殊三阶谢夫模型则写成

$$Y=\sum_{i=1}^{q}\beta_i x_i+\sum_{i=1}^{q-1}\sum_{j=i+1}^{q}\beta_{ij}x_i x_j+\sum_{i=1}^{q-2}\sum_{j=i+1}^{q-1}\sum_{k=j+1}^{q}\beta_{ijk}x_i x_j x_k+\varepsilon \tag{6.10}$$

6.3.3.2 有过程变量的混料试验

我们通过结合成分比例的谢夫模型及带有过程变量的响应曲面模型得到了新的模型，并用其分析包括 q 个成分比例 x_1, $x_2,\cdots$, x_q 及 m 个过程变量 z_1, $z_2,\cdots$, z_m 的试验(通常被称为混料-过程变量试验)得到的数据。例如，通常一个混料-过程变量模型是通过将用于混合成分的二阶谢夫模型

$$Y=\sum_{k=1}^{q}\beta_k x_k+\sum_{k=1}^{q-1}\sum_{l=k+1}^{q}\beta_{kl}x_k x_l+\varepsilon$$

插入包含主效应及两因子交互模型中得到的

$$Y=\alpha_0+\sum_{k=1}^{m}\alpha_k z_k+\sum_{k=1}^{m-1}\sum_{l=k+1}^{m}\alpha_{kl}z_k z_l+\varepsilon$$

合并的模型是

$$\begin{aligned}Y=&\sum_{k=1}^{q}\gamma_k^0 x_k+\sum_{k=1}^{q-1}\sum_{l=k+1}^{q}\gamma_{kl}^0 x_k x_l\\&+\sum_{i=1}^{m}\left[\sum_{k=1}^{q}\gamma_k^i x_k+\sum_{k=1}^{q-1}\sum_{l=k+1}^{q}\gamma_{kl}^i x_k x_l\right]z_i\\&+\sum_{i=1}^{m-1}\sum_{j=i+1}^{m}\left[\sum_{k=1}^{q}\gamma_k^{ij} x_k+\sum_{k=1}^{q-1}\sum_{l=k+1}^{q}\gamma_{kl}^{ij} x_k x_l\right]z_i z_j+\varepsilon\end{aligned} \tag{6.11}$$

在这一表达形式中，项

$$\sum_{k=1}^{q}\gamma_k^0 x_k+\sum_{k=1}^{q-1}\sum_{l=k+1}^{q}\gamma_{kl}^0 x_k x_l$$

与各成分的线性和非线性混合性质相关。每一项

$$\left[\sum_{k=1}^{q}\gamma_k^i x_k+\sum_{k=1}^{q-1}\sum_{l=k+1}^{q}\gamma_{kl}^i x_k x_l\right]z_i$$

包含第 i 个过程变量 z_i 对于各成分混合性质的线性效应。下面的项

$$\left[\sum_{k=1}^{q}\gamma_k^{ij} x_k+\sum_{k=1}^{q-1}\sum_{l=k+1}^{q}\gamma_{kl}^{ij} x_k x_l\right]z_i z_j$$

则描述了过程变量 z_i 和 z_j 对混合性质的交互效应。需要注意的是，式(6.11)中的混料-过程变量模型没有截距项，并且没有过程变量的主效应项。如 6.3.2 节所解释的那样，否则它的最小二乘估计就不存在。

式(6.11)中合并后模型的一个主要问题是，模型参数数量随混合物成分和过程变量个数的增加而显著增多。对于 q 个成分变量和 m 个过程变量，模型中参数的个数 p 为 $[q+q(q-1)/2]\times[1+m+m(m-1)/2]$。如此大量的模型参数意味着至少需要进行 $[q+q(q-1)/2]\times[1+m+m(m-1)/2]$ 次试验，这启发了 Kowalski，et al.(2000) 提出一个更简捷的二阶模型用于混料-过程变量试验。他们建议的模型假设过程变量对混合性质没有交互效应(即 $\gamma_{kl}^{ij}=0$ 且 $\gamma_k^{ij}=\alpha_{ij}$)。另外，还假设过程变量对非线性混合性质没有线性效应(即 $\gamma_{kl}^i=0$)。因此，非线性的混合性质和过程变量的交互效应进入模型只是附加的。Kowalski，et al.(2000) 提出的模型与式(6.11)之间的另一处区别是，前者还包括过程变量的二次效应。

$$\begin{aligned}Y=&\sum_{k=1}^{q}\gamma_k^0 x_k+\sum_{k=1}^{q-1}\sum_{l=k+1}^{q}\gamma_{kl}^0 x_k x_l\\&+\sum_{i=1}^{m}\left[\sum_{k=1}^{q}\gamma_k^i x_k\right]z_i+\sum_{i=1}^{m-1}\sum_{j=i+1}^{m}\alpha_{ij}z_i z_j+\sum_{i=1}^{m}\alpha_i z_i^2+\varepsilon\end{aligned}\tag{6.12}$$

上述模型有 $q+q(q-1)/2+qm+m(m-1)/2+m$ 个项，因此在大多数实际情况中，这个模型比式(6.11)中合并后的模型在参数数量方面更简约。基于建立适用模型的详细原则，Prescott (2004) 提出了另一个混料-过程变量模型，它包括 $q(q+1)(q+2)/6+mq(m+q+2)/2$ 个项。这个模型并不像式(6.12)在参数数量方面那样简约。

6.3.3.3　混料-总量试验

在一些混料试验中，响应并不仅仅依赖于相对成分比例 x_i，还取决于各成分的总量。例如，一个农业试验的产量不仅取决于所用肥料和除草剂的成分，还取决于所用肥料和除草剂的总量。我们称这样的试验为混料-总量试验。

为了给混料-总量试验的响应建模，我们使用的模型与带有一个过程变量的混料试验的模型相同。该混合物的总量就作为过程变量 z。

6.3.4　混料试验的最优设计

除式(6.1)中的混料约束外，当没有其他成分比例约束且没有过程变量时，构造普通混料试验的最优设计是不难的。在这种情况下，试验区域是一个普通的单纯形。对于 3 个成分，这是一个等边三角形；对于 4 个成分，就是一个四面体。图 6.4 说明了为何混

合物成分比例 x_1、x_2 和 x_3 的试验区域是一个三角形。3 个成分中每个比例都可以在 0～1 之间取值。如果它们是可以独立设置的因子，那么试验区域将是单位立方体，如图 6.4 所示。然而，这 3 个比例的总和必须是 1，所以，只有连接顶点(1,0,0)、(0,1,0)和(0,0,1)组成的灰色三角形上的比例组合才是可行的。

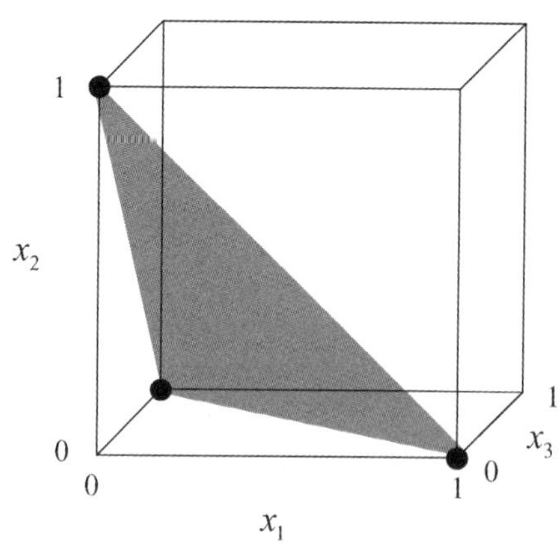

图 6.4 混料试验中试验区域的图形表示

对于包含 q 个混合成分的一阶谢夫模型的最优设计，它包括一个或多个正则单纯形的 q 个顶点的重复。用于一个包含 3 个成分的试验的此类设计可用图 6.5 来表示，这个设计被称为{3,1}格子点设计。设计中的每一个设计点，或者每个成分比例的组合，意味着一次试验中一个成分为 100%而所有其他成分为 0%。当可用的样本量是 3 的倍数时，最优设计在 3 个设计点进行的试验次数相同；当可用的样本量不是 3 的倍数时，试验点就需要尽可能均匀地分布在这 3 个设计点上。同样，对于 q 个成分，最优设计的试验点需要尽可能均匀地分布在单纯形的 q 个顶点上。

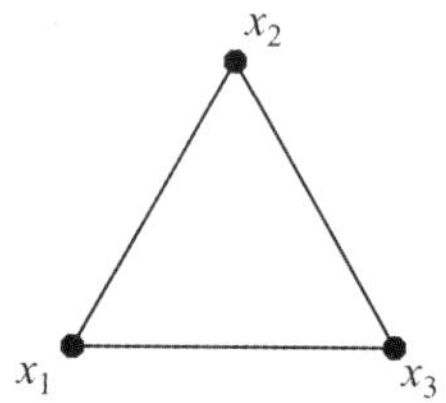

图 6.5 用于包含 3 个成分的一阶谢夫模型的最优设计

对于包含 q 个混合成分的二阶谢夫模型的最优设计，它包括一个或多个正则单纯形的 q 个顶点和 $(q-1)/2$ 个边缘中心点的重复。边缘中心点对应的二元混合物，其涉及两个成分中每个的 50%及所有其他成分的 0%。用于一个包含 3 个成分试验的此类设计可用图 6.6 来表示，这个设计被称为{3,2}格子点设计。当可用的样本量是 $q+(q-1)/2$ 的倍数时，最优设计在每个设计点进行的试验次数都相同；当可用的样本量不是 $q+(q-1)/2$ 的倍数时，试验点就需要尽可能均匀地分布在这 $q+(q-1)/2$ 个设计点上。

对于包含 q 个混合成分的三阶谢夫模型的最优设计，它包括一个或多个正则单纯形的 q 个顶点、$(q-1)/2$ 个边缘中心点和 $q(q-1)(q-2)/3$ 个面中心点的重复。面中心点对应三元混合物，其涉及 3 个成分中每个的 33.3%及所有其他成分的 0%。一个包含 3 个成分的试验的此类设计可用图 6.7 来表示。当可用的样本量是设计点总量的倍数时，最优设计在每个设计点进行的试验次数都相同；当可用的样本量不是设计点总量的倍数时，试验点就需要尽可能均匀地分布在这些设计点上。

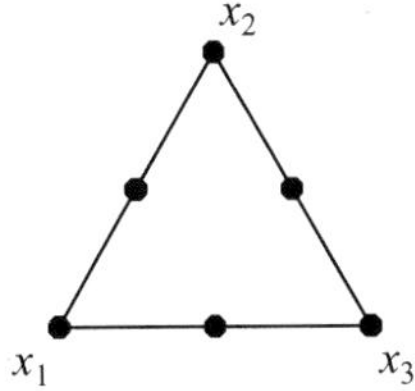

图 6.6　用于包含 3 个成分的二阶谢夫模型的最优设计

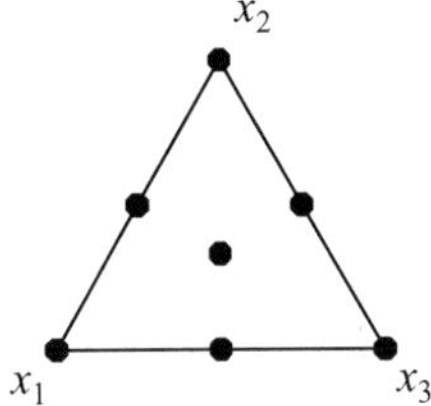

图 6.7　用于包含 3 个成分的三阶谢夫模型的最优设计

关于混料试验的最优设计有一件奇怪的事情，就是它似乎需要运行一个成分为 100%且其他所有成分为 0%的试验点。然而，通常成分 $x_1,x_2,\cdots,x_q$ 在术语里被称为伪成分，即它们本身就是混合物。其原因在于，成分比例通常存在下限。有时，成分比例也存在上限。例如，假设混料试验中有 3 种成分，我们命名它们的比例为 a_1、a_2 和 a_3，并对它们有如下约束：

$$0.2 \leqslant a_1 \leqslant 0.8$$
$$0.2 \leqslant a_2 \leqslant 0.8$$
$$0.2 \leqslant a_3 \leqslant 0.6$$

得到的试验区域的图形如图 6.8 所示，图中还给出了最优设计点用于估计二阶谢夫模型。显然，受约束的试验区域和无约束试验区域具有相同的形状。因此，相同类型的设计对于受约束的试验区域和不受约束的试验区域一样是最优的。现在我们可以定义 3 个新的因子，称为伪成分。

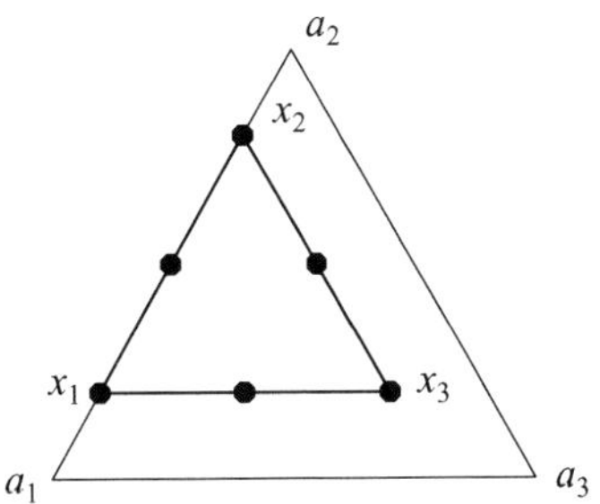

图 6.8　在给定 3 个成分下界条件下的二阶谢夫模型的最优设计

$$x_i = \frac{a_i - L_i}{1 - \sum_{i=1}^{q} L_i}$$

式中，L_i 为比例 a_i 的下限。伪成分的主要特征是它们在 0～1 之间取值，并且满足式(6.1)中的混料约束。现在，应该意识到的是，一个试验的水平组合为 $x_1 = 100\%, x_2 = x_3 = 0\%$，并不意味着 3 个成分中只有一个被用于混合。相反，它意味着 $a_1 = 80\%$、$a_2 = 20\%$ 和 $a_3 = 0\%$。

6.3.5 混料试验设计构造算法

利用坐标交换算法构造混料试验设计有两个难点。第一，为了能够应用坐标交换算法，必须构造一个包含可行混料点的初始设计。如果一个混料点是可行的，那么它位于所有约束边界之上或之内，并且满足式(6.1)中的混料限制。第二，坐标值(即混合成分比例)不能独立于其他坐标或成分比例而改变。如果一个坐标或比例改变，那么至少有一个其他的坐标或比例也必须改变，以保证混合成分比例的和为 1。

找到初始设计的一种方法是通过一次产生一个可行的设计点，直到获得一个包含所需水平组合个数的初始设计。对于每一个设计点，该过程始于从混合单纯形中产生一个随机点。如果这个点符合混合成分比例的所有约束，就将它添加进初始设计；否则，它就被投影到最近的约束边界。如果所有的约束都满足，就将所产生的点添加到初始设计中。如果不是，则通过寻找最近的约束边界并且投影这个点到边界上来继续该过程。如果约束集是一致的［即如果没有任何不必要的或不兼容的约束，见 Cornell (2002) 和 Piepel (1983)］，则这个过程产生一个可行的设计点。重复该过程，直到获得一个包含所需水平组合个数的初始设计为止。

当一个初始设计构造好后，一系列混合成分的坐标交换可生成一个最优设计。从初始设计的第一个点开始，第一个混合成分比例是可以改变的。与此同时，其他成分比例也要改变，以使得它们的成对比率保持不变。例如，假设在一个三成分的混料试验中，第一个设计点的坐标为

$$(x_1, x_2, x_3) = (0.30, 0.30, 0.40)$$

我们考虑将第一个成分比例 x_1 由 0.30 增加到 0.50。因为另外两个成分比例的比值 $x_2/x_3 = 0.30/0.40$ 为 0.75，我们将成分比例 x_2 和 x_3 分别减小到 0.214 和 0.286。这样就得到了修改后的设计点

$$(x_1, x_2, x_3) = (0.50, 0.214, 0.286)$$

式中，比值 $x_2/x_3 = 0.214/0.286$ 仍等于 0.75，这仍然满足混料约束。继续这个操作意味着我们将设计点沿 Cox-效应(Cox-effect)方向移动(Cornell，2002)，来克服混合成分的比例不能独立地改变的难题。点 $(x_1, x_2, x_3) = (0.30, 0.30, 0.40)$ 的 Cox-效应方向用虚线显示于图 6.9 中。在将比例 x_i 改为 $x_i + \delta$ 后，重新计算比例 $x_1, \cdots, x_{i-1}, x_{i+1}, \cdots, x_q$ 的一般公式为

$$x_j - \frac{\delta x_j}{1 - x_i}$$

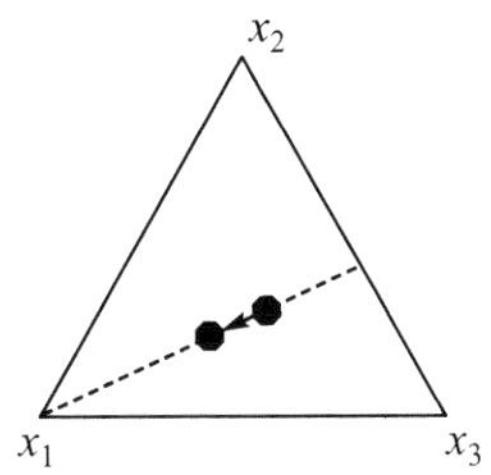

图 6.9　沿着 Cox-效应方向将混合成分 1 从 $(x_1, x_2, x_3) = (0.30, 0.30, 0.40)$ 移动到 $(x_1, x_2, x_3) = (0.50, 0.214, 0.286)$

对第一个设计点的第一个坐标，坐标交换算法考虑了一些点的 Cox-效应方向。该算法首先检查成分比例上限和下限的约束，以及这些比例的其他任何线性不等式约束。这导致坐标有一个更低的下限，以及一个更高的上限。该算法针对一定数量的不同设计(比如 k 个)评估最优性准则，这些设计通过将原来的坐标替换成 Cox-效应方向线的上限和下限之间的 k 个等距点而得到。如果一个设计点在被另一个点替换后，新设计比现有设计有更好的最优准则值，那么就用该点进行替换。

接下来，该算法对第一个设计点的第二个坐标/比例采取同样的操作。这个过程一直持续到所有设计点的坐标/比例被认为都替换过了。如果有任何替换，那么整个过程都需要从第一个设计点的第一个坐标/比例开始进行重复。当整个设计的所有坐标/比例都没有交换时，混料坐标交换算法结束。

6.4　背景阅读

混料试验的设计和数据分析方法主要参考 Cornell (2002) 和 Smith (2005)。除了各种各样的例子，这些书为读者提供了混料试验数据的替代模型的讨论。书中还详细讨论了混料试验分析方法、有用的假设检验和模型简化技术。对于混料-总量试验及带有过程变量的混料试验也进行了讨论。

我们可以参考 Piepel，et al.(2005)，其对混料坐标交换算法，以及该算法在一个具有挑战性的包含 21 个成分的混料试验上的应用进行了详细的说明。

通常，完全混料试验是不可能在同质情况下执行的。在此情形下，通过将区组效应加入混料模型中，并生成混料试验的最优区组设计是很有用的。本质上，这与我们将在第 7 章和第 8 章采用的方法没有什么不同。在第 7 章和第 8 章中，我们将讲解如何对响应曲面试验和筛选试验分区组。关于分区组的混料试验这一主题的最新内容，可参考 Goos and Donev (2006b)。他们展示了如何生成用于区组混料试验的最优设计，并且提供了关于这一主题的文献回顾。

对于带有过程变量的混料试验的设计和分析，Cornell(1988)、Kowalski，et al.(2002)、Goos and Donev (2007)都是有用的参考文献。他们都强调，这些类型的试验往往并不是完全随机的。相反，混料-过程变量试验往往(不经意地)采用裂区设计。显然，这对带有过程变量的混料试验的建立及结果数据的分析是有影响的。对于一般裂区试验的最优设计，我们在第 10 章进行讲述。特别地，对于带有过程变量的裂区混料试验的最优设计，可参考 Goos and Donev (2007)。

在某些混料试验中，成分本身就是混合物。在文献中，这些试验被称为分类成分混料试验、多因子混料试验或者双重混料试验。这些构成了最终产品的成分被称为主成分(major components)，子成分则被称为次成分(minor components)。化肥配方的最优试验中的阳离子和阴离子，药物配方试验中的药物和辅料，饼干生产中的巧克力、果酱和面团，都是关于主成分的例子。Piepel(1999)对这类混料试验进行了回顾。

6.5 总结

相较于观察性研究，试验性研究的一个重要优点是，设计的试验具有随机化的性质及因子水平组合可以在不同次试验间刻意改变，这就导致观察到的效应实际是由我们改变的因子引起的。相比之下，观察性研究找到的效应可能是由未观察到的或潜在的因子引起的，而不是由与我们感兴趣的响应有强相关的因子引起的。

混料试验有这样一个性质，至少有一些试验因子是混合物的成分。这些成分比例之和必须为 1，这意味着这些因子水平是不独立的。也就是说，除了一个成分的比例未知，其他所有成分的比例都已知，那么就可以计算出那个未知成分的比例。这一性质从根本上影响了这种试验的设计和分析。

在实践中，仅有的重要因子就是混合物的成分很少见。通常，我们对其他因子也很感兴趣。因此，用好混料试验的一般方法是，必须同时考虑混料因子及附加因子、连续因子或分类因子。我们将包括混合成分因子及附加因子的试验命名为混料-过程变量试验。

第7章　区组响应曲面设计

7.1　主要概念

(1) 当可能以如下方式对一个试验的水平组合进行分组，即每个组内的水平组合比不同组间的水平组合更相似时，那么进行这样的明确分组在统计上更有效。这个过程被称为试验分区组。

(2) 识别出使得一个组内水平组合相似的特征是很重要的。例如，在试验过程的同一天内完成的水平组合往往比在不同天内完成的水平组合更相似。在这种情况下，分区组因子是天，在给定的一天内完成的水平组合形成了一个区组。

(3) 区组因子不能由研究者直接控制，这是区组因子的重要特征之一。例如，在试验中研究者可以选择来自同一供应商不同批次的试验材料，但在未来的试验中无法获取当初试验中使用的完全相同的材料。

(4) 理想情况是使得区组因子与其他试验因子正交。现实世界对模型函数形式、区组大小和水平组合总数的约束导致设计的区组因子与其他试验因子不正交。在这样的情况下，最优分区组是一种有用的可选方案。

(5) 为了对未试验的区组进行统计推断，将一个区组与另一个区组间差异的特征作为随机变异性进行建模是有用的。

(6) 将区组因子的影响描述为随机变异性需要采用混合模型(具有固定分量和随机分量)。采用广义最小二乘法(GLS)拟合混合模型要比普通最小二乘法(OLS)更好。

当必须将水平组合按组进行试验时，我们说你已经将试验进行了分区组。区组因子是定义水平组合分组的条件。在我们的案例研究中，由于试验过程均值从一天到另一天随机变化，因此区组因子是天，研究者希望在统计模型中明确描述这些变化。

构建区组试验的方法不止一种。我们讨论这个问题，比较不同的方法，为区组试验的设计和分析推荐一个一般性的方法。

7.2　案例：油酥面团试验

7.2.1　问题和设计

在欧洲网络商业和工业统计年度会议开幕当晚的欢迎宴会上，Peter 和 Brad 在屋顶露台上讨论白天的演讲，在此露台上可以欣赏到希腊雅典卫城的夜景。这次希腊会议的一位参会者走近他们。

【Maroussa】你好，我的名字是 Maroussa Markianidou。我是英国雷丁大学（University

of Reading）食品科学与技术系的研究员。

【Peter】Maroussa，很高兴认识你。我是 Peter，这位是 Brad。

两名男士和 Maroussa Markianidou 女士握手，交换了名片，并继续交谈起来。

【Maroussa，对 Peter 说】今天下午我听了你做的关于有协变量的最优试验设计的演讲。我喜欢这种方法的灵活性，想知道这类试验设计是否适合我正在进行的试验。

【Peter】你正在进行什么类型的试验？

【Maroussa】我们仍处于设计阶段。我们计划在雷丁大学的试验室进行糕点面团烘焙试验，尝试找出试验生产过程中的最优设置。我们准备在试验中研究 3 个因子，并且测度两个描述生面团膨胀方式的连续响应变量。

【Peter】你选用什么类型的因子呢？

【Maroussa】有 3 个连续型因子：生面团的初始含水量、搅拌机的搅拌速度和加入混合物的水流速。我们计划研究的 3 个因子都含有 3 个水平，因为我们预计会有比较大的曲度。因而，我们正在考虑一个改进的中心复合设计。

【Brad】为什么选用改进的中心复合设计？使用标准中心复合设计有什么问题吗？

【Maroussa】是这样，这个试验需要进行很多个工作日，烘焙糕点的经验显示，工作日与工作日之间存在一定程度的变异性。当然，我们不希望工作日与工作日之间的变异性影响我们的试验结论。因此，我们需要找到一个中心复合设计，使得 3 个因子的效应不与工作日效应混杂。

【Brad】我明白了。请继续说。

【Maroussa】我知道有些试验设计和响应曲面方法的教科书讨论了将中心复合设计的水平组合安排在群组或区组中，使得因子效应和区组效应不混杂的问题。但教科书中的解决办法却不适合我们的问题。看看这个设计。

Maroussa 从会议袋中取出了几张装订好的纸，给出表 7.1 中的设计。在这个表中，3 个因子被分别标记为 x_1、x_2 和 x_3，因子水平以编码形式给出。

表 7.1 正交分区组的三因子中心复合设计，其中的两个区组有 6 个水平组合，另一个区组有 8 个水平组合

区组	x_1	x_2	x_3
1	−1	−1	−1
	−1	1	1
	1	−1	1
	1	1	−1
	0	0	0
	0	0	0
2	−1	−1	1
	−1	1	−1
	1	−1	−1
	1	1	1
	0	0	0
	0	0	0

续表

区组	x_1	x_2	x_3
3	−1.633	0	0
	1.633	0	0
	0	−1.633	0
	0	1.633	0
	0	0	−1.633
	0	0	1.633
	0	0	0
	0	0	0

【Maroussa】根据教科书，这是实施带有区组的三因子中心复合设计的方法。前两个区组分别包含中心复合设计中因子设计部分的一半和两个中心水平组合，第三个区组包含轴点和两个中心点。

【Peter】为什么这个设计不适合你的问题?

【Maroussa】有以下几个原因。首先，我们每天只能完成 4 次试验。因此，对我们的问题来说，每个区组只能包含 4 个水平组合。其次，在接下来的几个星期里我们已经在实验室预约了 7 天的试验，因此我们需要一个含有 7 个区组的设计。我不喜欢这个设计的第三个原因是第 3 个区组包含因子水平±1.633。显然，水平值 1.633 是为了保证教科书中所谓的设计是区组正交的。你比我更清楚，这是一个术语，表示因子效应与区组效应不混杂。然而，我们更愿意每个因子只有 3 个水平。问题是，仅用±1 作为轴点坐标的非零因子水平会与正交区组设计的条件冲突。

【Peter】用±1 代替±1.633 表示轴点坐标不会破坏所有的正交性。主效应和两因子交互效应仍然不会与区组效应混杂，但二次效应会与区组效应混杂。所以，你可以将主效应和两因子交互效应独立于区组效应估计出来，但是二次效应与区组效应不独立，不能被独立地估计。

【Maroussa，点头】我明白。不管怎样，我认为，我们需要一个不同的方法。由于我们在 7 天中的每一天都要研究 4 个因子水平组合，因此需要含有 28 个水平组合的设计。三因子试验的标准中心复合设计有 8 个角点、6 个轴点和若干个中心点。我认为，解决我们设计问题的一个办法是，使用重复的角点和 6 个重复的中心点。这样的设计将提供给我们 28 个水平组合：重复角点部分将提供 16 个水平组合，此外我们还有 6 个中心点和 6 个轴点。

【Brad】那么你打算如何将 28 个水平组合安排在 4 个区组中?

【Maroussa】这正是我遇到困难的地方。我想不出来解决的办法。将角点安排在容量为 4 的 4 个区组中是很容易的。教科书中也讲述了这种做法。

Maroussa 翻了几页，给出表 7.2 中的设计。中心复合设计角点的两次重复按照三阶交互对照列 $x_1x_2x_3$ 的取值进行分区组，将 $x_1x_2x_3$ 取值为+1 的水平组合分为一个区组，取值为−1 的水平组合分为另一个区组。这样就保证了主效应和两因子交互效应与区组效应不混杂。

表 7.2 重复的两水平因析设计，使用对照列 $x_1x_2x_3$ 将其安排在 4 个正交区组中，每个区组包含 4 个水平组合

重复 1					重复 2				
区组	x_1	x_2	x_3	$x_1x_2x_3$	区组	x_1	x_2	x_3	$x_1x_2x_3$
1	1	1	−1	−1	3	1	1	−1	−1
	−1	−1	−1	−1		−1	−1	−1	−1
	−1	1	1	−1		−1	1	1	−1
	1	−1	1	−1		1	−1	1	−1
2	−1	−1	1	1	4	−1	−1	1	1
	1	−1	−1	1		1	−1	−1	1
	−1	1	−1	1		−1	1	−1	1
	1	1	1	1		1	1	1	1

【Maroussa】问题是，我没有找到如何在区组中安排轴点和中心点。在响应曲面方法的教科书中找到唯一有价值的建议是，将所有轴点安排在一个区组中是至关重要的。

【Peter，微笑】如果你有 6 个轴点，且在一个区组中只能安排 4 个水平组合，使用这个建议解决你的问题是很困难的。

【Maroussa】没错。你有什么建议能帮助我们吗？

【Brad】我的建议是放弃中心复合设计。对于你刚才提到的原因，这类设计不适合你的问题。我的建议是你的设计要直接匹配你的问题。你需要将 28 个因子水平组合安排在容量为 4 的 7 个区组中，并能够正确地估计因子效应。

【Maroussa】你说的正确是什么意思？

【Brad】在理想的情况下，与天效应独立。如果不可能独立，也要尽可能精确。

【Maroussa】你是如何设计这个试验的？

【Brad，从背包里拿出笔记本电脑】目前使用商业软件包里的最优设计算法会非常容易地设计出来。软件包允许你指定区组结构，眨眼间就会生成与结构相对应且统计效率高的设计。

当 Brad 启动笔记本电脑时，Peter 插了句话。

【Peter】是的，你要做的事情就是指定因子数、它们的性质、你想拟合的模型、区组数量，以及一个区组中水平组合的数量。Brad 将会给你演示。

已经准备好演示的 Brad，接着说。

【Brad】你可以告诉我试验中的 3 个因子分别是什么吗？它们是连续的，是吗？

【Maroussa，翻了翻在她面前的几页纸，找到带有表 7.3 的那页纸】是的，你看都记在这页纸上。

表 7.3 油酥面团搅拌试验的因子和因子水平

流速（kg/h）	含水量（%）	搅拌速度（r/min）
30.0	18	300
37.5	21	350
45.0	24	400

【Brad】哇，你有备而来。

Brad 将数据输入他所用软件的用户界面。

【Peter】将每一天中水平组合的顺序随机化，以及重新设置每个水平组合的因子水平会有问题吗？这样做是否不方便或者比较昂贵？

【Maroussa】据我所见，任何试验次序都是同等方便的。

【Brad，指着他的电脑屏幕】这是我选定的，我们想拟合含有 3 个因子的响应曲面模型。这个模型显示，我们想要估计因子的主效应、它们的两因子交互效应，以及它们的二次效应。接下来，我指定，我们需要在容量为 4 的 7 个区组中安排 28 个水平组合，然后我要做的就是让计算机去计算。

Brad 点击了软件的按钮，几秒钟后，表 7.4 中的设计就显示出来了。

表 7.4　工程单位下油酥面团试验的 D-最优设计

天	流速(kg/h)	含水量(%)	搅拌速度(r/min)
1	30.0	18	300
	45.0	18	400
	37.5	21	350
	45.0	24	300
2	37.5	24	300
	45.0	24	400
	45.0	18	350
	30.0	21	400
3	37.5	18	300
	45.0	21	400
	45.0	24	300
	30.0	24	350
4	30.0	18	300
	45.0	18	400
	30.0	24	400
	37.5	21	350
5	45.0	24	350
	30.0	21	300
	37.5	18	400
	30.0	24	400
6	30.0	18	400
	45.0	18	300
	45.0	24	400
	30.0	24	300
7	30.0	18	350
	37.5	24	400
	30.0	24	300
	45.0	21	300

【Brad】我给你看一个设计。

【Maroussa】天哪，我还没来得及品尝我的饮料。现在我该如何理解这是在雷丁大学我们需要的设计？

【Brad】这个设计的主要特点是设计与你的问题相匹配。我们有 7 个区组，每个区组有 4 个水平组合。此外，你也可以看到这个设计的每个因子有 3 个水平。例如，第一天第一个水平组合的流速为 30kg/h，这是该因子的低水平；第二个水平组合的流速为 45kg/h，这是该因子的高水平；第三个水平组合的流速正好为中间水平，数值是 37.5kg/h。为了便于理解，我们可以将每个因子的 3 个水平变换为编码因子水平。

Brad 输入公式，将表 7.4 中设计的因子水平变换为编码形式：

$$x_1 = (\text{流速} - 37.5) / 7.5$$

$$x_2 = (\text{含水量} - 21) / 3$$

$$x_3 = (\text{搅拌速度} - 350) / 50$$

在非编码形式设计的旁边，表 7.5 给出编码设计，Brad 继续解释。

表 7.5 编码单位下油酥面团试验的 D-最优设计

天	流速（kg/h）	含水量（%）	搅拌速度（r/min）
1	−1	−1	−1
	1	−1	1
	0	0	0
	1	1	−1
2	0	1	−1
	1	1	1
	1	−1	0
	−1	0	1
3	0	−1	−1
	1	0	1
	1	1	−1
	−1	1	0
4	−1	−1	−1
	1	−1	1
	−1	1	1
	0	0	0
5	1	1	0
	−1	0	−1
	0	−1	1
	−1	1	1
6	−1	−1	1
	1	−1	−1
	1	1	1
	−1	1	−1
7	−1	−1	0
	0	1	1
	−1	1	−1
	1	0	−1

【Brad】这里容易看出，每个因子有 3 个水平：一个低水平，一个高水平，一个中间水平。这不就是你想要的设计吗？

【Maroussa，指着表 7.1】是的。现在，我如何知道你产生的是正交区组设计，就像这个中心复合设计？

【Peter】这个设计不是正交的。

【Maroussa，有些怀疑】你能再说得详细些吗？

【Peter】在很多实际情况下，不可能构造一个正交区组的响应曲面设计。当每个区组的水平组合数较少，而又必须拟合一个响应曲面模型时就会如此。对于两水平因析设计和部分因析设计，当每个区组内的水平组合数量是 2 的幂次且模型不太复杂时，构造正交区组设计会更容易。

【Maroussa，点点头】但是，这意味着试验过程中天与天之间的变异会影响因子效应的估计。那岂不是会导致从数据中得出的任何结论都不适用了？

【Peter】不，没那么糟。Brad 构造的设计是 D-最优区组设计。区组设计的 D-最优性和正交之间存在联系。在某种意义上，你可以说对于所允许的区组数和每个区组的水平组合数，D-最优区组设计是最接近正交区组设计的。

【Maroussa，全神贯注地听着】尽可能接近正交区组设计可能仍然不是足够接近。

【Peter】依据我的经验，D-最优区组设计充分接近正交区组设计，你不需要担心因子效应和区组效应之间的混杂。有几种方法可以量化一个区组设计是正交区组的程度。一种方法是计算模型中每个因子效应的效率系数(efficiency factor)。效率系数的最小值和最大值分别为 0%和 100%。当然，100%的效率系数是最希望得到的。完全正交区组设计的效率系数为 100%。当因子效应与区组效应之间完全混杂时，效率系数为 0%。在这种情况下，你不能估计因子效应。然而，只要效率系数大于 0%，你就可以估计相应的因子效应。效率系数越大，估计的因子效应就越精确。

【Maroussa，指着 Brad 的笔记本电脑】这个设计的效率系数会是多少呢？

【Peter】我相信它们都大于 90%，也说明这个设计是非常接近正交区组设计的。所以，我非常肯定采用这个设计时没有理由去担心因子效应和区组效应之间的混杂。如果你想要完全确认，今晚我可以计算效率系数的数值，明天再告诉你结果。

【Maroussa，看起来被说服了并取出存储卡】那就太好了。你可以把这个设计存到我的存储卡里吗？

【Brad，把设计复制到电子表格中，并保存到 Maroussa 的存储卡里】当然可以。拿去吧。

那天晚上，Peter 在他酒店的房间里确认区组容量为 4 的 7 个区组的 D-最优设计效率系数，其取值介于 93.4%～98.3%之间，平均值为 96.1%。3 个主效应、3 个交互效应和 3 个二次效应的效率系数在表 7.6 中给出，并给出了相应的方差膨胀因子(VIF)。VIF 表示由于试验分区组导致参数估计方差增大的程度。效率系数和 VIF 互为倒数，两者都基于分区组情况和不分区组情况的因子效应估计的方差。

表 7.6　油酥面团搅拌试验 D-最优设计的效率系数和方差膨胀因子（VIF），以及分区组情况和不分区组情况的因子效应估计的方差

效应	分区组	不分区组	效率（%）	VIF
流速	0.0505	0.0471	93.4	1.0707
含水量	0.0495	0.0465	94.1	1.0632
搅拌速度	0.0505	0.0471	93.4	1.0707
流速×含水量	0.0595	0.0579	97.3	1.0274
流速×搅拌速度	0.0580	0.0570	98.3	1.0178
含水量×搅拌速度	0.0595	0.0579	97.3	1.0274
流速×流速	0.2282	0.2215	97.0	1.0305
含水量×含水量	0.2282	0.2215	97.0	1.0305
搅拌速度×搅拌速度	0.2282	0.2215	97.0	1.0305

7.2.2　数据分析

几个星期后，Brad 进入 Intrepid Stats 的欧洲办事处，Peter 正在计算机前工作。

【Peter，交给 Brad 一张有表 7.7 的纸】你还记得 Maroussa Markianidou，来自英国雷丁大学的希腊女士吗？她运行了你在雅典给她构造的设计。今天早上她发来邮件询问我们是否可以为她分析数据。

表 7.7　油酥面团试验的响应值和设计——响应分为纵向膨胀指标（y_1）和横向膨胀指标（y_2）

天	流速（kg/h）	含水量（%）	搅拌速度（r/min）	x_1	x_2	x_3	y_1	y_2
1	30.0	18	300	−1111	−11	−11	15.6	5.5
	45.0	18	400	1	−11	1	15.7	6.4
	37.5	21	350	0	0	0	11.2	4.8
	45.0	24	300	1	1	−1	13.4	3.5
2	37.5	24	300	0	1	−1	13.6	4.7
	45.0	24	400	1	1	1	15.9	5.5
	45.0	18	350	1	−1	0	16.2	6.3
	30.0	21	400	−1	0	1	13.2	5.0
3	37.5	18	300	0	−1	−1	12.5	4.5
	45.0	21	400	1	0	1	14.0	4.1
	45.0	24	300	1	1	−1	11.9	4.3
	30.0	24	350	−1	1	0	9.2	4.3
4	30.0	18	300	−11	−11	−11	13.7	5.5
	45.0	18	400	1	−1	1	17.2	6.0
	30.0	24	400	−1	1	1	11.7	4.5
	37.5	21	350	0	0	0	11.9	4.9
5	45.0	24	350	1	1	0	10.9	4.1
	30.0	21	300	−11	0	−11	9.5	3.5
	37.5	18	400	0	−1	1	14.7	5.7
	30.0	24	400	−1	1	1	11.9	4.6

续表

天	流速(kg/h)	含水量(%)	搅拌速度(r/min)	x_1	x_2	x_3	y_1	y_2
6	30.0	18	400	−11	−11	1	15.2	6.1
	45.0	18	300	1	−1	−1	16.0	5.1
	45.0	24	400	1	1	1	15.1	4.8
	30.0	24	300	−1	1	−1	9.1	4.4
7	30.0	18	350	−1	−1	0	15.6	6.6
	37.5	24	400	0	1	1	14.0	4.9
	30.0	24	300	−1	1	−1	11.6	4.8
	45.0	21	300	1	0	−1	14.2	4.5

【Brad】好啊。请告诉我她已经准备付钱给我们了。

【Peter】不是。我已经回复她，如果她同意把我们的名字加到她的论文里，我就准备帮她分析数据；并且如果她与我们分享这次应用的详细情况，我们就可以将她的设计问题作为现代试验设计书的一个研究案例。不久之后，她给我打了网络电话达成了协议，并提供给我一些试验的背景资料。

【Brad】好的。我们需要一章介绍分区组的响应曲面设计。

几天后，Peter 给 Maroussa 发送了一封关于分析油酥面团试验数据的电子邮件报告。电子邮件内容如下。

亲爱的 Maroussa:

我分析了你做的油酥面团试验的数据，该试验是研究面团含水量、搅拌机旋转速度及加水速率对你测量的两个响应——纵向膨胀指标(y_1，用 cm/g 表示)和横向膨胀指标(y_2，也用 cm/g 表示)的影响。我还确定了因子设置及该因子设置下的期望目标值，即纵向膨胀指标为 12cm/g，横向膨胀指标为 4cm/g。

因为 7 天中的每一天只能做 4 个水平组合，你运行的设计是包含 7 个区组且每个区组含有 4 个水平组合的 D-最优设计。由于你预计会有曲度，我们是在假设下列的二阶响应曲面模型是适当的前提下生成的设计:

$$Y_{ij} = \beta_0 + \sum_{k=1}^{3} \beta_k x_{kij} + \sum_{k=1}^{2} \sum_{l=k+1}^{3} \beta_{kl} x_{kij} x_{lij} + \sum_{i=1}^{3} \beta_{kk} x_{kij}^2 + \gamma_i + \varepsilon_{ij} \tag{7.1}$$

式中，x_{kij} 是第 k 个因子在第 i 天的第 j 个水平组合的编码水平(i 取值从 1 到 7，j 取值从 1 到 4)，β_0 表示截距项，β_k 是第 k 个因子的主效应，β_{kl} 是第 k 个因子和第 l 个因子的交互效应，β_{kk} 是第 k 个因子的二次效应，γ_i 表示第 i 天(或区组)的效应，ε_{ij} 是第 i 天第 j 个水平组合的残差。在模型中，γ_i 表示在响应中天与天之间的变异性。

用式(7.1)中的二阶响应曲面模型拟合表 7.7 中的两个响应，采用广义最小二乘(GLS)估计和约束极大似然(REML)估计给出的参数估计值、标准误和 p 值显示在表 7.8 中。表的左侧区域显示纵向膨胀指标的结果，右侧区域显示横向膨胀指标的结果。对于这些响应，几个 p 值远大于 5%，表示你可以简化模型。采用向后逐步删除法，我得到了表 7.9 中的模型。

表 7.8 油酥面团试验中，用式(7.1)中的二阶响应曲面模型拟合得到的两个响应——纵向膨胀指标和横向膨胀指标的因子效应估计值、标准误和 p 值

效应	纵向膨胀指标			横向膨胀指标		
	估计值	标准误	p 值	估计值	标准误	p 值
β_0	11.38	0.66	<0.0001	4.66	0.25	<0.0001
β_1	1.01	0.21	0.0003	−0.05	0.08	0.5159
β_2	−1.47	0.20	<0.0001	−0.61	0.08	<0.0001
β_3	0.73	0.21	0.0040	0.35	0.08	0.0008
β_{12}	0.42	0.22	0.0822	0.03	0.09	0.7329
β_{13}	−0.07	0.22	0.7565	0.09	0.09	0.3391
β_{23}	0.21	0.22	0.3639	−0.11	0.09	0.2474
β_{11}	0.33	0.44	0.4692	0.04	0.17	0.8028
β_{22}	1.30	0.44	0.0114	0.72	0.17	0.0011
β_{33}	1.05	0.44	0.0331	−0.33	0.17	0.0738

注：第一列符号角标中的 1、2、3 分别指的是流速、含水量、搅拌速度。

对于纵向膨胀指标，3 个试验因子——含水量、搅拌速度、流速的主效应在统计上是显著效应；同时，含水量和流速的交互效应是显著的，以及含水量和搅拌速度的二次效应也是显著的。对于横向膨胀指标，只有含水量和搅拌速度的主效应，以及含水量的二次效应是显著的。

表 7.9 油酥面团试验中，用简化后的模型拟合得到的两个响应——纵向膨胀指标和横向膨胀指标的因子效应估计值、标准误和 p 值

效应	纵向膨胀指标			横向膨胀指标		
	估计值	标准误	p 值	估计值	标准误	p 值
β_0	11.59	0.58	<0.0001	4.46	0.19	<0.0001
β_1	0.99	0.20	0.0001			
β_2	−1.46	0.19	<0.0001	−0.62	0.08	<0.0001
β_3	0.75	0.20	0.0015	0.33	0.08	0.0005
β_{12}	0.46	0.21	0.0463			
β_{22}	1.33	0.41	0.0058	0.69	0.17	0.0007
β_{33}	1.08	0.41	0.0197			

注：第一列符号角标中的 1、2、3 分别指的是流速、含水量、搅拌速度。

接下来使用表 7.9 中的简化模型，得出纵向膨胀指标

$$y_1 = 11.59 + 0.99x_1 - 1.46x_2 + 0.75x_3 + 0.46x_1x_2 + 1.33x_2^2 + 1.08x_3^2$$

及横向膨胀指标

$$y_2 = 4.46 - 0.62x_2 + 0.33x_3 + 0.69x_2^2$$

然后寻找因子水平设置以达到期望的两个膨胀指标目标值——12cm/g 和 4cm/g。如果你习惯采用工程单位，可能更喜欢用这种方式写这两个模型：

$$
\begin{aligned}
\text{纵向膨胀指标} = {} & 11.59 + 0.99 \times \frac{\text{流速} - 37.5}{7.5} - \\
& 1.46 \times \frac{\text{含水量} - 21}{3} + 0.75 \times \frac{\text{搅拌速度} - 350}{50} + \\
& 0.46 \times \frac{\text{流速} - 37.5}{7.5} \times \frac{\text{含水量} - 21}{3} + \\
& 1.33 \times \left(\frac{\text{含水量} - 21}{3}\right)^2 + \\
& 1.08 \times \left(\frac{\text{搅拌速度} - 350}{50}\right)^2
\end{aligned}
$$

$$
\begin{aligned}
\text{横向膨胀指标} = {} & 4.46 - 0.62 \times \frac{\text{含水量} - 21}{3} + \\
& 0.33 \times \frac{\text{搅拌速度} - 350}{50} + \\
& 0.69 \times \left(\frac{\text{含水量} - 21}{3}\right)^2
\end{aligned}
$$

将流速设置为 40.6kg/h，含水量为 22.3%，螺杆的搅拌速度为 300r/min 时，就能达到你预期的目标。你也可以从图 7.1 中看出这个设置，图中给出了两个响应与 3 个试验因子之间的相依关系。在这幅图中，垂直虚线给出试验过程中的最优因子水平，水平虚线表示对应的膨胀指标和整体满意度的预测值。

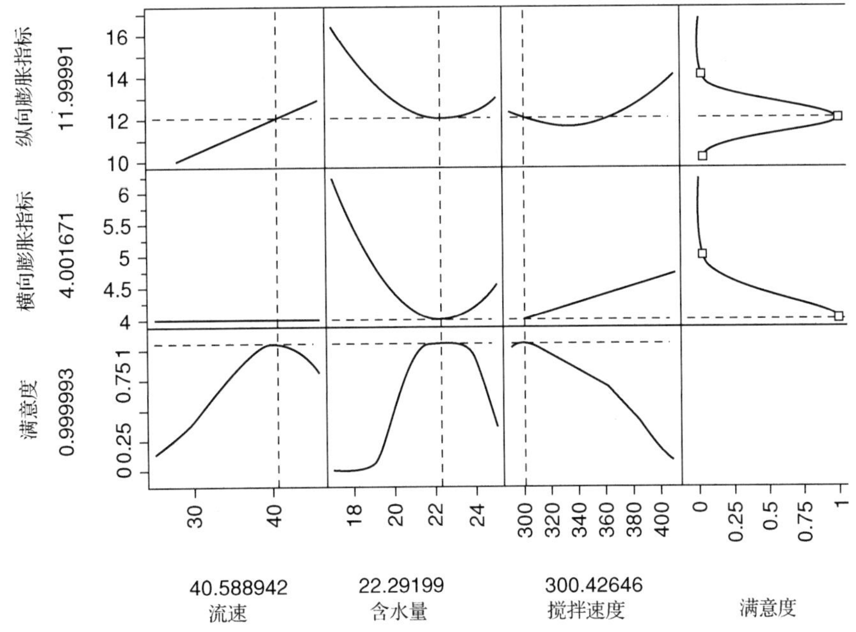

图 7.1　油酥面团试验中因子效应的估计值、满意度、最优因子的设置图

图 7.1 中最上面一组图表明，纵向膨胀指标以线性形式依赖于流速，并且以二次形式依赖于含水量和搅拌速度。中间的一组图表明，流速不影响横向膨胀指

标，搅拌速度有线性效应，并且含水量和横向膨胀指标之间存在二次关系。最下面一组图显示的是，解决方案的总体满意度如何依赖于试验因子的水平。总体满意度是一个概括性度量，能够告诉我们有多接近我们关注的两个响应的目标。更具体地说，这是膨胀指标各自满意度的几何平均值，显示在图 7.1 最右边的一组图形中；你可以看到，当指标取它的目标值 12 时，纵向膨胀指标的单独满意度函数最大；相比之下，当横向膨胀指标的目标值为 4 时，其单独满意度函数达到最大。你也可以看到，只要我们不在目标值上生产，单独满意度就会下降。

图中最下面的一组曲线表明，流速为 40.6kg/h、含水量为 22.3%、搅拌速度为 300r/min 时会得到 100%的整体满意度，这意味着两个响应都达到了目标值。中间的曲线表明，整体满意度对含水量不是非常敏感，只要含水量介于 21.5%和 23.5%之间即可。

当然，我建议你进行一组验证性试验，验证我所建议选取的因子设置确实有效。

上述是我想到的分析结果。也许，仍然值得一提的是两个响应中天与天之间的变异值近似等于残差的变异。所以，关注天与天之间的变异是完全正确的。

如果你还有其他的问题请告知我。

半小时后，Peter 在他的邮箱里发现了 Maroussa 的回复。

亲爱的 Peter:

谢谢你的快速回复。我的确还有一个问题。你写给我的信中提到你使用了广义最小二乘估计和约束极大似然估计来拟合模型。为什么要用广义最小二乘而不用普通最小二乘呢？还有，约束极大似然估计是什么方法？

Maroussa

Peter 给出了回复。

亲爱的 Maroussa:

当你使用普通最小二乘法(OLS)估计时，你要假设所有水平组合的响应是不相关的。在你的研究中，这种假设不成立，因为在任何同一天获得的响应都比在不同天获得的响应更相似。因此，在指定的一天内所观察的 4 个响应是相关的。你必须考虑这种相关性，以便得到最精确的因子效应估计与合理的显著性检验。这是广义最小二乘法(GLS)估计能够分析的问题。

为了考虑相关性，你先要量化相关性。这就是要选用约束极大似然法或 REML 估计的原因。

要了解 REML 如何估计在同一天内所收集的响应之间的相关性，就必须深入了解下面模型背后的假设条件:

$$Y_{ij} = \beta_0 + \sum_{k=1}^{3}\beta_k x_{kij} + \sum_{k=1}^{2}\sum_{l=k+1}^{3}\beta_{kl}x_{kij}x_{lij} + \sum_{i=1}^{3}\beta_{kk}x_{kij}^2 + \gamma_i + \varepsilon_{ij} \tag{7.2}$$

这些内容已写在我更早的邮件中(并且在雅典举行的会议上我们为你的研究构造设计时就进行了假设)。模型中的 γ_i 和 ε_{ij} 是随机项，因此该模型包含两个随机项。

(1) 项 ε_{ij} 表示残差，描述响应从一次试验到下一次试验间的变异，就像在常用的响应曲面模型中一样。假设所有的 ε_{ij} 相互独立且服从均值为零和方差为常数 σ_ε^2 的正态分布。这个方差称为残差方差。

(2) 模型的第二个随机项为天效应或区组效应 —— γ_i。γ_i 项的函数描述在响应中天与天之间的差异。假设 γ_i 也相互独立且服从均值为零和方差为 σ_γ^2 的正态分布。这个方差 σ_γ^2 称为区组方差。

模型中这两个随机项的最后一个假设为全部随机天效应和残差都是相互独立的。

现在，这才是有趣的地方。一个小的 σ_γ^2 值(相对于残差方差 σ_ε^2 而言)意味着响应的天与天之间的变异是有限的，而较大的 σ_γ^2 值(还是相对于残差方差 σ_ε^2 而言)表示较大的天与天之间的变异。这很容易理解。例如，如果 σ_γ^2 值很小，则所有的 γ_i 会很相似，来自不同天的响应值也会很相似，其他项都相等。于是，相对于 σ_ε^2，较小的 σ_γ^2 表明，不同天之间的响应与给定某天的响应相比并没有很大的变化。用另一种方式表述就是，小的 σ_γ^2 表明来自同一天的响应几乎没有共同点，或者说相依赖关系可忽略不计。简而言之，相对于 σ_ε^2，σ_γ^2 的大小衡量了响应间的依赖程度。

这就意味着，必须估计方差 σ_γ^2 和 σ_ε^2 才能量化依赖关系。不幸的是，方差的估计总是要比估计均值或因子效应困难些。虽然现有的估计方法也很多，然而，REML 估计是一个能给出方差无偏估计的普遍适用方法。由于在工业统计学家的商业软件包中还不能使用，因此，在工业试验领域的试验者中相对不被熟知。我认为这是一件很惭愧的事情，因为这种方法已发展三十多年了。并且，在社会科学和医学中 REML 也是一种基本的常用方法。我不知道你是否想了解更多细节，但以防你想了解 REML 背后的一些概念框架，我已经附上我整理的一个简短笔记，试图解释 REML 的一些内容(见附件 7.1)。

附件 7.1　约束极大似然(REML)估计。

REML 估计是估计统计模型中随机效应方差的一般方法。由于给出了无偏估计，因此该方法已经成为在许多学科中的默认方法。REML 估计的优点可以通过考虑必须估计单个方差的两种情况来最佳地解释。

(1)具有均值 μ 方差 σ_ε^2 的总体方差的一个众所周知的估计量是样本方差

$$S^2 = \frac{1}{n-1}\sum_{i=1}^{n}(X_i - \bar{X})^2 \tag{7.3}$$

式中，X_i 表示在容量为 n 的随机样本中的第 i 个观测值。除数为 $n-1$ 而不是 n 的原因是，为了确保 S^2 是 σ_ε^2 的一个无偏估计量。除数为 $n-1$ 本质上是为了修正样本方差，鉴于均值 μ 未知，需要利用样本均值 $\bar{X}$ 对其估计。现在，如果假设总体服从正态分布，样本方差 S^2 （是指除数为 $n-1$ 的）可以作为总体方差 σ_{ε}^2 的 REML 估计。除以 n 似乎是更直观的做法，可以得到极大似然（ML）估计量。然而，这个 ML 估计是有偏的。

(2) 为了分析完全随机设计，在有 p 个参数的回归模型中被普遍接受的残差方差 σ_{ε}^2 的估计量是均方误差（MSE）：

$$\text{MSE}=\frac{1}{n-p}\sum_{i=1}^{n}(Y_i-\hat{Y}_i)^2=\frac{1}{n-p}\sum_{i=1}^{n}R_i^2 \tag{7.4}$$

式中，Y_i 和 $\hat{Y}_i$ 分别是观测的响应值和预测的响应值，R_i 表示第 i 个残差。这里，除数为 $n-p$ 而不是 n 保证了残差方差估计量的无偏性。它修正了 MSE，是因为在回归模型中有 p 个固定参数（截距、主效应……）需要被估计。就像样本方差 S^2，如果回归模型的响应服从正态分布，可以将 MSE 作为 REML 估计量。残差平方和除以 n 得到 ML 估计量，它是有偏的。

这些例子阐明了 REML 的重要性质：除了方差，它还考虑位置参数需要被估计。粗略来说，REML 用于估计方差的那部分数据信息，不再用于估计位置参数，如均值和因子效应。式(7.3)中样本方差将一个信息单元用于估计总体均值。同样地，式(7.4)中的均方误差将 p 个信息单元用于估计 p 个回归系数。这些信息单元的专业术语叫作自由度。

7.3 知识探究

7.3.1 模型

为了分析含有 b 个区组且每个区组含 k 个观测值的试验数据，要求模型中每个区组都有可加的区组效应。对于含有 3 个连续试验因子的，我们感兴趣的是估计出主效应、两因子交互效应和二次效应，式（7.1）给出一个模型示例。一般来说，模型表示为

$$Y_{ij}=\boldsymbol{f}'(\boldsymbol{x}_{ij})\boldsymbol{\beta}+\gamma_i+\varepsilon_{ij} \tag{7.5}$$

式中，$\boldsymbol{x}_{ij}$ 是一个向量，包含所有试验因子在第 i 个区组中第 j 个水平组合的水平，$\boldsymbol{f}'(\boldsymbol{x}_{ij})$ 是其模型扩展（model expansion），$\boldsymbol{\beta}$ 包含截距项和模型中所有的因子效应。对于包含 3 个连续试验因子的全二次模型，有

$$\boldsymbol{x}_{ij}=[x_{1ij}\quad x_{2ij}\quad x_{3ij}]$$

$$\boldsymbol{f}'(\boldsymbol{x}_{ij})=[1\quad x_{1ij}\quad x_{2ij}\quad x_{3ij}\quad x_{1ij}x_{2ij}\quad x_{1ij}x_{3ij}\quad x_{2ij}x_{3ij}\quad x_{1ij}^2\quad x_{2ij}^2\quad x_{3ij}^2]$$

以及

$$\boldsymbol{\beta}'=[\beta_0\quad \beta_1\quad \beta_2\quad \beta_3\quad \beta_{12}\quad \beta_{13}\quad \beta_{23}\quad \beta_{11}\quad \beta_{22}\quad \beta_{33}]$$

如同式(7.1)中的模型，γ_i 代表第 i 个区组效应，ε_{ij} 代表在第 i 天第 j 个水平组合的残差。如果是成功的，模型中包含区组效应将显著减少响应中无法解释的变异。这将促使因子效应显著性检验的更高功效。因而，在模型中引入区组效应往往会有更大的机会检验出活跃的效应。

我们假设区组效应和残差是随机效应，它们相互独立且服从均值为零的正态分布，

区组效应的方差为σ_γ^2，残差的方差为σ_ε^2。响应Y_{ij}的方差为

$$\text{var}(Y_{ij})=\text{var}(\gamma_i+\varepsilon_{ij})=\text{var}(\gamma_i)+\text{var}(\varepsilon_{ij})=\sigma_\gamma^2+\sigma_\varepsilon^2$$

来自同一区组i中的每对响应Y_{ij}与$Y_{ij'}$之间的协方差为

$$\text{cov}(Y_{ij},Y_{ij'})=\text{cov}(\gamma_i+\varepsilon_{ij},\gamma_i+\varepsilon_{ij'})=\text{cov}(\gamma_i,\gamma_i)=\text{var}(\gamma_i)=\sigma_\gamma^2$$

在不同的区组i和i'中的每对响应Y_{ij}和$Y_{i'j'}$之间的协方差为

$$\text{cov}(Y_{ij},Y_{i'j'})=\text{cov}(\gamma_i+\varepsilon_{ij},\gamma_{i'}+\varepsilon_{i'j'})=0$$

这是由于所有区组效应和残差之间是相互独立的，也意味着两个不同的随机效应之间的每对协方差为零。给定区组i中一对响应间的相关系数为

$$\text{corr}(Y_{ij},Y_{ij'})=\frac{\text{cov}(Y_{ij},Y_{ij'})}{\sqrt{\text{var}(Y_{ij})}\sqrt{\text{var}(Y_{ij'})}}=\frac{\sigma_\gamma^2}{\sigma_\gamma^2+\sigma_\varepsilon^2}$$

区组内相关系数随σ_γ^2增大而增大。从而，区组间的差异越大(由σ_γ^2衡量)，在给定区组中每对响应之间的相似性越高。同一区组内的响应$Y_{i1},\ldots,Y_{ik}$之间的相依关系，由如下对称$k\times k$矩阵给出

$$\boldsymbol{\Lambda}=\begin{bmatrix}\sigma_\gamma^2+\sigma_\varepsilon^2 & \sigma_\gamma^2 & \cdots & \sigma_\gamma^2\\ \sigma_\gamma^2 & \sigma_\gamma^2+\sigma_\varepsilon^2 & \cdots & \sigma_\gamma^2\\ \vdots & \vdots & \ddots & \vdots\\ \sigma_\gamma^2 & \sigma_\gamma^2 & \cdots & \sigma_\gamma^2+\sigma_\varepsilon^2\end{bmatrix} \tag{7.6}$$

这个矩阵是区组i中所有响应的方差-协方差矩阵。矩阵的第j个对角元素是Y_{ij}的方差，第j行第j'列的非对角元素是Y_{ij}和$Y_{ij'}$之间的协方差。

式(7.5)中模型的一个重要假设是区组效应是可加的，意味着每个区组都有一个随机截距项。在这个假设下，因子效应不会随着区组发生变化。显然，这是一个很强的假设，但它在许多经验研究中已经得到验证。通过引入可加的随机效应到模型中，允许因子效应在不同的区组间变化是可能的，但这超出了本书的范围。

注意，我们只关注每个区组含有相同数量试验组合的情况。我们认为，这种情况是最常见的，该模型可以很容易地处理不同区组大小的试验。

式(7.5)中的模型被称为混合模型，因为它涉及两类效应。因子效应是固定效应，而区组效应和残差是随机效应。这两类效应之间的区别是，后者被认为是随机变量，而前者不是随机变量。对于分析区组试验数据的混合模型，一个有趣的性质是量化区组之间差异大小是通过估计σ_γ^2实现的。因而，无论一个试验包含多少区组，只需要估计一个参数就可以解释区组效应。另一个备选模型的设定是将区组效应视为固定效应，而不是随机的。然而，为了量化区组之间的差异，包含固定区组效应的模型设定要求估计$b-1$个参数，因此需要大量的试验点。这是混合模型的一个主要优点。第 8 章将详细解释这个问题。

7.3.2　广义最小二乘估计

在 7.3.1 节，我们指出在式(7.5)的模型中来自同一区组的响应是相关的。这违反了普

通最小二乘法(OLS)估计独立性的假设。虽然这个估计量仍然是无偏的，但是采用广义最小二乘法(GLS)估计会更好，它既能够解释相关性，往往也更精确。GLS 估计量可由下式计算得到：

$$\hat{\boldsymbol{\beta}} = (\boldsymbol{X}'\boldsymbol{V}^{-1}\boldsymbol{X})^{-1}\boldsymbol{X}'\boldsymbol{V}^{-1}\boldsymbol{Y} \tag{7.7}$$

它不同于 OLS 估计量：

$$\hat{\boldsymbol{\beta}} = (\boldsymbol{X}'\boldsymbol{X})^{-1}\boldsymbol{X}'\boldsymbol{Y}$$

因为它是描述响应之间的协方差矩阵$\boldsymbol{V}$的函数。

为了推导$\boldsymbol{V}$的精确性质，我们把式(7.5)中分析区组试验数据的模型改写为

$$\boldsymbol{Y} = \boldsymbol{X\beta} + \boldsymbol{Z\gamma} + \boldsymbol{\varepsilon} \tag{7.8}$$

式中

$$\boldsymbol{Y} = [Y_{11} \quad \cdots \quad Y_{1k} \quad Y_{21} \quad \cdots \quad Y_{2k} \quad \cdots \quad Y_{b1} \quad \cdots \quad Y_{bk}]'$$

$$\boldsymbol{X} = \begin{bmatrix} \boldsymbol{X}_1 \\ \boldsymbol{X}_2 \\ \vdots \\ \boldsymbol{X}_b \end{bmatrix} = \begin{bmatrix} \boldsymbol{f}'(\boldsymbol{x}_{11}) \\ \vdots \\ \boldsymbol{f}'(\boldsymbol{x}_{1k}) \\ \boldsymbol{f}'(\boldsymbol{x}_{21}) \\ \vdots \\ \boldsymbol{f}'(\boldsymbol{x}_{2k}) \\ \vdots \\ \boldsymbol{f}'(\boldsymbol{x}_{b1}) \\ \vdots \\ \boldsymbol{f}'(\boldsymbol{x}_{bk}) \end{bmatrix}, \quad \boldsymbol{Z} = \begin{bmatrix} 1 & 0 & \cdots & 0 \\ \vdots & \vdots & \ddots & \vdots \\ 1 & 0 & \cdots & 0 \\ 0 & 1 & \cdots & 0 \\ \vdots & \vdots & \ddots & \vdots \\ 0 & 1 & \cdots & 0 \\ \vdots & \vdots & \ddots & \vdots \\ 0 & 0 & \cdots & 1 \\ \vdots & \vdots & \ddots & \vdots \\ 0 & 0 & \cdots & 1 \end{bmatrix}$$

$$\boldsymbol{\gamma} = [\gamma_1 \quad \gamma_2 \quad \cdots \quad \gamma_b]'$$

以及

$$\boldsymbol{\varepsilon} = [\varepsilon_{11} \quad \cdots \quad \varepsilon_{1k} \quad \varepsilon_{21} \quad \cdots \quad \varepsilon_{2k} \quad \cdots \quad \varepsilon_{b1} \quad \cdots \quad \varepsilon_{bk}]'$$

注意，$\boldsymbol{Y}$的元素及$\boldsymbol{X}$的行按照区组进行排列，模型矩阵由每个区组的子矩阵$\boldsymbol{X}_i$组成。对于矩阵$\boldsymbol{Z}$，如果第i个水平组合属于第j个区组，那么第i行第j列的元素为 1，否则为 0。例如，矩阵$\boldsymbol{Z}$的前k行的第 1 列均为 1，表示前k个水平组合都属于第一个区组。因为我们假定所有的随机效应是独立的，随机效应向量$\boldsymbol{\gamma}$和$\boldsymbol{\varepsilon}$的方差-协方差矩阵分别为$\mathrm{var}(\boldsymbol{\gamma}) = \sigma_\gamma^2 \boldsymbol{I}_b$和$\mathrm{var}(\boldsymbol{\varepsilon}) = \sigma_\varepsilon^2 \boldsymbol{I}_n$，其中$\boldsymbol{I}_b$和$\boldsymbol{I}_n$分别是维度为$b$和$n$的单位阵。

矩阵$\boldsymbol{V}$是响应向量的方差-协方差矩阵：

$$\begin{aligned} \boldsymbol{V} &= \mathrm{var}(\boldsymbol{Y}) \\ &= \mathrm{var}(\boldsymbol{X\beta} + \boldsymbol{Z\gamma} + \boldsymbol{\varepsilon}) \\ &= \mathrm{var}(\boldsymbol{Z\gamma} + \boldsymbol{\varepsilon}) \\ &= \mathrm{var}(\boldsymbol{Z\gamma}) + \mathrm{var}(\boldsymbol{\varepsilon}) \\ &= \boldsymbol{Z}[\mathrm{var}(\boldsymbol{\gamma})]\boldsymbol{Z}' + \mathrm{var}(\varepsilon) \\ &= \boldsymbol{Z}[\sigma_\gamma^2 \boldsymbol{I}_b]\boldsymbol{Z}' + \sigma_\varepsilon^2 \boldsymbol{I}_n \\ &= \sigma_\gamma^2 \boldsymbol{ZZ}' + \sigma_\varepsilon^2 \boldsymbol{I}_n \end{aligned}$$

它是一个 $n\times n$ 分块对角矩阵，其形式为

$$\boldsymbol{V}=\begin{bmatrix}\boldsymbol{\varLambda} & \mathbf{0}_{k\times k} & \cdots & \mathbf{0}_{k\times k}\\ \mathbf{0}_{k\times k} & \boldsymbol{\varLambda} & \cdots & \mathbf{0}_{k\times k}\\ \vdots & \vdots & \ddots & \vdots\\ \mathbf{0}_{k\times k} & \mathbf{0}_{k\times k} & \cdots & \boldsymbol{\varLambda}\end{bmatrix}$$

式中，$\boldsymbol{\varLambda}$ 是式(7.6)中给定区组内所有响应的方差-协方差矩阵，$\mathbf{0}_{k\times k}$ 是一个 $k\times k$ 的零矩阵。矩阵 $\boldsymbol{V}$ 中元素的解释与矩阵 $\boldsymbol{\varLambda}$ 中元素的解释类似。$\boldsymbol{V}$ 中对角元素为响应 Y_{ij} 的方差，而非对角元素为一对响应之间的协方差。$\boldsymbol{V}$ 中非零的非对角元素全部对应于在同一给定区组内的响应对，而所有的零元素对应于来自两个不同区组的水平组合对。

式(7.7)中的 GLS 估计是矩阵 $\boldsymbol{V}$ 的函数，这使因子效应估计复杂化。其原因是，尽管 $\boldsymbol{V}$ 的结构是已知的，但我们并不知道非零元素的精确值。因此，这些非零元素都是区组方差 σ_γ^2 和残差方差 σ_ε^2 的函数，必须利用数据进行估计。从而，采用 GLS 估计，我们必须估计 σ_γ^2 和 σ_ε^2，并将估计值插入协方差矩阵 $\boldsymbol{\varLambda}$ 和 $\boldsymbol{V}$ 中。分别用 $\hat{\sigma}_\gamma^2$ 和 $\hat{\sigma}_\varepsilon^2$ 表示 σ_γ^2 和 σ_ε^2 的估计，协方差矩阵的估计可以写为

$$\hat{\boldsymbol{\varLambda}}=\begin{bmatrix}\hat{\sigma}_\gamma^2+\hat{\sigma}_\varepsilon^2 & \hat{\sigma}_\gamma^2 & \cdots & \hat{\sigma}_\gamma^2\\ \hat{\sigma}_\gamma^2 & \hat{\sigma}_\gamma^2+\hat{\sigma}_\varepsilon^2 & \cdots & \hat{\sigma}_\gamma^2\\ \vdots & \vdots & \ddots & \vdots\\ \hat{\sigma}_\gamma^2 & \hat{\sigma}_\gamma^2 & \cdots & \hat{\sigma}_\gamma^2+\hat{\sigma}_\varepsilon^2\end{bmatrix}\tag{7.9}$$

和

$$\hat{\boldsymbol{V}}=\begin{bmatrix}\hat{\boldsymbol{\varLambda}} & \mathbf{0}_{k\times k} & \cdots & \mathbf{0}_{k\times k}\\ \mathbf{0}_{k\times k} & \hat{\boldsymbol{\varLambda}} & \cdots & \mathbf{0}_{k\times k}\\ \vdots & \vdots & \ddots & \vdots\\ \mathbf{0}_{k\times k} & \mathbf{0}_{k\times k} & \cdots & \hat{\boldsymbol{\varLambda}}\end{bmatrix}$$

因子效应的 GLS 估计量为

$$\hat{\boldsymbol{\beta}}=(\boldsymbol{X}'\hat{\boldsymbol{V}}^{-1}\boldsymbol{X})^{-1}\boldsymbol{X}'\hat{\boldsymbol{V}}^{-1}\boldsymbol{Y}\tag{7.10}$$

这个估计是 $\boldsymbol{\beta}$ 的无偏估计，经常被命名为可行的 GLS 估计量。

7.3.3　方差分量的估计

现在有多种无偏估计的方法来估计方差 σ_γ^2 和 σ_ε^2，包括被称为 Henderson 方法或 Yates 方法的方差分析法，以及 REML(约束极大似然或残差极大似然)估计法。Henderson 方法的计算简单，不要求正态性假设。然而，如果选择的拟合模型正确，它得到的估计精度低于 REML。虽然 REML 估计假设所有随机效应都服从正态分布，但模拟结果显示，即使该假设不成立，仍然会得到无偏估计。支持 REML 的有力证据是对于平衡设计，该方法具有最小方差，有别于其他估计法的是；对于不平衡设计该方法也适用。基于这些原因，以及该方法在商业软件中的可用性，混合模型中的 REML 方差估计法是许多应用的默认方法。对于两类常用的 REML 估计，请参考 7.2.2 节的附件 7.1。

最大化下面的约束对数似然函数可以得到 σ_γ^2 和 σ_ε^2 的 REML 估计

$$l_R = -\frac{1}{2}\log|\boldsymbol{V}| - \frac{1}{2}\log|\boldsymbol{X}'\boldsymbol{V}^{-1}\boldsymbol{X}| - \frac{1}{2}\boldsymbol{r}'\boldsymbol{V}^{-1}\boldsymbol{r} - \frac{n-p}{2}\log(2\pi)$$

式中，$\boldsymbol{r} = \boldsymbol{y} - \boldsymbol{X}(\boldsymbol{X}'\boldsymbol{V}^{-1}\boldsymbol{X})^{-1}\boldsymbol{X}'\boldsymbol{V}^{-1}\boldsymbol{y}$，$p$ 是 $\boldsymbol{\beta}$ 中参数的个数。除了贝叶斯方法，与其他方法类似，即使在区组间的方差被期望远大于零的情形下，REML 也可能给出 σ_γ^2 的负估计。当区组数量很小，设计是非正交分区组设计，且 σ_γ^2 相对于 σ_ε^2 很小时，得到负 σ_γ^2 估计的可能性更大。在这种负估计的情况下，当计算 GLS 估计以分析因子效应估计、标准误和 p 值相对于该值的灵敏性时，我们建议设定 σ_γ^2 为一个正值，或者采用贝叶斯分析方法。

7.3.4 显著性检验

为了对每个因子效应进行显著性检验，$\boldsymbol{\beta}$ 中的每个参数都需要三部分信息：参数估计、它的标准误、用于计算 p 值的 t 分布的自由度。参数估计由式(7.10)中可行的 GLS 估计量给出。

标准误的计算更加复杂。如果方差 σ_γ^2 和 σ_ε^2 已知，标准误是矩阵 $(\boldsymbol{X}'\boldsymbol{V}^{-1}\boldsymbol{X})^{-1}$ 对角元素的平方根。然而，如果方差 σ_γ^2 和 σ_ε^2 是未知的，则合理的方法是在 $\boldsymbol{V}$ 中用 σ_γ^2 和 σ_ε^2 的估计值代替它们。在这种方法中，标准误是下列矩阵对角元素的平方根

$$\sigma_\gamma^2\ \mathrm{var}(\hat{\boldsymbol{\beta}}) = (\boldsymbol{X}'\hat{\boldsymbol{V}}^{-1}\boldsymbol{X})^{-1} \tag{7.11}$$

然而一般来说，这种方法得到的标准误略微低估了真实标准误。利用调整后的协方差矩阵

$$\mathrm{var}(\hat{\boldsymbol{\beta}}) = (\boldsymbol{X}'\hat{\boldsymbol{V}}^{-1}\boldsymbol{X})^{-1} + \boldsymbol{\Omega} \tag{7.12}$$

的对角元素，而不是 $(\boldsymbol{X}'\hat{\boldsymbol{V}}^{-1}\boldsymbol{X})^{-1}$ 的，能够得到略微好些的标准误。调整矩阵 $\boldsymbol{\Omega}$ 的推导非常复杂，这里就不赘述了，可以参考 Kenward and Roger(1997)，调整的标准误应归功于他们。精确的调整值依赖于所采用的设计，对于正交区组或近似正交区组(比如最优设计)的设计，调整值非常小(对于某些或所有的因子效应有时甚至为零)。Kenward and Roger(1997)也介绍了一种基于调整后标准误计算假设检验中自由度的方法。主要的软件包已经实现了计算调整的标准误和自由度。

7.3.5 区组试验的最优设计

为了找到区组试验的最优设计，我们必须同时解决两个决策问题。第一个问题，我们必须确定每个因子水平组合的因子水平；第二个问题，我们必须将选择的因子水平组合安排在容量为 k 的 b 个区组中。我们面临的挑战是如何做到这两点，使我们能够得到最精确的估计。因此，我们寻找因子水平组合，并将它们分配到区组中，使得 GLS 估计量的协方差矩阵 $(\boldsymbol{X}'\boldsymbol{V}^{-1}\boldsymbol{X})^{-1}$ 尽可能小。实现它的方法是将协方差矩阵 $(\boldsymbol{X}'\boldsymbol{V}^{-1}\boldsymbol{X})^{-1}$ 的行列式最小化，等价于将信息矩阵 $\boldsymbol{X}'\boldsymbol{V}^{-1}\boldsymbol{X}$ 的行列式最大化。在区组设计中，若最小化 GLS 估计量的协方差矩阵的行列式，或最大化信息矩阵行列式，则此时的区组设计就是 D-最优区组设计。这将导致参数估计的方差和参数估计之间的协方差都小。为了找到 D-最优区组设计，我们采用 2.3.9 节中的坐标交换算法，用 $|\boldsymbol{X}'\boldsymbol{V}^{-1}\boldsymbol{X}|$ 替代 $|\boldsymbol{X}'\boldsymbol{X}|$ 作为最大化的目标函数。

寻找区组试验的 D-最优设计的一个技术难题是依赖于未知方差 σ_γ^2 和 σ_ε^2 的矩阵 $\boldsymbol{V}$，也就

是 D-最优准则$|\boldsymbol{X}'\boldsymbol{V}^{-1}\boldsymbol{X}|$。已经证明，D-最优区组设计并不依赖于这两个方差的绝对大小，而是依赖于它们的相对大小。因而，在生成最优区组设计的软件中需要输入方差σ_γ^2和σ_ε^2相对大小的值。经验表明，区组间的方差σ_γ^2常常显著大于水平组合之间的方差σ_ε^2。从而，当生成 D-最优区组设计时，我们建议指定方差比$\sigma_\gamma^2/\sigma_\varepsilon^2$至少是 1。因为 D-最优设计对于给定值并不敏感，对生成优良设计的目的来说，方差比的理论推测值已经足够好。因此，某一方差比下的最优设计，在大于该方差比和小于该方差比的较大范围内，该设计也是最优的。在极少情况下，不同方差比会导致不同设计，这些设计的优良性也几乎是无差别的。在缺少方差比详细先验信息的情况下，Goos(2002)建议采用方差比 1，来寻找区组试验的最优设计。

7.3.6　正交分区组

关于试验设计和响应曲面方法的教材强调了正交分区组的重要性。正交分区组设计保证因子效应估计和区组效应估计相互独立。正交分区组的一般条件为，对于b个区组中的每一个区组都要满足

$$\frac{1}{k}\sum_{j=1}^{k}\boldsymbol{f}(\boldsymbol{x}_{ij})=\frac{1}{k}\mathbf{X}_i'\boldsymbol{1}_k=\frac{1}{n}\boldsymbol{X}'\boldsymbol{1}_n=\frac{1}{n}\sum_{i=1}^{b}\sum_{j=1}^{k}\boldsymbol{f}(\boldsymbol{x}_{ij}) \tag{7.13}$$

这个条件的解释是，在正交区组设计中，每个$\boldsymbol{X}_i$有相同的行均值。正交分区组的条件可以推广到每个区组含有不同数量水平组合的设计。

作为一个例子，考虑在表 7.1 中的正交区组中心复合设计，用于估计式(7.1)中的模型。该设计包含 3 个区组，因此，该设计的模型矩阵包含 3 个子矩阵$\boldsymbol{X}_1$、$\boldsymbol{X}_2$和$\boldsymbol{X}_3$，每个子矩阵对应一个区组：

$$\boldsymbol{X}=\begin{bmatrix}\boldsymbol{X}_1\\ \boldsymbol{X}_2\\ \boldsymbol{X}_3\end{bmatrix}=\begin{bmatrix}
1 & -1 & -1 & 1 & 1 & -1 & -1 & 1 & 1 & 1\\
1 & -1 & 1 & -1 & -1 & 1 & -1 & 1 & 1 & 1\\
1 & 1 & -1 & -1 & -1 & -1 & 1 & 1 & 1 & 1\\
1 & 1 & 1 & 1 & 1 & 1 & 1 & 1 & 1 & 1\\
1 & 0 & 0 & 0 & 0 & 0 & 0 & 0 & 0 & 0\\
1 & 0 & 0 & 0 & 0 & 0 & 0 & 0 & 0 & 0\\
1 & -1.633 & 0 & 0 & 0 & 0 & 0 & 2.667 & 0 & 0\\
1 & 1.633 & 0 & 0 & 0 & 0 & 0 & 2.667 & 0 & 0\\
1 & 0 & -1.633 & 0 & 0 & 0 & 0 & 0 & 2.667 & 0\\
1 & 0 & 1.633 & 0 & 0 & 0 & 0 & 0 & 2.667 & 0\\
1 & 0 & 0 & -1.633 & 0 & 0 & 0 & 0 & 0 & 2.667\\
1 & 0 & 0 & 1.633 & 0 & 0 & 0 & 0 & 0 & 2.667\\
1 & -1.633 & 0 & 0 & 0 & 0 & 0 & 2.667 & 0 & 0\\
1 & 1.633 & 0 & 0 & 0 & 0 & 0 & 2.667 & 0 & 0\\
1 & 0 & -1.633 & 0 & 0 & 0 & 0 & 0 & 2.667 & 0\\
1 & 0 & 1.633 & 0 & 0 & 0 & 0 & 0 & 2.667 & 0\\
1 & 0 & 0 & -1.633 & 0 & 0 & 0 & 0 & 0 & 2.667\\
1 & 0 & 0 & 1.633 & 0 & 0 & 0 & 0 & 0 & 2.667
\end{bmatrix}$$

对于 3 个子矩阵中的每一个子矩阵，行平均为

$$[1\ \ 0\ \ 0\ \ 0\ \ 0\ \ 0\ \ 0\ \ 2/3\ \ 2/3\ \ 2/3]$$

式中，第一个元素对应截距项，接下来的 3 个三元组分别对应主效应、两因子交互效应和二次效应。表 7.5 中的 D-最优设计不是正交区组设计，因为模型矩阵 $\boldsymbol{X}$ 中子矩阵 $\boldsymbol{X}_i$ 的行平均不相等。表 7.10 展示了这个结论。

表 7.10 表 7.5 的 D-最优设计含有 7 个区组，每个区组对应矩阵 $\boldsymbol{X}_i$ 的行平均，截距项对应的列未显示

	x_1	x_2	x_3	x_1x_2	x_1x_3	x_2x_3	x_1^2	x_2^2	x_3^2
1	0.25	−0.25	−0.25	0.25	0.25	−0.25	0.75	0.75	0.75
2	0.25	0.25	0.25	0.00	0.00	0.00	0.75	0.75	0.75
3	0.25	0.25	−0.25	0.00	0.00	0.00	0.75	0.75	0.75
4	−0.25	−0.25	0.25	−0.25	0.25	0.25	0.75	0.75	0.75
5	−0.25	0.25	0.25	0.00	0.00	0.00	0.75	0.75	0.75
6	0.00	0.00	0.00	0.00	0.00	0.00	1.00	1.00	1.00
7	−0.25	0.25	−0.25	0.00	0.00	0.00	0.75	0.75	0.75

有很多方式量化一个设计的正交分区组的程度。一种方法是计算模型每个效应的效率系数。效率系数就是无区组效应的因子效应估计的方差与有区组效应的因子效应估计的方差之比。如果设计是正交分区组的设计，这两个方差是相同的，因为在这种情况下，因子效应估计与区组效应估计是相互独立的。此时效率系数为 100%。如果设计不是正交分区组的，则某些因子效应估计的方差会有一定程度的膨胀。这将使效率系数小于 100%。用于计算效率系数的有区组效应和无区组效应的方差分别是矩阵 $([\boldsymbol{X}\quad \boldsymbol{Z}]'[\boldsymbol{X}\quad \boldsymbol{Z}])^{-1}$ 和 $(\boldsymbol{X}'\boldsymbol{X})^{-1}$ 的对角元素。效率系数不依赖于方差 σ_γ^2 和 σ_ε^2。

效率系数的倒数为分区组所产生的方差膨胀因子或者 VIF。在油酥面团试验中，最小的效率系数是 93.4%，因而最大的 VIF 是 1/0.934=1.0707。结果显示在表 7.6 中。

7.3.7 最优与正交分区组

很多试验设计问题的复杂性在于，即使不是不可能的，往往也很难找到一个正交区组设计。因而，对于必须分区组的实际试验，除了生成一个不是正交分区组的最优试验设计，往往没有其他可能的办法。

然而，也存在可能构建正交区组设计的情形，并且这个设计事实上也是 D-最优的。因此，设计的正交性和最优性之间也不一定是冲突的。事实上，Goos and Vandebroek（2001）提出的理论证据证明了 D-最优设计是倾向于正交分区组的。

但是，反过来却往往不成立。针对某个实际问题，可能构建的正交区组设计，甚至并不接近于最优。Goos and Donev（2006b）提出了这样一个最优区组设计的例子，其因子效应估计的方差比在文献中给出的正交区组设计的因子效应估计的方差小四分之三。

我们的观点是，一个设计是否是正交分区组的设计是次要的。最重要的是，因子效应估计可以被精确估计，使得有效的统计检验和准确的预测成为可能。Goos and Vandebroek（2001）的研究显示，具有精确因子效应估计的设计至少是自动近似正交区组设计。

7.4 背景阅读

关于区组试验最优设计的更多细节可参考 Goos(2002)的第 4 章和第 5 章。这些章节回顾了关于该主题的很多文献，给出了最优区组设计的附加案例，详细讨论了一个验光试验的设计。验光试验有一个含二次效应的连续因子。在试验中的区组是测试对象，每个区组有两个观测值。关于区组设计的最优性和正交性更深入的讨论可参考 Goos(2006)。

有关区组试验数据分析的更多技术细节和讨论可参考 Khuri(1992)、Gilmour and Trinca(2000)，以及 Goos and Vandebroek(2004)。Patterson and Thompson(1971)最早提出了 REML 方法，Gilmour and Trinca(2000)建议将 REML 方法用于分析区组试验数据。在式 (7.10)中可行的 GLS 估计量的方差和无偏性，在 Kackar and Harville(1981,1984)、Harville and Jeske(1992)及 Kenward and Roger(1997)中被讨论过。Gilmour and Goos(2009)演示了如何使用贝叶斯方法，解决裂区试验数据的 σ_γ^2 负估计的问题。当区组效应不可加时，Khuri(1996)给出了如何处理区组设计的数据。

本章给出的案例研究只含有一个区组因子，即试验水平组合完成的日期。Gilmour and Trinca(2003)、Goos and Donev(2006a)的讨论扩展到多于一个区组因子的情形。Goos and Donev(2006b)证实了在区组中安排混料试验的最优设计的优点。

本章的案例研究有两个不同的响应。为了使这些响应同时最优化，我们采用了满意度函数。关于满意度函数的更多细节，可以参考 Harrington(1965)和 Derringer and Suich(1980)。

7.5 总结

实际问题往往会导致试验水平组合分组进行。产生这种情况的常见原因是，试验需要几个工作日，或者在试验中原材料选用了几个不同批次。例如，在半导体行业的试验中，常常要求采用不同的硅晶片。分组进行试验的其他例子是多个地块的农业试验，以及医药、市场或者味觉试验中每个不同的受试者都要测试和评估几个因子水平组合。

试验水平组合分成的组被称为区组，导致分组的因子被称为区组因子。区组间的差异往往解释了响应的总体变异性的绝大部分，并且需要精心地安排试验及对后续试验数据的分析。因此，在设计一个试验研究时，我们建议花费大部分精力用于识别变异性的来源，如区组因子。当区组间的变异性相当于或大于水平组合间的变异性时，这样做尤其重要。

在本章中，我们演示了包含随机区组效应的混合模型可用于生成最优区组设计和分析来自该设计数据的出发点。在第 8 章中，我们将讨论另一种区组试验，相对于固定区组效应模型，突出随机区组效应模型的优点。

第 8 章　区组筛选试验

8.1　主要概念

(1) 当一个试验中的区组是成组的互不相同的水平组合，但又不被认为是从区组总体中随机选择的，那么我们就把它们的效应看作是固定的而不是随机的。

(2) 使用固定区组，研究人员不能对未试验区组中的单个水平组合进行预测。

(3) 对于固定区组效应的试验来说，普通最小二乘(Ordinary Least Squares，OLS)回归是标准的分析技术。

(4) 假设固定区组的试验比假设随机区组的试验要求更多次的试验来拟合指定模型。当每个区组只有两个水平组合时，这个结论是非常符合事实的。在这些情况下，最小的固定区组设计试验次数大体上是随机区组设计试验次数的两倍。

从历史上看，大多数的分区组工业试验都把区组因子效应看作是固定的。一般地，这种情况的部分原因是估计包含随机区组效应的混合模型要比估计固定区组效应模型需要更多的计算量。大多数教科书关于区组的论述都是解决如何构造与因子效应正交的区组设计。

本章要处理的问题是模型中的区组效应不能与其他因子效应正交。我们展示了当区组效应近似正交于其他因子效应时如何构造设计，也讨论了假设用随机区组替代固定区组的优势，以及如何去评估由区组非正交性引起的因子效应估计的方差扩大量。

8.2　案例：稳定性改进试验

8.2.1　问题和设计

Peter 和 Brad 沿着 New Jersey Turnpike 行驶，去会见药品制造商 FRJ。Peter 向 Brad 简要介绍即将面对的客户的问题。

【Peter】Dr. Xu 昨天给我打电话说了一下他们 FRJ 正在考虑的一个项目。他们在为能在杂货店直接销售维生素非处方药而努力。但不幸的是，许多维生素是感光的，它们接触光照时会分解。Dr. Xu 想要运行一个试验，看看是否可以把维生素与特定的脂肪分子结合起来降低其对光的敏感度，增加维生素的保质期。

【Brad】就我而言，这件事非常重要。我是非常相信维生素补充剂的。那么，为什么他还要叫我们加入？他已经是一个试验设计专家了。

【Peter】Dr. Xu 说了一些关于他们使用的测光设备每天校准的问题，他不想在电话里谈论太多。这些制药公司非常注重安全性。

他们到达 FRJ 研究和发展基地。Dr. Xu 迎接他们并陪同他们到会议室。

【Dr. Xu】我很高兴你们能来这里。让我给你们介绍一下方案的具体细节。

【Peter】好的。

【Dr. Xu】许多维生素对光敏感，并且在阳光短时间照射后就会失效。在我们的研究中，我们选择维生素 B_2，因为它的表现是典型的。我们有理论和一些证据表明，把维生素 B_2 融入一种或多种具有吸光性脂肪分子的复合物中，可以显著降低它在阳光直射下的分解速度。

Peter 和 Brad 点头，Dr. Xu 继续说。

【Dr. Xu】我们可以在自然状态下或糖复合物中使用维生素 B_2。这是我们的第一个因子。我们也有 5 种不同的脂肪分子用来测试。每种脂肪分子在与维生素 B_2 组合时可以有或没有。所以，总共给了 6 个因子。我们强烈怀疑存在两因子交互效应，所以我们希望能够估计所有 15 个交互效应。到目前为止，你们能明白我的意思吗？

【Peter 看一眼 Brad，得到确认】我们明白了。

【Dr. Xu】事情变得艰难的地方在这里。我们计算衰减率的测量仪器由于光照每天需要校准。我们每天可以评估 4 种可能的分子复合物，并且预安排了 8 天的实验室。

【Brad】对于校准中天与天之间的差异，你想调整因子和它们两因子交互效应的估计，对吗？

【Dr. Xu】是的，这就是我遇到困难的地方。我认为每天改变校准的效应可以看作有 8 个水平的区组因子。利用 32 个试验的水平组合，估计 8 个区组效应，6 个主效应和 15 个两因子交互效应是可能的。毕竟只有 29(8+6+15)个未知参数。这就是我能生成的最佳正交区组设计。

Dr. Xu 向 Peter 和 Brad 展示表 8.1 中的 2^{6-1} 设计。这是 6 因子 2 水平设计或者 2^6 因析设计的一半，满足 $x_1x_2x_3x_4x_5x_6=1$。利用把水平组合划分到容量为 4 的 8 个区组中的三因子交互效应对照列 $x_1x_3x_5$、$x_2x_3x_5$ 和 $x_1x_4x_5$，把该设计的 32 个水平组合安排到 8 个区组中，每个区组有 4 个水平组合。3 个对照列 $x_1x_3x_5$、$x_2x_3x_5$ 和 $x_1x_4x_5$ 在表 8.1 中给出。它们将 32 个水平组合分到 2^3 或者 8 个区组中，每组 4 个水平组合。

【Brad】别告诉我，让我猜一下。你不能估计所有的两因子交互效应。

【Dr. Xu】是的，3 个两因子交互效应 x_1x_2、x_3x_4 和 x_5x_6 与区组效应是完全混杂的。

【Brad】这个设计确实有些非常好的性质。对于你能拟合的模型，区组是正交的。除了那 3 个两因子交互效应，所有主效应和两因子交互效应都具有值为 1 的方差膨胀因子或者 VIF。值为 1 的 VIF 是完美的。值为 1 的 VIF 意味着你可以以最大精度或最小方差来估计所有这些效应。区组效应的方差膨胀因子也等于 1。唯一的问题是，你无法估计包含 x_1 和 x_2、x_3 和 x_4、x_5 和 x_6 的交互效应，这就等于说它们的方差都是无穷大。

【Dr. Xu】好吧，那个问题就是症结所在。更令人沮丧的是，即使我加倍试验次数到 64，仍然无法独立地估计所有的主效应、两因子交互效应和区组效应。

【Peter】当你把试验次数从 32 增加到 64 时，也会导致区组数量从 8 增加到 16。因此，增加试验次数也增加了模型中的效应个数。

【Dr. Xu】我花了很长时间才让管理部门批准这些试验资源，以拟合所有这些两因子交互效应。如果我用了这么多次试验，却还不能估计它们，那就太不成功了。

【Brad】不要担心。我们可以给你一个设计，它能估计你想要估计的所有效应。你能再告诉我一下 6 个因子的名称吗?

Brad 从包里拿出笔记本并打开。

【Dr. Xu】请稍等！我认为不可能找到 32 次试验的正交区组设计，其能估计所有这些效应。你认为你的笔记本电脑能够有很大帮助吗？

【Brad】让我们假设你是对的，对于你的问题不存在正交区组设计，来让你以可能的最高精度估计你想要的模型。既然你可以做 32 次试验，且只有 29 个未知的因子效应，那么你只要采用一个完全随机设计，也可以估计出所有的未知效应。

【Dr. Xu】你说的完全随机设计是什么意思？

【Brad】所有的因子都是分类的，且每个因子都有两个水平。让我们用 −1 和 1 代表两个水平值。现在，对于每一个因子，我随机安排 −1 和 1 给设计的 32 个水平组合。这就是得到的设计，还有一个表格显示每个系数的方差膨胀因子。

表 8.1 Dr. Xu 的 2^{6-1} 设计安排在每区组 4 个观测的 8 个区组中

区组	x_1	x_2	x_3	x_4	x_5	x_6	$x_1x_2x_3x_4x_5x_6$	$x_1x_3x_5$	$x_2x_3x_5$	$x_1x_4x_5$
1	−1	−1	−1	−1	−1	−1	1	−1	−1	−1
1	−1	−1	1	1	1	1	1	−1	−1	−1
1	1	1	−1	−1	1	1	1	−1	−1	−1
1	1	1	1	1	−1	−1	1	−1	−1	−1
2	−1	−1	−1	1	−1	1	1	−1	−1	1
2	−1	−1	1	−1	1	−1	1	−1	−1	1
2	1	1	−1	1	1	−1	1	−1	−1	1
2	1	1	1	−1	−1	1	1	−1	−1	1
3	−1	1	−1	−1	−1	1	1	−1	1	−1
3	−1	1	1	1	1	−1	1	−1	1	−1
3	1	−1	−1	−1	1	−1	1	−1	1	−1
3	1	−1	1	1	−1	1	1	−1	1	−1
4	−1	1	−1	1	−1	−1	1	−1	1	1
4	−1	1	1	−1	1	1	1	−1	1	1
4	1	−1	−1	1	1	1	1	−1	1	1
4	1	−1	1	−1	−1	−1	1	−1	1	1
5	−1	1	−1	1	1	1	1	1	−1	−1
5	−1	1	1	−1	−1	−1	1	1	−1	−1
5	1	−1	−1	1	−1	−1	1	1	−1	−1
5	1	−1	1	−1	1	1	1	1	−1	−1
6	−1	1	−1	−1	1	−1	1	1	−1	1
6	−1	1	1	1	−1	1	1	1	−1	1
6	1	−1	−1	−1	−1	1	1	1	−1	1
6	1	−1	1	1	1	−1	1	1	−1	1
7	−1	−1	−1	1	1	−1	1	1	1	−1
7	−1	−1	1	−1	−1	1	1	1	1	−1
7	1	1	−1	1	−1	1	1	1	1	−1
7	1	1	1	−1	1	−1	1	1	1	−1
8	−1	−1	−1	−1	1	1	1	1	1	1
8	−1	−1	1	−1	−1	−1	1	1	1	1
8	1	1	−1	−1	−1	−1	1	1	1	1
8	1	1	1	1	1	1	1	1	1	1

Brad 将他的笔记本电脑转向 Dr. Xu，可以看到表 8.2 和表 8.3。

表 8.2　稳定性改进试验的随机设计

区组	x_1	x_2	x_3	x_4	x_5	x_6
1	−1	1	1	−1	−1	1
1	−1	1	−1	−1	−1	1
1	1	1	−1	1	−1	1
1	−1	−1	−1	1	−1	1
2	−1	1	−1	1	−1	−1
2	1	−1	1	1	−1	−1
2	−1	1	1	1	−1	1
2	1	−1	1	−1	1	1
3	1	1	−1	−1	−1	1
3	1	−1	−1	1	1	−1
3	−1	1	1	1	1	1
3	−1	−1	1	−1	−1	−1
4	−1	1	1	1	−1	−1
4	−1	1	1	1	1	−1
4	−1	−1	1	−1	−1	1
4	1	−1	−1	−1	1	1
5	−1	1	−1	−1	1	1
5	−1	−1	−1	−1	1	−1
5	1	1	−1	1	−1	1
5	−1	1	1	−1	1	1
6	1	1	−1	−1	−1	−1
6	−1	−1	−1	1	−1	1
6	−1	1	−1	−1	1	−1
6	1	−1	−1	1	1	1
7	1	1	1	−1	−1	1
7	1	1	−1	1	1	−1
7	1	−1	−1	1	1	1
7	−1	−1	1	−1	1	−1
8	−1	1	1	1	−1	−1
8	1	−1	1	−1	1	1
8	1	−1	−1	−1	−1	1
8	1	1	1	−1	1	−1

表 8.3　由于随机设计的非正交性和区组所导致的方差膨胀

效应	非正交性	区组	总计
x_1	2.29	2.21	5.06
x_2	2.11	2.14	4.51
x_3	1.88	2.82	5.29
x_4	1.78	2.09	3.72
x_5	2.75	2.19	6.01
x_6	1.72	1.84	3.18
x_1x_2	4.39	2.24	9.81
x_1x_3	2.89	4.00	11.54
x_1x_4	5.61	4.18	23.45
x_1x_5	6.34	2.01	12.77
x_1x_6	5.60	2.40	13.42
x_2x_3	2.75	4.33	11.91
x_2x_4	4.06	4.25	17.24
x_2x_5	3.42	2.05	7.02
x_2x_6	3.36	6.72	22.54

续表

效应	非正交性	区组	总计
x_3x_4	4.91	1.36	6.69
x_3x_5	3.58	1.63	5.85
x_3x_6	3.32	2.33	7.75
x_4x_5	3.03	1.42	4.30
x_4x_6	2.36	1.77	4.17
x_5x_6	2.20	2.29	5.05

【Dr. Xu 看了这两个表，最后专注于表 8.3】这个随机设计有什么优点吗？这两个方差膨胀因子是什么意思？我知道在回归研究中可以计算方差膨胀因子。在回归模型中每项只有一个方差膨胀因子，但这里每个模型项为什么有两个呢？

【Peter】表 8.3 给出了两个方差膨胀因子，是因为有两个原因造成随机设计不是那么好。第一个原因就是因子设置，即在随机设计中 x_1～x_6 的值是不正交的。第二个原因是随机设计是不完全与区组正交的。因子设置的非正交性使得因子效应估计的方差膨胀了，膨胀因子的范围从 1.72 到 6.34，显示在表的第二列中。区组的非正交性导致了因子效应估计额外同等规模的方差膨胀。这在第三列给出。最后一列给出每个效应的总方差膨胀，最小的总方差膨胀因子是 3.18，最大的一个是 23.45。

【Dr. Xu】这些数值非常大。理想情况下，每一个因子效应的方差膨胀因子都等于 1。在那种情况下，所有的因子效应估计都是完全有效的，所有效应都是最大精度可估的。方差膨胀因子的经验原则提到一旦方差膨胀因子大于 5 时，我们就要担心多重共线性。如果我没数错的话，21 个总方差膨胀因子中有 16 个都大于 5，所以这个设计是糟糕的。

【Peter】是的，除了一点以外，Brad 刚刚构造的随机设计在每个方面都劣于你的设计。

【Dr. Xu】那一点是什么？

【Brad】我的设计可以估计所有的两因子交互效应，而你的不能。

【Dr. Xu】好吧，那又怎样？当然，你不是在建议我实际执行这个设计吧？

【Brad】是的，当然不建议。演示给你随机设计的意图是，构造一个设计来估计你模型中所有 29 个效应是容易的。当然，下一步是在适合你模型的所有可能设计中搜索出性能可接受的设计。这时计算机是非常有用的。让我们看看当搜索一个真正优良的设计时计算机是如何运行的。

Brad 在笔记本电脑上输入 Dr. Xu 的设计问题，并开始计算设计。几秒后，屏幕上展示了表 8.4。

表 8.4 稳定性改进试验中为了估计包含主效应和两因子交互效应模型的 D-最优设计

区组	x_1	x_2	x_3	x_4	x_5	x_6
1	1	1	1	1	−1	1
1	−1	−1	1	1	1	1
1	−1	−1	1	−1	−1	1
1	−1	1	−1	1	−1	−1
2	1	1	−1	−1	1	−1
2	−1	−1	−1	−1	−1	−1
2	1	1	−1	−1	−1	1

续表

区组	x_1	x_2	x_3	x_4	x_5	x_6
2	−1	1	−1	1	1	1
3	−1	1	1	1	1	−1
3	−1	−1	−1	1	−1	1
3	1	1	−1	1	1	1
3	1	−1	1	1	−1	−1
4	−1	−1	1	−1	1	−1
4	1	−1	−1	1	1	−1
4	1	1	1	−1	−1	−1
4	1	−1	1	1	1	1
5	−1	1	−1	−1	−1	1
5	−1	−1	−1	1	1	−1
5	1	−1	−1	−1	1	1
5	1	1	−1	1	−1	−1
6	1	−1	1	−1	1	−1
6	−1	1	1	−1	1	1
6	−1	1	−1	−1	1	−1
6	−1	−1	1	1	−1	−1
7	1	1	1	−1	1	1
7	1	−1	−1	1	−1	1
7	−1	1	1	1	−1	1
7	−1	−1	−1	−1	1	1
8	−1	1	1	−1	−1	−1
8	1	−1	1	−1	−1	1
8	1	−1	−1	−1	−1	−1
8	1	1	1	1	1	−1

【Dr. Xu】已经完成了？太令人惊讶了。好吧，假设这个设计是一个优良的设计。

【Peter】我们是不是应该看这个设计中每一个因子效应的 VIF？

【Dr. Xu】这些看起来是合理的。

【Brad】这是由区组引起的 VIF 的表格，这也刚好是这个设计的总方差膨胀因子。这是因为如果没有区组，这个设计允许独立地估计所有主效应和两因子交互效应。换句话说，如果不存在分区组的理由，那么 x_1～x_6 的效应估计的方差将会是最小的，因为这个设计是正交的。

Brad 转动笔记本电脑，以便 Dr. Xu 能看见表 8.5。

表 8.5　稳定性改进试验 D-最优设计的方差膨胀

效应	非正交性	区组	总计
x_1	1.00	1.29	1.29
x_2	1.00	1.16	1.16
x_3	1.00	1.85	1.85
x_4	1.00	1.41	1.41
x_5	1.00	1.27	1.27
x_6	1.00	1.60	1.60
x_1x_2	1.00	1.25	1.25

续表

效应	非正交性	区组	总计
x_1x_3	1.00	1.00	1.00
x_1x_4	1.00	1.16	1.16
x_1x_5	1.00	1.00	1.00
x_1x_6	1.00	1.00	1.00
x_2x_3	1.00	1.43	1.43
x_2x_4	1.00	1.27	1.27
x_2x_5	1.00	2.57	2.57
x_2x_6	1.00	1.32	1.32
x_3x_4	1.00	1.16	1.16
x_3x_5	1.00	1.00	1.00
x_3x_6	1.00	1.61	1.61
x_4x_5	1.00	2.20	2.20
x_4x_6	1.00	1.32	1.32
x_5x_6	1.00	1.00	1.00

【Dr. Xu】这些方差膨胀因子要比那个随机设计的好多了。5 个系数有值为 1 的方差膨胀因子，所以它们的估计有最大精度。没有一个方差膨胀因子大于 2.57。我猜这里的权衡是，你不能以最高精度来估计很多系数，但是你可以估计所有的因子效应。

【Brad】是的。

【Dr. Xu】我接受这个设计，谢谢你们。现在我要去开会了。今天稍后请把这个设计用邮件发给我。我会在几天内给你们数据。

8.2.2 设计问题的回顾

会面结束后，Peter 和 Brad 很快返回车里。当行驶在高速公路上时，他们讨论着和 Dr. Xu 的会面。在意见交流的最后，Peter 回忆起，Dr. Xu 提到用 16 个区组每个区组 4 个水平组合的 64 次试验的设计替代 8 个区组每个区组 4 次水平组合的 32 次试验的设计。

【Peter】你记得 Dr. Xu 提到的 64 次试验的设计吗？

正在开车的 Brad 点点头。

【Peter】他说试验次数从 32 增加一倍到 64 不能解决他的问题。这是不完全正确的。我可以构造一个每个区组有 4 个水平组合的 64 次试验的设计，它可以估计出所有的主效应和两因子交互效应。我甚至可以保证所有的因子效应估计都是不相关的。

Brad 向他右边投去一个询问的表情。

【Peter，看出 Brad 没有立刻想到答案时变得兴奋】Dr. Xu 只考虑到使用 2^6 完全因子设计。如果你有 16 个区组并且想要估计所有两因子交互效应，这样的设计不是最好的。当然，你不能怪他，因为这是教科书上列出的唯一选择。最好是复制他展示给我们的那半部分(设计)，并用不同的区组生成字对每个半部分进行复制。

【Brad】请继续说。

【Peter，已经打开了他的笔记本电脑】 好的。Dr. Xu 展示给我们的 2^{6-1} 半部分设计的主要特点是，它是用定义关系 $x_6=+x_1x_2x_3x_4x_5$ 得到的，且使用三因子交互对照列 $x_1x_3x_5$、

$x_2x_3x_5$ 和 $x_1x_4x_5$ 来安排水平组合到区组中。正如我们讨论的，这导致 3 个因子交互效应（包括 x_1 和 x_2、x_3 和 x_4、x_5 和 x_6）与区组效应完全混杂。这个设计可以独立地估计所有其他的两因子交互效应和主效应。换句话说，具有最高的精度。你同意吗？

【Brad】同意。

【Peter】现在，对于接下来的 32 次试验，我们可以使用相同的半部分设计，但是使用不同的区组生成字。比如，如果我们在第二个半部分设计中使用三因子交互对照列 $x_1x_2x_4$、$x_1x_3x_4$ 和 $x_1x_2x_5$ 生成区组，那么这次是包含 x_1 和 x_6、x_2 和 x_3、x_4 和 x_5 的交互效应与区组效应混杂了。

【Brad 点头】太聪明了。组合这两个半部分设计将得到 64 次试验的设计，可以估计 6 个主效应和 15 个两因子交互效应。从根本上说，这个设计把 21 个因子效应集合分成了 3 个集合。第一个效应集合包括所有的主效应和 9 个两因子交互效应，这些效应都可以通过任意半部分设计估计出来；第二个效应集合包含 x_1 和 x_2、x_3 和 x_4、x_5 和 x_6 的 3 个交互效应，这些效应只能从第二个半部分设计中估计出来；第三个效应集合包含 x_1 和 x_6、x_2 和 x_3、x_4 和 x_5 的 3 个交互效应，它们只能从第一个半部分设计中估计出来。

【Peter】是的，第一个集合中的 15 个效应都是以最高精度被估计的。其他的效应，包含 x_1 和 x_2、x_3 和 x_4、x_5 和 x_6、x_1 和 x_6、x_2 和 x_3，x_4 和 x_5 的交互效应只能是以一半最高精度被估计的。换句话说，模型中 15 个效应的方差膨胀因子是 1，剩下效应的方差膨胀因子是 2。

【Brad】我同意你的设计可以估计所有效应。但是，Dr. Xu 最初是想要一个正交区组设计。你的设计很巧妙，但是区组与其他效应不是正交的。不过，你的解决方案仍然是巧妙且有效的。你认为它是 D-最优的吗？

【Peter，再次在笔记本电脑上计算】我也怀疑。让我计算一下 16 个区组每个区组 4 次观测的 64 次试验的最优设计。找到 D-效率最高的设计是一个相当有挑战性的问题。我们很快就会知道软件算法是否能打败我的巧妙的 64 次试验的设计。

笔记本电脑正在计算着最优设计，Peter 把电脑放在座位后面，拿起一张报纸来看。几分钟后，他再次拿起电脑，又做了一些额外的计算，证实了他几分钟之前做出的猜想。

【Peter】结果和我预想的一样，最优设计比我的设计大约好 3%。

Peter 把他构造的两个设计保存好，即在表 8.6 和表 8.7 中所展示的。他也绘制了表 8.8，表中给出了两个设计中因子效应估计方差的并排比较。

表 8.6　由两个包含 8 个区组每个区组 4 个水平组合的 2^{6-1} 设计组成的 64 次试验的设计，共 16 个区组每个区组 4 个水平组合试验

区组	x_1	x_2	x_3	x_4	x_5	x_6	区组	x_1	x_2	x_3	x_4	x_5	x_6
1	−1	−1	−1	−1	−1	−1	9	−1	1	1	1	1	−1
1	1	1	1	1	−1	−1	9	1	−1	−1	1	1	1
1	−1	−1	1	1	1	1	9	1	1	1	−1	−1	1
1	1	1	−1	−1	1	1	9	−1	−1	−1	−1	−1	−1
2	−1	1	1	−1	−1	−1	10	−1	−1	1	1	−1	−1
2	−1	1	−1	1	1	1	10	1	−1	1	−1	1	1
2	1	−1	−1	1	−1	−1	10	1	1	−1	1	−1	1
2	1	−1	1	−1	1	1	10	−1	1	−1	−1	1	−1
3	−1	1	1	1	1	−1	11	1	−1	1	1	1	−1
3	1	−1	1	1	−1	1	11	−1	−1	1	−1	−1	1

续表

区组	x_1	x_2	x_3	x_4	x_5	x_6	区组	x_1	x_2	x_3	x_4	x_5	x_6
3	1	−1	−1	−1	1	−1	11	−1	1	−1	1	1	1
3	−1	1	−1	−1	−1	1	11	1	1	−1	−1	−1	−1
4	−1	−1	1	−1	−1	1	12	1	−1	−1	−1	1	−1
4	1	1	−1	1	−1	1	12	1	1	1	1	−1	−1
4	−1	−1	1	1	1	−1	12	−1	1	1	−1	1	1
4	1	1	−1	−1	1	−1	12	−1	−1	−1	1	−1	1
5	−1	−1	1	−1	1	−1	13	1	−1	−1	1	−1	−1
5	1	1	−1	1	1	−1	13	−1	−1	−1	−1	1	1
5	−1	−1	−1	1	−1	1	13	1	1	1	−1	1	−1
5	1	1	1	−1	−1	1	13	−1	1	1	1	−1	1
6	−1	1	−1	−1	1	−1	14	1	−1	1	−1	−1	−1
6	−1	1	1	1	−1	1	14	−1	−1	1	1	1	1
6	1	−1	−1	−1	−1	1	14	1	1	−1	1	1	−1
6	1	−1	1	1	1	−1	14	−1	1	−1	−1	−1	1
7	−1	1	1	−1	1	1	15	1	−1	1	1	−1	1
7	1	−1	1	−1	−1	−1	15	1	1	−1	−1	1	1
7	1	−1	−1	1	1	1	15	−1	−1	1	−1	1	−1
7	−1	1	−1	1	−1	−1	15	−1	1	−1	1	−1	−1
8	1	1	−1	−1	−1	−1	16	−1	1	1	−1	−1	−1
8	−1	−1	−1	−1	1	1	16	1	−1	−1	−1	−1	1
8	1	1	1	1	1	1	16	−1	−1	−1	1	1	−1
8	−1	−1	1	1	−1	−1	16	1	1	1	1	1	1

表 8.7　为了估计包含主效应和两因子交互效应模型而生成的 16 个区组每个区组 4 个水平组合的 64 次试验的 D-最优设计

区组	x_1	x_2	x_3	x_4	x_5	x_6	区组	x_1	x_2	x_3	x_4	x_5	x_6
1	−1	−1	1	1	1	1	9	−1	−1	−1	−1	−1	−1
1	−1	−1	−1	−1	−1	−1	9	1	1	1	−1	−1	1
1	1	1	1	1	−1	−1	9	−1	1	1	1	1	−1
1	1	1	−1	−1	1	1	9	1	−1	−1	1	1	1
2	1	−1	−1	1	−1	−1	10	1	1	−1	1	−1	1
2	1	−1	1	−1	1	1	10	−1	1	−1	−1	1	−1
2	−1	1	1	−1	−1	−1	10	−1	−1	1	1	−1	−1
2	−1	1	−1	1	1	1	10	1	−1	1	−1	1	1
3	1	−1	1	1	−1	1	11	−1	1	−1	1	1	1
3	1	−1	−1	−1	1	−1	11	1	−1	1	1	1	−1
3	−1	1	−1	−1	−1	1	11	−1	−1	1	−1	−1	1
3	−1	1	1	1	1	−1	11	1	1	−1	−1	−1	−1
4	1	1	1	−1	1	−1	12	−1	−1	−1	1	−1	1
4	−1	−1	1	−1	−1	1	12	1	−1	−1	−1	1	−1
4	1	1	−1	1	−1	1	12	1	1	1	1	−1	−1
4	−1	−1	−1	1	1	−1	12	−1	1	1	−1	1	1
5	1	1	−1	1	1	−1	13	−1	−1	−1	−1	1	1
5	−1	−1	1	−1	1	−1	13	−1	1	1	1	−1	1
5	1	1	1	−1	−1	1	13	1	1	1	−1	1	−1
5	−1	−1	−1	1	−1	1	13	1	−1	−1	1	−1	−1
6	−1	1	−1	−1	1	−1	14	1	1	−1	1	1	−1
6	1	−1	1	1	1	−1	14	−1	−1	1	1	1	1
6	1	−1	−1	−1	−1	1	14	1	−1	1	−1	−1	−1
6	−1	1	1	1	−1	1	14	−1	1	−1	−1	−1	1
7	1	−1	−1	1	1	1	15	1	−1	1	1	−1	1
7	−1	1	1	−1	1	1	15	1	1	−1	−1	1	1
7	−1	1	−1	1	−1	−1	15	−1	−1	1	−1	1	−1
7	1	−1	1	−1	−1	−1	15	−1	1	−1	1	−1	−1

续表

区组	x_1	x_2	x_3	x_4	x_5	x_6	区组	x_1	x_2	x_3	x_4	x_5	x_6
8	−1	−1	−1	−1	1	1	16	1	−1	−1	−1	−1	1
8	1	1	1	1	1	1	16	−1	1	1	−1	−1	−1
8	1	1	−1	−1	−1	−1	16	−1	−1	−1	1	1	−1
8	−1	−1	1	1	−1	−1	16	1	1	1	1	1	1

表 8.8　表 8.6 中重复 2^{6-1} 的设计和表 8.7 中的 D-最优设计因子效应估计的方差

效应	$2\times2^{6-1}$	最优	效应	$2\times2^{6-1}$	最优	效应	$2\times2^{6-1}$	最优
x_1	0.016	0.019	x_1x_3	0.016	0.021	x_2x_6	0.016	0.020
x_2	0.016	0.018	x_1x_4	0.016	0.018	x_3x_4	0.031	0.018
x_3	0.016	0.018	x_1x_5	0.016	0.020	x_3x_5	0.016	0.019
x_4	0.016	0.020	x_1x_6	0.031	0.019	x_3x_6	0.016	0.018
x_5	0.016	0.018	x_2x_3	0.031	0.020	x_4x_5	0.031	0.017
x_6	0.016	0.018	x_2x_4	0.016	0.019	x_4x_6	0.016	0.020
x_1x_2	0.031	0.018	x_2x_5	0.016	0.018	x_5x_6	0.031	0.018

【Peter，看着表 8.8】我们继续。现在我有两个设计的估计方差的并排比较。D-最优设计给出的每个效应估计的方差大致相同：最小的方差是 0.017，最大的方差是 0.021。

【Brad】你构造的那个巧妙设计的最大方差是 0.031，不是吗？

【Peter】是的。最优设计没有这么大的方差，但是那是以其他估计的稍大方差为代价的。我想说，在这两个设计中选择不是一件容易的事。

【Brad】我始终建议最优设计。使用现在的商业软件可以很容易地生成，不要求有关组合构造方法的知识。

【Peter】我之前在哪里听过这句话？

8.2.3 数据分析

两周后，Brad 和 Peter 收到一封 Dr. Xu 的邮件，邮件中包含了从稳定性改进试验中得到的数据。使用表 8.4 中的最优设计得到的数据，以未编码的形式在表 8.9 中给出。试验 6 个因子中的 5 个代表 5 种吸光脂肪分子的添加与否。第 6 个因子代表所研究的维生素是否单独存在或者与 γ-环糊精混合。测量的响应就是稳定率。在 Dr. Xu 的第一封邮件中，有邮件正文简短交换意见，以确定在 FRJ 再次会面的时间。两天之后，Brad 已经分析好数据，这两个顾问又回到了 Dr. Xu 的办公室。Brad 的笔记本电脑连接到一个投影仪上，以便在场的每个人都可以看到屏幕上的内容。

表 8.9　稳定性改进试验的数据

区组	边界	油红O	氧苯酮	β胡萝卜素	磺异苯酮	脱氧苯酮	稳定率
1	复合	添加	添加	添加	不加	添加	237
1	独立	不加	添加	添加	添加	添加	42
1	独立	不加	添加	不加	不加	添加	29
1	独立	添加	不加	添加	不加	不加	72
2	复合	添加	不加	不加	添加	不加	229
2	独立	不加	不加	不加	不加	不加	11
2	复合	添加	不加	不加	不加	添加	235
2	独立	添加	不加	添加	添加	添加	89

续表

区组	边界	油红O	氧苯酮	β胡萝卜素	磺异苯酮	脱氧苯酮	稳定率
3	独立	添加	添加	添加	添加	不加	76
3	独立	不加	不加	添加	不加	添加	18
3	复合	添加	不加	添加	添加	添加	246
3	复合	不加	添加	添加	不加	不加	23
4	独立	不加	添加	不加	添加	不加	29
4	复合	不加	不加	添加	添加	不加	44
4	复合	添加	添加	不加	不加	不加	228
4	复合	不加	添加	添加	添加	添加	46
5	独立	添加	不加	不加	不加	添加	83
5	独立	不加	不加	添加	添加	不加	30
5	复合	不加	不加	不加	添加	添加	60
5	复合	添加	不加	添加	不加	不加	228
6	复合	不加	添加	不加	添加	不加	39
6	独立	添加	添加	不加	添加	添加	92
6	独立	添加	不加	不加	添加	不加	76
6	独立	不加	添加	添加	不加	不加	7
7	复合	添加	添加	不加	添加	添加	240
7	复合	不加	不加	添加	不加	添加	38
7	独立	添加	添加	添加	不加	添加	74
7	独立	不加	不加	不加	添加	添加	24
8	独立	添加	添加	不加	不加	不加	65
8	复合	不加	添加	不加	不加	添加	34
8	复合	不加	不加	不加	不加	不加	24
8	复合	添加	添加	添加	添加	不加	237

【Dr. Xu】好吧，先生们。我们可以从这个试验中得到什么？所有这些脂肪分子和糖混合物是否都能够有效地提升稳定率？

Peter 和 Brad 毫无疑问地认为，Dr. Xu 作为一位试验设计方面的专家，已经研究了数据并得出了自己的见解。然而，Dr. Xu 在此刻并不想透露他得出的任何见解。相反，他明确表示想先听他们俩讲，于是 Brad 开始谈论起数据分析。

【Brad】我们用你的数据进行了两次稍有不同的回归分析。尽管潜在因子设置是正交的，但由于设计不是区组正交的，我们需要用回归方法分析你的数据。这就排除了经典方差分析，因为它只能应用于完全正交的数据集。

Dr. Xu 有些不耐烦地点头，Brad 没有暂停，在屏幕上展示的第一个分析结果，显示在表 8.10 中。

表 8.10 固定区组效应分析的结果

效应	估计	标准误	p 值
截距项	93.91	0.62	<0.0001
边界[复合]	43.05	0.66	<0.0001

续表

效应	估计	标准误	p 值
油红 O [添加]	63.06	0.64	<0.0001
磺异笨酮[添加]	6.19	0.66	<0.0001
脱氧笨酮[添加]	5.55	0.72	<0.0001
边界[复合]×油红 O [添加]	35.02	0.67	<0.0001
区组[1]	5.43	1.79	0.0069
区组[2]	−1.94	1.70	0.2665
区组[3]	−3.16	1.63	0.0682
区组[4]	2.53	1.79	0.1728
区组[5]	6.34	1.63	0.0010
区组[6]	−1.70	1.78	0.3516
区组[7]	−5.45	1.79	0.0065

【Brad】这就是我们运用传统分析解决固定区组效应的分析结果。这个表显示了从包含所有主效应和两因子交互效应的全模型中剔除不显著效应之后得到的简化模型。正如你所看到的，6 个主效应中的 4 个是显著的，两因子交互效应中的 1 个是显著的。我想说这些效应中的 3 个是很大的：边界因子主效应、油红 O 主效应及它们的交互效应。这 3 个效应都是正的，表明用糖混合物及将维生素以油红 O 密封得到了稳定率的较大提升。

【Dr. Xu，指着表 8.9】这个结果和我的发现是一致的，我的结果并不是基于回归方法，而是基于数据表的仔细审查。我很快就发现了 32 次试验中的 8 次试验得到了令人满意的稳定率，这是 200 或更大的稳定率。这 8 次试验只有两个因子设置是相同的：维生素包裹在糖混合物中并用油红 O 密封。因此，你回归的结果验证了我观察数据后的想法。

【Peter】太好了。在任一情况下，都有包含边界因子和油红 O 因子很强的协同交互效应。边界因子和油红 O 因子的主效应是很大的正数，除此之外，还有很强的正交互效应。从筛选研究中看到这么巨大的积极结果总是令人愉快的。

【Dr. Xu】Brad，你说你对数据进行第二次分析，那是为了什么？既然从你刚才给出的分析中我们可以得到明确的结论，我看不需要对同样的数据再次进行分析了。

【Brad】我还用随机区组代替固定区组进行了一次分析。使用固定区组效应分析的问题是不允许我们对未知区组进行预测，因为分析的假设是区组间是完全不相关的。这就使得由一个区组效应分析推广到其他区组是不可能的，例如，对你试验中的稳定率未来值进行预测。我进行的第二次分析本质上是假设所有的区组都是相关的，或者换句话说，它们有共同的特征。从技术上来说，这是把它们当作来自同一个总体的区组来处理的。

【Dr. Xu，边思考边摸着下巴】这让预测成为可能？我在关于方差分析的权威著作中遇到过随机效应，但我不记得在工业界的因析试验和部分因析试验，或响应曲面设计的教科书中遇到过此类应用。

【Peter】我认为这是纯技术的原因。许多统计学家认为用随机效应而不是固定区组效应都是标准的做法。然而，如果你的设计完全不像在方差分析教科书中的平衡设计，那么随机区组效应模型的估计和假设检验在计算上更加复杂。

【Brad】是的。但是现在，使用随机区组已经和使用固定区组一样容易了。现在的统计软件可以处理平衡数据及非平衡数据，这就使得研究人员可以对未知区组进行预测。

【Peter】补充一点，它还让研究人员在安排试验时有了更多的灵活性。这是因为随机区组效应模型并不要求明确估计所有区组效应，只需估计区组效应的方差即可。

【Dr. Xu】因此，对于区组来说，使用随机区组效应只需要估计一个参数，即区组效应的方差，而使用固定区组效应，则需要估计和试验中区组数目相同的区组效应。因为使用随机区组效应时要估计的模型参数更少，所以是否有可能在减少试验次数的同时，仍然可以估计感兴趣的因子效应呢？

【Brad】这是我所知道的设计随机区组效应模型的另一个优势。

【Dr. Xu】这听起来真的很吸引人。现在，因为你提到了预测，我突然想起我们需要稳定率的预测区间。你能提供这样的区间吗？我问这个问题的原因是我们将不得不估计维生素 B 的保质期。当然，我们想要一个保守估计。稳定率预测区间的下界是重要信息，不是吗？

【Brad】完全正确。看看我能帮你做什么吧。

Brad 找出稳定性改进试验数据的随机区组效应分析，屏幕上出现了表 8.11。

表 8.11　随机区组效应分析结果

效应	估计	标准误	DF	t值	p值
截距项	93.91	1.51	6.93	62.07	<0.0001
边界[复合]	43.01	0.66	20.21	65.34	<0.0001
油红O[添加]	63.01	0.64	19.70	99.06	<0.0001
磺异苯酮[添加]	6.16	0.66	20.21	9.36	<0.0001
脱氧苯酮[添加]	5.50	0.71	21.52	7.72	<0.0001
边界[复合]×油红O[添加]	35.10	0.66	20.32	53.10	<0.0001

【Brad，将表 8.11 和表 8.10 并排显示】我们继续。这是我从随机区组效应分析中得到的简化模型。这些显著项刚好也是基于试验数据的固定区组效应分析中的相同项。正如你所看到的，两种分析得出的定性结论一致。

【Peter】随机区组效应分析的一个有趣方面是显著性检验的自由度，它们显示在表中标题为 DF 的列中，都大于 19，这也是固定区组效应分析中假设检验的残差自由度。

【Dr. Xu，查看了固定区组分析的自由度】32 次试验减去截距项的 1 个自由度、4 个显著主效应的 4 个自由度、显著两因子交互效应的 1 个自由度、区组效应的 7 个自由度，提供给我们足足 19 个残差自由度。现在，随机区组效应分析中的这些非整数自由度是从哪里来的？更重要的是，它们表示什么意思？

【Peter】它们来源于一个非常有技术性的问题。我这么说吧，它们是根据两个英国研究人员 Kenward 和 Roger 的方法计算的自由度。Kenward-Roger 自由度大于 19 的事实，从本质上说明随机区组效应分析比固定区组效应分析从数据中提取出更多的信息。例如，对于第一个主效应，随机区组效应分析有 20.21 个自由度。粗略来说，这意味着此分析可以在数据中找到关于第一个主效应的 20.21 个单位的信息，而固定区组效应分析只能提取到关于该主效应的 19 个单位信息。

【Dr. Xu】你是说随机区组效应分析要比固定区组效应分析能从数据中得到更多的信息？

【Peter】是的。固定区组效应分析从本质上说仅使用了统计学家们所说的组内或区组内部信息，然而随机区组效应分析还包含组间或区组之间的信息。

谈话继续，然后终止于对保质期的预测。

8.3 知识探究

8.3.1 包含区组效应的模型

就像我们在第 7 章所解释的那样，分析一个包含 b 个区组每个区组 k 个估测的试验数据，模型需要关于每个区组的可加区组效应。包含可加区组效应的回归模型的一般表达式为

$$Y_{ij} = \boldsymbol{f}'(\boldsymbol{x}_{ij})\boldsymbol{\beta} + \gamma_i + \varepsilon_{ij} \tag{8.1}$$

式中，$\boldsymbol{x}_{ij}$ 是一个由包含所有试验因子并在第 i 个区组中第 j 次试验的水平所组成的向量，$\boldsymbol{f}'(\boldsymbol{x}_{ij})$ 是它的模型扩展，$\boldsymbol{\beta}$ 包含截距项及模型中所有的因子效应，参数 γ_i 表示第 i 个区组效应，ε_{ij} 表示第 i 天的第 j 次试验的随机误差。

区组效应函数描述来自不同区组的响应之间的差异。区组效应降低了响应中不可解释的变异。这导致有关因子效应的功效更大的假设检验。在模型中引入区组效应的好处是众所周知的，在有关试验设计与分析的许多教科书上都有描述。

不被熟知的是关于区组效应我们可以做出两种不同的假设：我们可以假设区组效应是固定的或者随机的。固定区组效应假设是关于工业试验设计与分析的现用教科书中所采用的假设。

使用固定区组效应暗示着区组效应被当作未知固定常量。在随机区组效应方法中，区组效应被看作具有零均值和方差 σ_γ^2 的随机变量实现。我们假设区组效应是从潜在总体中随机抽取的，区组效应彼此之间没有差异。如果我们用固定区组效应建模，那么暗含假设区组效应仅是个数字，彼此之间没有关系。这个逻辑含义是，不存在比较来自不同区组试验结果的基础。因此，如果使用固定区组，就不得不通过比较每个区组内的响应来估计因子效应。

我们更愿意把区组效应看作随机的，有以下三个原因。

(1) 假设随机区组比固定区组效应通常更现实，因为在许多情况下，试验中实际使用的区组会有很多相同之处，可以看作属于某个更大的区组总体。随机区组效应的假设也为未知观测的预测提供了一个框架。这是由于事实中未知区组都是来自同一个区组总体，因此，和在试验中已经使用过的区组具有相同的特性。如果我们用固定区组效应，则一个区组与其他区组之间没有内在相关性。因此，在固定区组效应假设下，我们无法用试验数据对在试验中未试验的区组进行预测。这在许多实际情况下是不希望的。为了避免这种情况，把试验中使用的区组当作将来会观测到的区组总体的代表看起来是合理的。这让我们可以先推广试验结果到未试验的区组，再进行预测。

(2)假设随机区组效应不要求估计所有的区组效应。相反，只需要估计区组效应的方差。因此，牺牲较少的自由度，更多的自由度可以用来估计因子效应。我们认为这是一个非常重要的优点。毕竟进行试验是为了获得因子效应的信息。所以，使自由度可用于估计这些效应是一件好事情。

(3)使用随机区组效应而不是固定区组效应的第三个原因是，对于一个给定设计，可以得到更精确的因子效应估计。这是因为，采用随机区组效应，数据得到了更有效的利用。更具体地，除了区组内部信息，随机区组效应方法还利用区组间信息来估计因子效应。这与固定效应区组方法不同，固定效应区组方法只利用区组内部信息。大体上来说，假设固定区组，归根到底假设试验中的区组是很不同的，以至于从比较不同区组的响应中无法获得任何信息。于是，因子效应只能通过比较属于同一个区组的响应中获得信息来估计。该信息称为组内或区组内部信息。随机区组效应的假设使其可以利用组间信息或区组之间信息来估计因子效应。区组间信息是通过比较区组间响应获得的信息。区组间信息的有用性依赖于试验中的区组有多大差异。如果区组的相互差异很大，那么比较区组间的响应就没有什么意义，因为任何观测到的差异几乎都缘于区组效应。在这种情况下，区组间信息并不会为分析增加多少用处。然而，如果这些区组差异不是很大，那么比较不同区组响应就很有意义。在这种情况下，区组间信息提供了大量的附加价值。假设随机区组效应的一个有趣方面是得到的统计分析，包括因子效应的广义最小二乘(GLS)估计和方差分量的约束极大似然(REML)估计，组合区组内和区组间的信息，得到的因子效应估计具有最高的精度。

在我们看来，第一个和第二个优点是最重要的。第一个优点对于预测未试验点的输出结果是否在模型描述范围内至关重要。第二个优点的重要性在于，它开辟了在相同的试验花费下估计更多的效应，或者在减少试验花费的情况下仍然能够估计相同的因子效应集的前景，有时甚至可能以更低的试验花费来估计更大量的因子效应。有关假设随机区组效应的第三个优点是，因子效应估计精度提高。但这一点不太显著。当区组间的差异相对于残差方差很大，当设计是区组正交的，或者当区组的数量特别小时，这个优点甚至完全消失。

8.3.2 固定区组效应

在矩阵表示法中，分析区组试验数据的模型为

$$\boldsymbol{Y}=\boldsymbol{X\beta}+\boldsymbol{Z\gamma}+\boldsymbol{\varepsilon} \tag{8.2}$$

式中，$\boldsymbol{Y}$、$\boldsymbol{X}$、$\boldsymbol{\beta}$、$\boldsymbol{Z}$、$\boldsymbol{\gamma}$和$\boldsymbol{\varepsilon}$的定义同 7.3.2 节。如果我们假设区组效应是固定参数，那么模型中唯一的随机效应就是残差。我们假设残差是相互独立的，且服从均值为 0 和方差为σ_ε^2的正态分布。

在这些假设下，响应值在向量 $\boldsymbol{Y}$ 中都是相互独立的，它们的方差-协方差矩阵记作 $\mathrm{var}(\boldsymbol{Y})$，等于$\sigma_\varepsilon^2\boldsymbol{I}_n$。因此，我们可以运用普通最小二乘法估计因子效应$\boldsymbol{\beta}$和区组效应$\boldsymbol{\gamma}$。然而，还有一点比较复杂：截距项和区组效应不能被独立地估计，因为$\boldsymbol{Z}$的列和$\boldsymbol{X}$中对应于截距项的列之间存在完全共线性。事实上，将$\boldsymbol{Z}$的行相加产生一个全 1 的列，这和$\boldsymbol{X}$中的截距项列完全相同。我们在 4.3.2 节处理分类试验因子，以及在 6.3.2 节处理混料

试验时已经遇到过这个问题。为了在区组试验中避免这个问题，我们可以使用以下补救方法之一。

(1) 从模型中去掉截距项，在此情况下参数 γ_i 代表第 i 个区组的平均响应。

(2) 在模型中去掉一个参数 γ_i，在此情况下截距项可以被解释为第 i 个区组的平均响应，其余每个 γ_j 是区组 j 和 i 的平均响应之间的差值。

(3) 约束参数 γ_i 的估计值之和为 0，以便截距项可以被解释为各区组的总平均响应，每个 γ_i 表示区组 i 的平均响应和各区组的总平均响应之间的差值。

虽然这 3 个补救措施并没有本质差异(每个补救措施都带来相同的因子效应估计)，但我们还是更倾向于后一种解决方案，因为它保留了截距项作为平均响应的自然解释。共线性问题的解决方法可以通过使用不同类型编码得到，如效应类型编码。模型为

$$\boldsymbol{Y} = \boldsymbol{X\beta} + \boldsymbol{Z}_{\mathrm{ET}}\boldsymbol{\gamma}_{\mathrm{ET}} + \boldsymbol{\varepsilon} \tag{8.3}$$

式中

$$\boldsymbol{Z}_{\mathrm{ET}} = \begin{bmatrix} 1 & 0 & \cdots & 0 \\ \vdots & \vdots & \ddots & \vdots \\ 1 & 0 & \cdots & 0 \\ 0 & 1 & \cdots & 0 \\ \vdots & \vdots & \ddots & \vdots \\ 0 & 1 & \cdots & 0 \\ \vdots & \vdots & \ddots & \vdots \\ -1 & -1 & \cdots & -1 \\ \vdots & \vdots & \ddots & \vdots \\ -1 & -1 & \cdots & -1 \end{bmatrix} \tag{8.4}$$

以及

$$\boldsymbol{\gamma}_{\mathrm{ET}} = [\gamma_1 \ \gamma_2 \ \cdots \ \gamma_{b-1}]'$$

这个模型包括 1 个截距项和 $b-1$ 个区组效应。效应类型编码的主要特点是我们构造 $b-1$ 个新三水平因子并引入模型中。第 i 个三水平因子对于在区组 i 中试验的取值为 1，在最后区组中试验的取值为-1，在其他区组中试验的取值为 0。这就是包含 $b-1$ 个三水平因子的矩阵 $\boldsymbol{Z}_{\mathrm{ET}}$ 具有元素-1、0、1 的原因。它的第一列的前几行都是 1，因为前几个水平组合属于第一个区组；第一列的最后几行都是-1，因为最后几个水平组合属于最后一个区组。包含在向量 $\boldsymbol{\beta}$ 中的截距项和因子效应，以及 $\boldsymbol{\gamma}_{\mathrm{ET}}$ 中的 $b-1$ 个区组效应，都是用普通最小二乘(OLS)估计量来估计的：

$$\begin{aligned} \begin{bmatrix} \hat{\boldsymbol{\beta}} \\ \hat{\boldsymbol{\gamma}}_{\mathrm{ET}} \end{bmatrix} &= ([\boldsymbol{X} \ \ \boldsymbol{Z}_{\mathrm{ET}}]'[\boldsymbol{X} \ \ \boldsymbol{Z}_{\mathrm{ET}}])^{-1}[\boldsymbol{X} \ \ \boldsymbol{Z}_{\mathrm{ET}}]'\boldsymbol{Y} \\ &= \begin{bmatrix} \boldsymbol{X}'\boldsymbol{X} & \boldsymbol{X}'\boldsymbol{Z}_{\mathrm{ET}} \\ \boldsymbol{Z}'_{\mathrm{ET}}\boldsymbol{X} & \boldsymbol{Z}'_{\mathrm{ET}}\boldsymbol{Z}_{\mathrm{ET}} \end{bmatrix}^{-1} \begin{bmatrix} \boldsymbol{X}'\boldsymbol{Y} \\ \boldsymbol{Z}'_{\mathrm{ET}}\boldsymbol{Y} \end{bmatrix} \end{aligned} \tag{8.5}$$

这个估计量的方差-协方差矩阵为

$$\text{var}\begin{bmatrix}\hat{\boldsymbol{\beta}}\\ \hat{\boldsymbol{\gamma}}_{\text{ET}}\end{bmatrix}=\sigma_\varepsilon^2\begin{bmatrix}\boldsymbol{X}'\boldsymbol{X} & \boldsymbol{X}'\boldsymbol{Z}_{\text{ET}}\\ \boldsymbol{Z}'_{\text{ET}}\boldsymbol{X} & \boldsymbol{Z}'_{\text{ET}}\boldsymbol{Z}_{\text{ET}}\end{bmatrix}^{-1} \tag{8.6}$$

矩阵中最相关的部分是对应于因子效应 $\boldsymbol{\beta}$ 估计的这部分。可以证明这部分等于

$$\begin{aligned}\text{var}(\hat{\boldsymbol{\beta}})&=\sigma_\varepsilon^2\{\boldsymbol{X}'\boldsymbol{X}-\boldsymbol{X}'\boldsymbol{Z}_{\text{ET}}(\boldsymbol{Z}'_{\text{ET}}\boldsymbol{Z}_{\text{ET}})^{-1}\boldsymbol{Z}'_{\text{ET}}\boldsymbol{X}\}^{-1}\\&=\sigma_\varepsilon^2\{(\boldsymbol{X}'\boldsymbol{X})^{-1}+\Delta\}\end{aligned} \tag{8.7}$$

这里

$$\Delta=(\boldsymbol{X}'\boldsymbol{X})^{-1}\boldsymbol{X}'\boldsymbol{Z}_{\text{ET}}(\boldsymbol{Z}'_{\text{ET}}\boldsymbol{Z}_{\text{ET}}-\boldsymbol{Z}'_{\text{ET}}\boldsymbol{X}(\boldsymbol{X}'\boldsymbol{X})^{-1}\boldsymbol{X}'\boldsymbol{Z}_{\text{ET}})^{-1}\boldsymbol{Z}'_{\text{ET}}\boldsymbol{X}(\boldsymbol{X}'\boldsymbol{X})^{-1}$$

因为 Δ 是一个正定矩阵，这就说明，一般来讲，$\hat{\boldsymbol{\beta}}$ 的方差大于在没有区组的情况下 $\hat{\boldsymbol{\beta}}$ 的方差-协方差估计 $\sigma_\varepsilon^2(\boldsymbol{X}'\boldsymbol{X})^{-1}$。因此，运行区组试验的影响就是因子效应估计的方差变大了。

然而，这个准则有一个例外。如果设计的选择使得 $\boldsymbol{X}'\boldsymbol{Z}_{\text{ET}}=\boldsymbol{0}_p$，那么因子效应估计 $\hat{\boldsymbol{\beta}}$ 的协方差矩阵减小为

$$\text{var}(\hat{\boldsymbol{\beta}})=\sigma_\varepsilon^2(\boldsymbol{X}'\boldsymbol{X})^{-1} \tag{8.8}$$

以至于没有因为区组引起方差膨胀。可以证明这个条件 $\boldsymbol{X}'\boldsymbol{Z}_{\text{ET}}=\boldsymbol{0}_p$ 等价于式(7.13)中的正交分区组条件。在这种情况下，我们也可以得到

$$\hat{\boldsymbol{\beta}}=(\boldsymbol{X}'\boldsymbol{X})^{-1}\boldsymbol{X}'\boldsymbol{Y} \tag{8.9}$$

这意味着因子效应估计与区组效应是独立的。

我们可以用式(8.7)中方差-协方差矩阵的对角元素和 $\sigma_\varepsilon^2(\boldsymbol{X}'\boldsymbol{X})^{-1}$ 的对角元素之比计算每一个因子效应的方差膨胀因子。方差膨胀因子度量试验中每个个体方差由于区组的存在所增大的程度。方差膨胀因子的值越小，区组对因子效应估计的影响就越小。方差膨胀因子的倒数是一个效率系数，我们在第 7 章中使用过。

8.4 背景阅读

关于区组试验最优设计的更多详细内容可以在 Goos(2002)的第 4 章和第 5 章找到。在这些章节中，回顾了有关这个主题的很多文献，关注点是随机区组效应。Goos(2006)给出了关于区组设计最优性和正交性的一些深入讨论。

Goos and Vandebroek(2001)研究了带有随机区组的区组试验的 D-最优设计，并证明在寻找 D-最优设计时，固定区组效应是一个随机区组效应特殊的、有限的特例。Atkinson and Donev(1989)和 Cook and Nachtsheim(1989)研究了针对固定区组效应的最优设计。

Wu and Hamada (2009)给出了两水平区组设计和三水平区组设计的列表，这些设计是针对固定区组效应构造的。Myers, et al. (2009)和 Montgomery(2009)讨论了如何在区组中安排中心复合设计和 Box-Behnken 设计。在这些教科书上，关注点在正交性上。

Khuri(1992)、Gilmour and Trinca(2000)和 Goos and Vandebroek(2004)给出了关于区

组试验数据分析的更多技术细节和讨论。约束极大似然估计(REML)方法最初是由 Patterson and Thompson(1971)提出的，由 Gilmour and Trinca(2000)建议用来分析区组试验的数据。

8.5 总结

分区组是试验设计中的一个重要概念，在信噪比小的系统的试验中尤其有价值，即在响应中存在大量变异不能被试验因子效应解释时。在这种情形下，由于引入区组因子所带来的不可解释的响应变异减少，因此使得识别更小的效应成为可能。

我们推荐使用随机效应的区组建模。这允许我们对未试验区组的单个试验进行预测，只要试验中的区组和未做试验的区组来自同一个总体。使用随机效应进行区组建模还有一个优点，就是只有一个参数——区组效应的方差——需要估计来解释分析中区组间的差异。因此，分区组和假设随机区组效应的结果是最少只有一个因子效应需要被估计。

从历史上看，研究人员多使用固定效应进行区组建模。这样做有两个明显的弊端。第一，它不可能预测未来试验的响应；第二，假设试验中有 8 个区组，意味着 8−1=7 个区组效应需要被估计。这暗示着与没有区组的情形相比，可以被估计的因子效应会减少 7 个。

总之，与包含固定区组效应模型的试验相比，基于随机区组效应模型的试验，要么允许使用更少次数试验拟合相同模型，要么可以使用相同次数试验估计更多因子效应的模型。

使用随机区组的代价是普通最小二乘估计(OLS)不再是估计因子效应的最佳方法。正确的分析要求使用更复杂的广义最小二乘估计(GLS)。然而，现在的计算能力使得这不再是一个问题。

第 9 章　含有协变量的试验设计

9.1　主要概念

(1) 尽管不能控制某些输入变量，但如果在做试验之前知道它们的取值，依据已知但不可控制的输入变量的值，可以设计最大化总信息的试验。

(2) 当系统随着时间发生线性偏移，在时间上大致均匀地完成每次试验，则在进行每次试验时把时间作为协变量来处理，可以消除偏移的影响。通过选择与时间协变量近似正交的其他变量，可以最大化所有效应的信息。

(3) 利用协变量信息的另一个有用例子来源于预先测量试验材料的重要特征。当人是试验的主体时，有关每个主体的人口统计学信息(concomitant variables，也称为伴随变量)也可以当作一个协变量或多个协变量。

当安排试验时，我们想使用所有可用的信息。有时，这部分信息是协变量的形式，也称为伴随变量。这些变量提供有关试验单元的信息。在本章中，我们将演示在安排试验时如何利用协变量信息。

9.2　案例：聚丙烯试验

9.2.1　问题和设计

Peter 和 Brad 正坐在驶往比利时的 Oudenaarde 小镇的火车上。Peter 简要地向 Brad 介绍了 Oudenaarde 小镇和即将与他们会面的 Marc Desmet。Marc Desmet 是就职于 BelgoPlasma 公司的化学工程师。

【Peter】Oudenaarde 小镇最著名的地标无疑是建于 1538 年晚期哥特式风格的市政厅。它被列入联合国教科文组织的世界遗产名录。在我们坐火车返回之前，我们应该在市政大厅前的大广场上喝一杯，你可以尽情感受 Flanders 的当地特色。

【Brad】听起来是不错的安排。你能告诉我有关我们将要参观公司的更多信息吗？

【Peter】当然。BelgoPlasma 是一家专门从事多用途表面处理的公司。无论是用于制造吸水性或耐水的纺织品，激活聚酰胺薄膜，航空用隔离涂层产品，塑料的印刷、黏合或涂层的预处理，或者是医疗应用中导管和注射器的处理，BelgoPlasma 公司都有合适的解决方案。

【Brad】从名字 BelgoPlasma 来看，他们使用某种等离子处理？

【Peter】是的。准确说是等离子气体处理。等离子体是物质的第四种状态。向物质中输入能量，会使物质从固体变成液体再变成气体，再从气体变为等离子体。BelgoPlasma

公司采用的是低压等离子体设备，等离子体是在低压下将电磁放电注入气体而产生的。处理一个物体时，把它放置在真空室中一段时间，使用适当的能量以一定比例加入一种特殊类型气体，然后在物体表面会发生化学反应。

【Brad】有趣。你是怎么知道这些东西的？

【Peter】我之前帮助 Marc Desmet 工程师做过一些研究，我们将在半小时后见到这位工程师。

【Brad】为什么他现在需要我们的帮助？

【Peter，火车驶进 Oudenaarde 火车站时望着窗外】在电话里，他说了一些有关确定他们处理的塑料中添加剂的剂量。

一小段出租车程后，Brad 和 Peter 在 BelgoPlasma 公司的小型会议室里受到 Marc Desmet 工程师的欢迎。会议室里展出了 BelgoPlasma 公司制造的许多产品。

【Marc】你好，Peter。很高兴再次见到你，非常感谢在这么短的时间内赶过来。

【Peter】不客气。也很高兴见到你。我从 Intrepid Stats 带来了我的伙伴，Brad Jones，他也是一位试验设计专家。

Brad 和 Marc 握握手，进行初次见面的相互寒暄。给每个人点了咖啡之后，Marc 进入正题。

【Marc】对于我们的应用之一，我们现在用不同的配方加工聚丙烯产品。几乎所有的聚丙烯配方都包括各种添加剂，比如乙烯丙烯二烯单体橡胶(也称为 EPDM)、乙烯、乙烯醋酸乙烯酯(EVA)。我现在感兴趣的聚丙烯包含 0～10%的 EPDM[①]，0～15%的乙烯。在大约一半的产品里，会包含 0.5%的 EVA。如果想要聚丙烯有某种颜色，EVA 是一种不可缺少的添加剂。

【Brad】所以，我们这里正在讨论的是含有 3 种添加剂的聚丙烯。

【Marc】是的。问题是即使经过等离子气体处理，这些添加剂也会影响涂层的附着力和聚丙烯的黏合力。我们现在想做的就是确定这 3 种添加剂的剂量，并将这些剂量作为我们供应商的规范。

【Peter】你打算运行一个设计的试验来确定剂量吗？

【Marc】是的，我们打算通过一个试验来研究这 3 种添加剂及 4 个过程变量产生的影响，包括能量、反应时间、气体流速和我们使用等离子气体处理的气体类型。问题是我们不能自由地选择添加剂的配方值。

【Peter】为什么不能？我保证你可以在设计的试验中预定任意聚丙烯配方。

【Marc】确实是的。但在我们的货架上有大量的聚丙烯样品，是我们这里生产的产品代表。我们想利用这些样品来节省时间和费用成本。节省费用是因为我们可以不预订任何新样品，节省时间是因为我们可以避免寻找合适供应商并预定我们想要的精确聚丙烯配方的全部负担。

【Brad】如果你库存的样品中 EPDM 和乙烯的比例值包括你之前指定的范围，这是有道理的。它们的范围是多少？乙烯是 0～15%，EPDM 是 0～10%吗？

【Marc，把他笔记本电脑的屏幕转向 Brad 和 Peter，让他们可以看到表 9.1】你们不

① 原文为 polypropylene，应该为 EPDM。

必担心这点。下表列出了我们要处理的 40 个样本的 EPDM 和乙烯的比例。我还画了两个 EPDM 和乙烯比例的散点图，一个是含有 EVA 的 17 个样本，另一个是不含 EVA 的 23 个样本。图在这里。

表 9.1 BelgoPlasma 公司 40 个样本聚丙烯配方中添加剂的比例

样本	EPDM	乙烯	EVA	样本	EPDM	乙烯	EVA
1	0.04	0.00	是	21	0.04	0.07	是
2	0.02	0.07	是	22	0.04	0.08	否
3	0.01	0.14	是	23	0.04	0.08	是
4	0.01	0.06	否	24	0.02	0.07	否
5	0.09	0.15	是	25	0.08	0.10	否
6	0.09	0.12	否	26	0.03	0.07	是
7	0.04	0.00	否	27	0.03	0.11	否
8	0.01	0.11	是	28	0.04	0.06	否
9	0.09	0.02	否	29	0.08	0.09	是
10	0.10	0.13	否	30	0.09	0.09	是
11	0.05	0.14	否	31	0.04	0.02	否
12	0.01	0.09	否	32	0.09	0.10	否
13	0.09	0.02	是	33	0.07	0.05	否
14	0.10	0.09	是	34	0.08	0.12	否
15	0.07	0.02	否	35	0.03	0.08	是
16	0.10	0.12	是	36	0.07	0.03	是
17	0.01	0.02	否	37	0.07	0.04	是
18	0.10	0.04	是	38	0.07	0.07	否
19	0.04	0.06	否	39	0.06	0.09	否
20	0.04	0.09	否	40	0.04	0.03	否

点了几下鼠标之后，在 Marc 的计算机屏幕上出现图 9.1 所示的散点图。

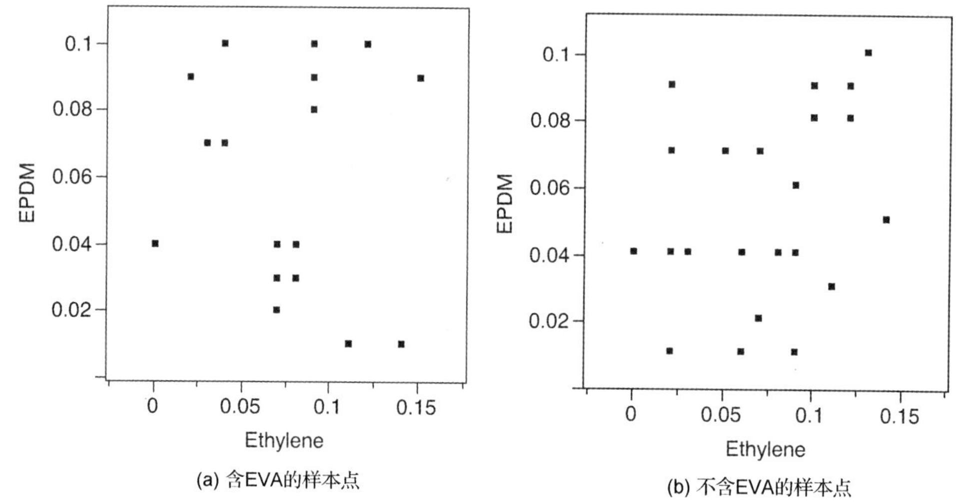

图 9.1 在 Marc 的样本中 EPDM 比例和乙烯比例的散点图

【Peter】不管是含有 EVA 的样本还是不含 EVA 的样本，事实上比例确实有很好的分布。从散点图中很容易看出，这些比例可以四舍五入为两个小数。

【Marc】这不应该引起任何担心。我们想做的是选择这些样本中的一部分用于我们的试验。我们相信能负担得起 18 次试验，所以我们需要 18 个样本集合。

【Brad】最重要的是，你需要 18 次试验用于你想研究的其他因子，包括功率、反应时间、流速和气体类型。

【Marc】是的。我有两种类型的因子。第一种类型的因子是 EPDM 和乙烯的比例，以及是否包含 EVA。对于这类因子，我能做的选择是有限的。第二种类型的因子，我称之为普通试验因子，因为我可以自由地选择它们的水平。

【Peter】我们称第一类因子为协变量。协变量是描述试验单元属性的专业术语。这里，你的样本都是试验单元。在医学试验或市场研究中，术语协变量更常使用，一个试验单元是一个患者或调查对象。

【Marc】听起来感觉你很熟悉我的设计问题?

【Peter】我曾经见过类似于你们的设计问题，但你的这种设计问题涉及 3 个协变量和 40 个试验单元——或者说样本——供选择，并不是一个常规的工业试验设计问题。

【Brad】Peter，当你刚才说你见过类似于 Marc 的设计问题的时候，你是想到了带有时间趋势效应的试验么?

【Peter】是的。

【Marc】时间趋势效应是什吗?

【Brad】在一些试验设置中，因为设备磨损或机器预热，响应会出现偏移。在理想情况下，这种偏移在安排试验时会考虑在内。要解决这个问题，必须把时间作为解释变量加入模型中。可以把执行一次试验的时间看作试验单元"时间窗口"的协变量。

【Marc，迫不及待地】嗯，我可以理解这样的类比。但在谈论别人的问题之前，我更愿意专注于我的问题。

【Peter】在我们为你的问题构造一个好的设计之前，我们需要知道你想拟合的模型。

【Marc】记得在你之前帮我们设计的试验中，即使是我们最新的真空室试验，主效应模型每次都能很好地拟合数据。

【Peter】是的。令我们很惊讶的是，几乎没有过实际上重要的包含添加剂和过程变量的交互效应。

【Brad，拿过来他的笔记本电脑】还有一件事我们必须清楚。你提到将气体类型作为一个试验因子。这是一个分类变量。它有多少个水平?

【Marc】我们通常研究两种不同的活化气体加上一种腐蚀气体，所以有 3 个水平。

【Brad，在他的笔记本电脑上切换】谢谢。实用的话，一个主效应模型就足够好，因为少量试验点足够拟合这样的模型。嗯，我们需要一个模型，包含截距项，对应于协变量的 3 个主效应，对应于定量过程变量时间、功率和流速的 3 个主效应，还有描述分类因子气体类型主效应的两个参数。

【Peter】因此，我们总共需要估计 9 个模型参数：8 个因子效应和 1 个截距项。你能提供 18 次试验就足够了。

这时，Brad 俯身在他的笔记本电脑上输入试验因子的名字。Marc 和 Peter 注视着 Brad 的笔记本电脑屏幕上的步骤，点头同意。

【Brad，转身把内存盘交给 Marc】你能把你的 40 个样本的协变量数值表格存入我的内存盘吗？这是我在为你构造设计之前需要的最后信息。

Marc 很快将表格复制到了 Brad 的内存盘上，没过多久，Brad 就在他的试验设计软件中打开了这张数据表格。

【Brad】哎呀！我们忘记了问你要测量什么响应变量，我希望你的响应不是二元的或者分类的。

【Marc】不，我们的响应变量是定量的，通常是表面张力。

【Peter】我忘了告诉你，Brad，这是 Marc 最喜欢的响应变量，因为聚丙烯的表面张力是涂层和胶水能产生黏附性质量非常好的预测变量。

【Brad】我明白了。

【Marc，看着 Brad】你为什么关心响应变量？

【Brad】是这样的，你的响应变量类型决定了要用什么类型的模型拟合数据。如果你的响应变量是二元的——比如是否有良好的黏附性——那么线性模型就不合适。你应该需要一个 Logistic 回归模型，针对这种模型你需要的试验设计不同于针对我们平时所用的线性模型所需要的试验设计。如果你的响应是一个有序分类变量——比如是否为无、较坏、良好或者完美的黏附性——那么你需要针对另一个模型——累积 Logit 模型的试验设计。

【Marc】但是线性回归模型的普通技术对我的响应变量有效吗？

Peter 和 Brad 点头，Brad 返回到他的笔记本电脑，仅花了几分钟时间生成表 9.2 中的设计。

表 9.2 针对聚丙烯试验包含 EPDM 和乙烯的比例且有无 EVA 作为协变量的 D-最优设计

EPDM	乙烯	EVA	流速	功率	时间	气体类型
0.01	0.14	是	高	高	低	活化气体 1
0.10	0.13	否	低	高	低	腐蚀气体
0.01	0.02	否	低	高	低	活化气体 1
0.09	0.02	否	低	高	低	腐蚀气体
0.04	0.00	是	高	低	低	腐蚀气体
0.09	0.15	是	低	低	低	活化气体 2
0.01	0.11	是	低	低	高	腐蚀气体
0.09	0.02	是	低	高	高	活化气体 1
0.10	0.04	是	高	低	高	活化气体 2
0.04	0.00	否	低	低	低	活化气体 2
0.05	0.14	否	低	低	高	活化气体 1
0.09	0.12	否	高	高	高	活化气体 2
0.01	0.09	否	高	低	高	腐蚀气体
0.10	0.12	是	高	低	低	活化气体 1
0.02	0.07	是	低	高	高	活化气体 2
0.10	0.09	是	高	高	高	腐蚀气体
0.07	0.02	否	高	低	高	活化气体 1
0.01	0.06	否	高	高	低	活化气体 2

【Marc】太快了吧！但是如果你能让我相信这是一个好的设计，会令我印象更深刻。你能直观显示 40 个样本中哪些被选中吗？高水平和低水平的出现同样频繁吗？每种气体都用相同次数吗？

【Brad，画出图 9.2 中的散点图】我逐一来回答这些问题。看这些散点图，它们和你之前给我们展示的一样。在这些散点图中，选中的样本比未选中的样本有更大的点。你可以看到，对于两种含有 EVA 的样本和不含 EVA 的样本，所选中的样本在方框的边界附近。

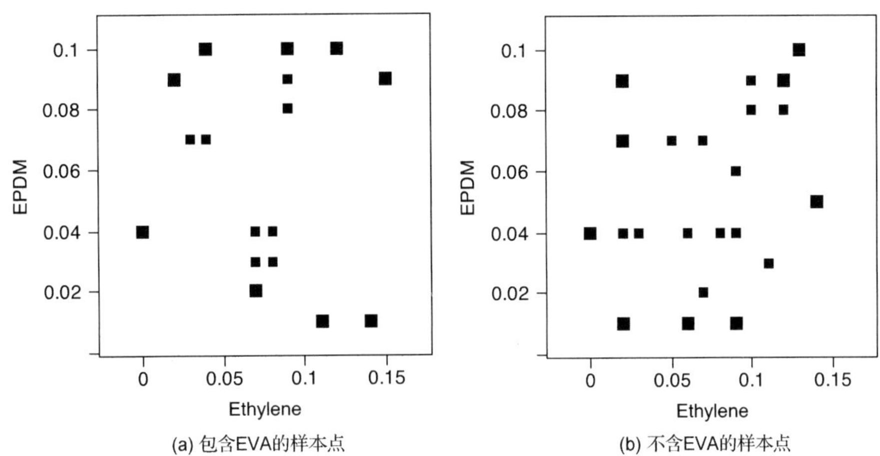

图 9.2　EPDM 比例与乙烯比例的散点图，展示了表 9.2 的 D-最优设计中选择的样本。大方块代表选中的样本

【Marc】选中的样本是最靠近边界的，这样说正确吗？

【Peter】是的。当你仅关注主效应的时候，这些样本点包含了最多的信息。你肯定记得在基础试验设计课程中，针对主效应模型的试验设计，其所有试验因子尽可能选取最低和最高的因子水平。

【Brad，看到 Marc 点头同意】对，你也可以看到 9 个选中的样本含有 EVA，而其他 9 个不含 EVA。

【Marc，专注于表 9.2，展示设计】我也可以看出，3 种类型的气体都被使用了相同的次数。并且我看到功率、时间和流速这些因子的低水平和高水平都出现了 9 次。这是相当吸引人的。顺便说一下，我们将使用 1000sccm 和 2000sccm 作为流速的水平，500(W) 和 2000(W) 作为功率的水平，以及 2 分钟和 15 分钟作为反应时间的水平。

Brad 又开始启动软件，并且迅速上下移动鼠标，在他创建的交互直方图上反复点击。他利用直方图的可视化表达他的观点。

【Brad，注视着图 9.3(a) 中的直方图，其中深色阴影区域对应包含了活化气体 1 的试验点】这个设计真的很完美。看看用活化气体 1 的 6 次试验，图中的阴影显示，你需要在流速的低水平下做 3 次试验，在高水平下做另外 3 次试验。

【Marc】所以，你是通过点击对应气体类型直方图的滚动条，选择使用活化气体 1 的 6 次试验吗？那么我可以看到，我要在低水平的流速下做 3 次试验并在高水平的流速下做 3 次试验；同时，这 6 次试验在功率和反应时间因子上的水平也是平衡的。我理解得对吗？

【Brad，展示图 9.3(b) 和 (c)】是的。此外，如果我们继续看活化气体 2，再看腐蚀气体，我们可以看到完全一样的结果。

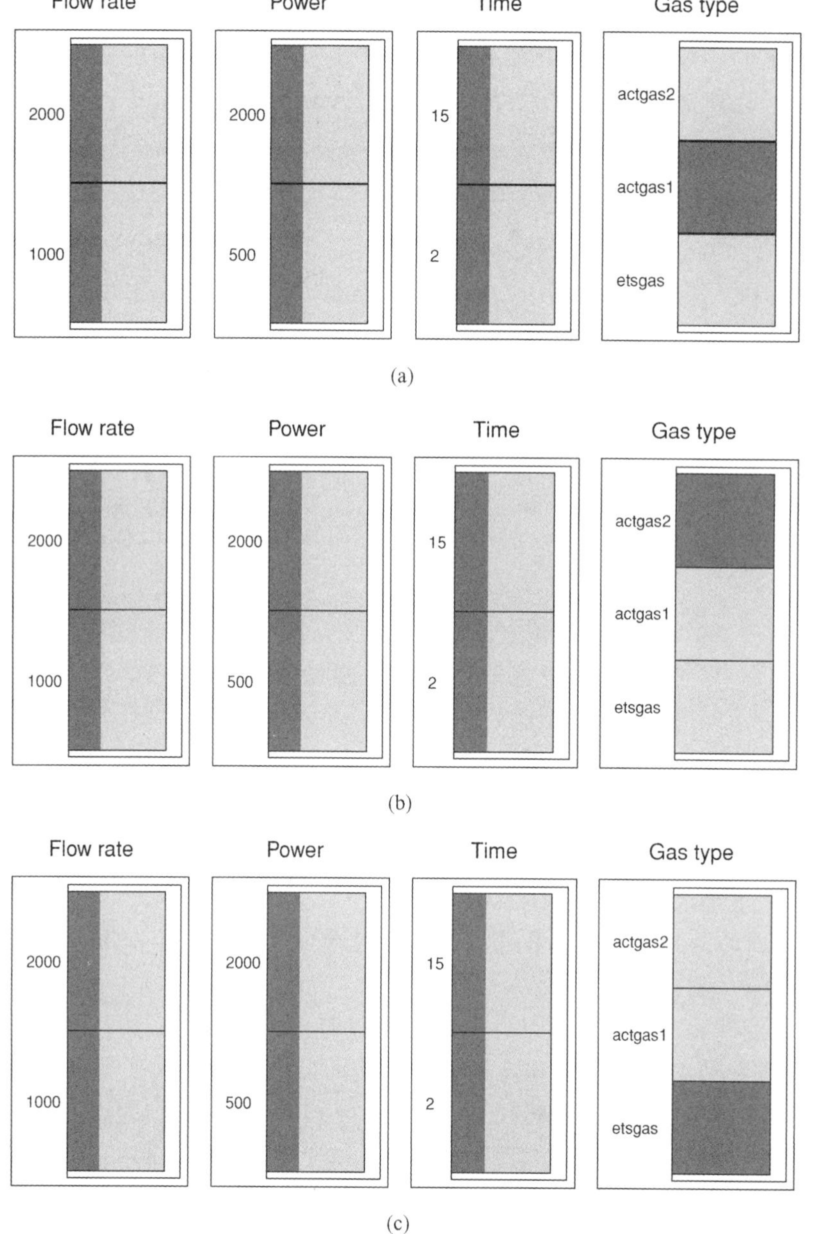

图 9.3 对应于每种气体类型、显示流速、功率和时间因子的高水平与低水平频数的直方图

【Marc】我觉得这个设计会非常有效。但是还有最后一个问题。我们决定使用在仓库中存储的聚丙烯样品。如果我们订购由试验设计决定的具体规格的新样品，我们会做得更好吗？

【Peter】Brad，你为什么不构造一个这样的设计，把 EPDM 和乙烯的比例及有无 EVA 作为已知的？

【Brad】当然可以。

这次，Brad 构造了一个新设计，包含 6 个普通的两水平因子和 1 个三水平分类因子。计算结果显示在表 9.3 中。

表 9.3　把 EPDM 和乙烯的比例、有无 EVA 都作为普通试验因子的聚丙烯试验的 D-最优设计

EPDM	乙烯	EVA	流速	功率	时间	气体类型
0.00	0.15	否	低	低	低	活化气体 2
0.10	0.00	是	低	高	高	活化气体 1
0.10	0.00	否	低	高	高	腐蚀气体
0.00	0.15	否	高	高	低	活化气体 1
0.10	0.00	是	高	高	高	活化气体 2
0.00	0.15	是	低	低	高	腐蚀气体
0.00	0.15	否	低	高	高	活化气体 1
0.10	0.00	是	低	高	第	腐蚀气体
0.10	0.15	是	高	低	高	活化气体 1
0.10	0.15	是	低	高	低	活化气体 2
0.00	0.00	否	高	高	高	活化气体 2
0.00	0.00	是	高	低	低	活化气体 1
0.10	0.15	否	高	低	低	活化气体 2
0.10	0.15	否	高	低	高	腐蚀气体
0.00	0.00	否	高	低	低	腐蚀气体
0.00	0.00	是	低	低	高	活化气体 2
0.10	0.00	否	低	低	低	活化气体 1
0.00	0.15	是	高	高	低	腐蚀气体

【Brad，使用和图 9.3 一样的交互直方图】这个设计和我之前计算的设计具有相同的平衡性，但是现在你可以看到，最重要的是，我们在 EPDM 因子的低水平和高水平下各有 9 次试验，在乙烯因子的低水平和高水平下也各有 9 次试验。

【Peter】这种附带的平衡性在因子效应估计的精确度方面能起到什么作用？

Brad 花了一些时间来计算表 9.4。他放大了表中数值的字体，以便 Marc 和 Peter 能更容易地看清它们。

表 9.4　在表 9.2 中设计把 EPDM 和乙烯的比例及有无 EVA 作为协变量、在表 9.3 中把 EPDM 和乙烯的比例及有无 EVA 作为普通试验因子的相对标准误

系数	表 9.2	表 9.3
截距项	0.2362	0.2358
EPDM	0.2893	0.2408
乙烯	0.3491	0.2408
EVA	0.2435	0.2408
流速	0.2394	0.2408
功率	0.2396	0.2408
时间	0.2400	0.2408
气体类型 1	0.3335	0.3333
气体类型 2	0.3338	0.3333

【Brad】这个表比较了我构造的两个设计。左边一列显示对于使用 Marc 的聚丙烯样

品设计的因子效应估计的标准误，相对于误差的标准差σ_ε；右边一列显示的是将协变量作为普通因子的设计结果。

【Peter】由第一个设计估计的协变量 EPDM 和乙烯的标准误明显比第二个设计的大，但对于两种设计的其他因子效应的标准误几乎是一样的。注意，对于分类协变量的 EVA，这两种设计之间几乎没有差异。这是因为两个设计平衡了含有 EVA 的试验次数和不含 EVA 的试验次数。

【Marc】乙烯的估计有最大的标准误，是 0.3491。这看起来比普通试验因子的因子效应估计的标准误还大。

【Brad】你的信噪比通常有多大？我的意思是，你的因子效应与误差方差平方根σ_ε的比值是多少？

【Peter】我看了以前写给你的旧报告，Marc，我遇到的最小信噪比大于 3。所以，不用担心。

会议随后结束。Marc 承诺在之后的几天内按照表 9.2 中的设计做试验，并将试验结果通过电子邮件发送给 Peter 和 Brad。

9.2.2 数据分析

一个星期后，Peter 和 Brad 回到 Oudenaarde，展示他们关于聚丙烯试验数据的分析结果。数据如表 9.5 所示。流速以标准立方厘米/分钟(standard cubic centimeters per minute，sccm)表示，功率以瓦特(Watt)表示，反应时间以分钟(minute)表示。测量表面张力响应的单位是毫牛顿/米(mN/m)。当给 Peter 发送数据时，Marc 写到他自己已经分析了数据以获取初步信息，但是他不确定在研究中用于分类因子的代码。这使得他很难解释软件的输出结果。因此，Peter 在展示他的结果时采用了比以往更多的技术细节。

表 9.5 聚丙烯试验的设计与响应

EPDM	乙烯	EVA	流速	功率	时间	气体类型	表面张力
0.01	0.14	是	2000	2000	2	活化气体 1	39.02
0.10	0.13	否	1000	2000	2	腐蚀气体	56.81
0.01	0.02	否	1000	2000	2	活化气体 1	43.29
0.09	0.02	否	1000	2000	2	腐蚀气体	62.69
0.04	0.00	是	2000	500	2	腐蚀气体	39.51
0.09	0.15	是	1000	500	2	活化气体 2	26.18
0.01	0.11	是	1000	500	15	腐蚀气体	40.37
0.09	0.02	是	1000	2000	15	活化气体 1	57.80
0.10	0.04	是	2000	500	15	活化气体 2	32.61
0.04	0.00	否	1000	500	2	活化气体 2	23.40
0.05	0.14	否	1000	500	15	活化气体 1	27.26
0.09	0.12	否	2000	2000	15	活化气体 2	45.34
0.01	0.09	否	2000	500	15	腐蚀气体	37.80
0.10	0.12	是	2000	500	2	活化气体 1	23.93
0.02	0.07	是	1000	2000	15	活化气体 2	50.37

续表

EPDM	乙烯	EVA	流速	功率	时间	气体类型	表面张力
0.10	0.09	是	2000	2000	15	腐蚀气体	66.56
0.07	0.02	否	2000	500	15	活化气体 1	32.59
0.01	0.06	否	2000	2000	2	活化气体 2	36.67

【Peter】我已经用主效应模型拟合了你的数据，得到的模型在接下来的两张幻灯片中。首先，我展示的是当你想要处理的产品含有 EVA 时模型的形式。

Peter 的下一张幻灯片给出了 3 个不同方程：

$$\begin{aligned}\text{表面张力(EVA, 腐蚀气体)} &= 41.06+1.50+9.27+2.98\text{EPDM}-3.27\text{乙烯}-\\&\quad 1.37\text{流速}+10.05\text{电力}+3.24\text{时间}\\&=51.83+2.98\text{EPDM}-3.27\text{乙烯}-1.37\text{流速}+\\&\quad 10.05\text{电力}+3.24\text{时间}\end{aligned}$$

$$\begin{aligned}\text{表面张力(EVA, 腐蚀气体1)} &= 38.89+2.98\text{EPDM}-3.27\text{乙烯}-\\&\quad 1.37\text{流速}+10.05\text{电力}+3.24\text{时间}\end{aligned}$$

$$\begin{aligned}\text{表面张力(EVA, 腐蚀气体2)} &= 36.97+2.98\text{EPDM}-3.27\text{乙烯}-\\&\quad 1.37\text{流速}+10.05\text{电力}+3.24\text{时间}\end{aligned}$$

【Peter】下面是当你想要处理的产品不含 EVA 时的模型形式。

Peter 的下一张幻灯片显示这 3 个方程：

$$\begin{aligned}\text{表面张力(EVA, 活化气体)} &= 41.06+1.50+9.27+2.98\text{EPDM}-3.27\text{乙烯}-\\&\quad 1.37\text{流速}+10.05\text{电力}+3.24\text{时间}\\&=48.83+2.98\text{EPDM}-3.27\text{乙烯}-1.37\text{流速}+\\&\quad 10.05\text{电力}+3.24\text{时间}\end{aligned}$$

$$\begin{aligned}\text{表面张力(EVA,活化气体1)} &= 38.89+2.98\text{EPDM}-3.27\text{乙烯}-\\&\quad 1.37\text{流速}+10.05\text{电力}+3.24\text{时间}\end{aligned}$$

$$\begin{aligned}\text{表面张力(EVA, 活化气体2)} &= 33.97+2.98\text{EPDM}-3.27\text{乙烯}-\\&\quad 1.37\text{流速}+10.05\text{电力}+3.24\text{时间}\end{aligned}$$

【Peter】这些方程显示了所有想要知道的因子效应。6 个方程中的每一个都显示加入 EPDM 对于表面张力具有正效应，而加入乙烯具有负效应。流速有很小的负效应。最后，增加功率有一个大的正效应，增加反应时间有一个中等的正效应。

【Marc】我要如何解释 EPDM 因子的效应值 2.98 呢？

【Peter】记住在分析中我们使用的编码因子水平：–1 代表一个定量因子——如 EPDM——的低水平，+1 代表它的高水平。数值 2.98 意味着从 EPDM 低水平改变到中等水平或者从中等水平改变到高水平，会导致表面张力的增量为 2.98。因此，EPDM 的比例从低水平增加到高水平导致表面张力增加 2.98 的 2 倍，即 5.96。在你的数据中，EPDM 比例的最低值为 1%，最高值为 10%，意味着你需要提高 9%的 EPDM 比例以实现表面张力增加 5.96。

【Marc】这是显然的。现在，当我看到在你的两个幻灯片中 3 个模型截距的差异时，我可以知道使用腐蚀气体比使用活化气体 1 能够导致表面张力高出约 13 个单位，比使用活化气体 2 高出 15 个单位，对吗?

Peter 点头，Marc 继续说。

【Marc，边说边打开他的笔记本电脑并生成表 9.6】比较两张幻灯片中的模型，我可以知道表面张力的截距项相差 3 个单位。当包含 EVA 时，方程有高出 3 个单位的截距项。这说明当你解释回归分析的标准输出时，你必须小心谨慎。下面是我得到的输出结果。

表 9.6 聚丙烯试验的因子效应估计

效应	估计	标准误	*t* 值	*p* 值
截距项	41.0621	0.3199	128.37	<0.0001
EPDM(0.01,0.1)	2.9771	0.3918	7.60	<0.0001
乙烯(0,0.15)	–3.2658	0.4730	–6.90	<0.0001
EVA(是)	1.5003	0.3299	4.55	0.0014
流速(1000,2000)	–1.3682	0.3243	–4.22	0.0022
功率(500,2000)	10.0548	0.3245	30.98	<0.0001
时间(2,15)	3.2417	0.3252	9.97	<0.0001
气体类型(腐蚀气体)	9.2681	0.4517	20.52	<0.0001
气体类型(活化气体 1)	–3.6746	0.4522	–8.13	<0.0001

Peter 和 Brad 来到 Marc 的屏幕前。

【Marc】将这个表中大多数的因子效应和你幻灯片中的预测方程联系起来并不困难。但如果你不知道所使用的编码，可能得到的预测或者解释相差很远。在输出结果中没有提到所使用编码的类型。

【Brad】你说得对，这就是为什么软件带有绘图工具帮助你理解因子效应。你把鼠标向下滚动一点，就会看到它。

【Marc】我们马上做下面的事。首先，请解释一下我如何能计算活化气体 2 的影响。在这张表中没有这种气体。

【Peter，指着 Marc 笔记本上的表 9.6】你可以看这儿，对应腐蚀气体和活化气体 1 的两个虚拟变量的系数估计分别是 9.2681 和–3.6746。这两个系数可以告诉我们，腐蚀气体和活化气体 1 之间表面张力的差值是 9.2681–(–3.6746)即 12.9427，所有其他的变量都相等。要知道使用活化气体 2 的影响，你需要知道存在第三个隐含系数。气体类型的 3 个系数估计总和被约束为零，包括输出的两个系数估计和隐含的一个系数估计。从而，第三个隐含系数为其他两个系数之和的相反数。因此，活化气体 2 的隐含系数估计为–[9.2681+(–3.6746)]，即–5.5935。这个系数是 3 个系数中最小的。所以，第三个活化气体产生最小的表面张力，比活化气体 1 低大约 2 个单位，比腐蚀气体低大约 15 个单位。

【Brad】Peter，你所说的完全正确，但它假定分类因子水平采用的编码是效应类型编码。

【Marc】以前从来没有听说过效应类型编码。你能解释如何用吗?

【Peter】当然可以。让我们用你的三水平气体类型因子作为例子。为了得到它的效应，我们需要在模型中设置两个虚拟变量。我们有一个分类因子，需要用因子水平个数减 1 个虚拟变量。这里有 3 种气体类型，所以需要 3 减 1 个虚拟变量。这解释了为什么你在软件的输出中只能看到两个气体类型的估计。你需要将第一个虚拟变量对于用腐蚀性气体的所有试验赋值为 1，对于用活化气体 1 的所有试验赋值为 0，对于用活化气体 2 的所有试验赋值为–1；第二个虚拟变量对于带有腐蚀性气体的所有试验赋值为 0，对于用活化气体 1 的所有试验赋值为 1，对于用活化气体 2 的所有试验赋值为–1。如果你使用这样的编码，则约束分类因子的 3 个效应和为 0，这是解决共线性的一种典型方法。如果 3 个效应总和为 0，只要你知道前两个效应，就不难计算第三个效应。

【Marc】是的。我的表格显示了另一件有趣的事情，即所有因子都有显著的效应，因为在表中所有的 p 值都小于 0.05。

【Peter】这里有一点需要注意，由于两个 p 值与一个三水平分类因子有关。而这些 p 值不是特别有用，因为它们依赖于你使用虚拟变量的编码。对于一个三水平分类因子，如果你想要一个有用的 p 值，你需要看输出结果中的下一个表格。

Peter 弯腰并在 Marc 的笔记本电脑上单击“向下翻页”键，表 9.7 显示出来。

表 9.7　聚丙烯试验中协变量和试验因子的显著性检验

因子	自由度	平方和	F 值	p 值
EPDM(0.01,0.1)	1	105.91	57.73	<0.0001
乙烯(0,0.15)	1	87.47	47.68	0.0001
EVA	1	37.93	20.68	0.0014
流速(1000,2000)	1	32.65	17.80	0.0022
功率(500,2000)	1	1761.27	960.01	<0.0001
时间(2,15)	1	182.34	99.39	<0.0001
气体类型	2	783.77	213.60	<0.0001

【Peter】我们继续。在这个表中，我们对每个因子都做显著性检验，这种检验不依赖于编码。这张表的最后一行有气体类型的有意义的 p 值。你可以看到，p 值是非常小的，气体类型是极其显著的。为了得到这个 p 值，软件要同时检验气体类型虚拟变量的两个系数是否显著不等于零。

【Marc】这对我来说是新知识，我还很奇怪软件为什么不提供单个 p 值。不管怎样，我们现在看 Brad 提到的图形工具。

【Peter】好的。不过让我先总结我的两个幻灯片上的方程。我们从方程中了解的是更高比例的 EPDM、更低比例的乙烯、加入 EVA、更低的流速、更高水平的功率和更长的反应时间都会引起表面张力的增加，进而产生更好的黏附性。我们也看到腐蚀气体好于第一种活化气体，而第一种活化气体又好于第二种活化气体。

【Brad】那就是，在 1000sccm 的流速和 2000W 的功率条件下使用腐蚀气体反应 15 分钟，我们可以得到最大产出。

【Marc】我的管理部门并不会非常满意这个解决方案的。腐蚀气体非常昂贵，我们要尽可能地少用。另外，15 分钟反应时间太长。只要有可能，我们更喜欢使用 2 分钟，因为这让我们在每个单位时间内生产 7.5 倍的产品。反应时间太长，我们将永远满足不了需求。

【Peter，浏览着他为会议准备的幻灯片】前几次到这里，我就希望你说出这样的要求。这里，我有张幻灯片的试验能满足你想要的方案，就是使用两种便宜气体中更好的活化气体 1，并且反应时间为 2 分钟。

【Marc】太棒了，Peter。你有在等离子气体行业开展一番新事业的正确思维模式。

【Peter】谢谢，但我更喜欢我们的咨询工作带来各种各样的项目。请看我的幻灯片，你可以看到两个预测的表面张力。每一个预测都基于假设条件，等离子气体处理使用活化气体 1 和仅 2 分钟反应时间。我已经将流速固定为 1000sccm，因为这个因子的低值可提供最高的表面张力。

【Marc】这也是一个很好的选择，因为低流速比高流速更便宜。

【Peter】对于功率、EPDM 及乙烯的比例，我使用中间值：1250W 的功率、5%的 EPDM 比例和 7.5%的乙烯比例。

【Marc】听起来很合理。

【Peter】对于含有 EVA 的聚丙烯样品，我得到的预测是 36.68mN/m；对于不含 EVA 的样品，我得到的预测是 33.68mN/m。95%的预测区间分别是[34.87mN/m, 38.5mN/m]和[31.98mN/m, 35.39mN/m]。从而，预测区间的宽度大约为 3.5mN/m。

【Marc】Peter，你知道我们喜欢的表面张力是 32mN/m 或更高。我现在想要做的是在使用活化气体 1，输入你设置的流速、时间和功率的情况下，找出 EPDM 和乙烯的比例为什么值时能提供可接受的表面张力。

【Peter】要回答你的问题，最好看看表面张力的等高线图——作为 EPDM 和乙烯的比例的函数。这里，我们需要两张等高线图，一张用于包含 EVA 的样品，一张用于不含 EVA 的样品。稍等片刻。

几分钟之后，Peter 生成了图 9.4 中的等高线图。

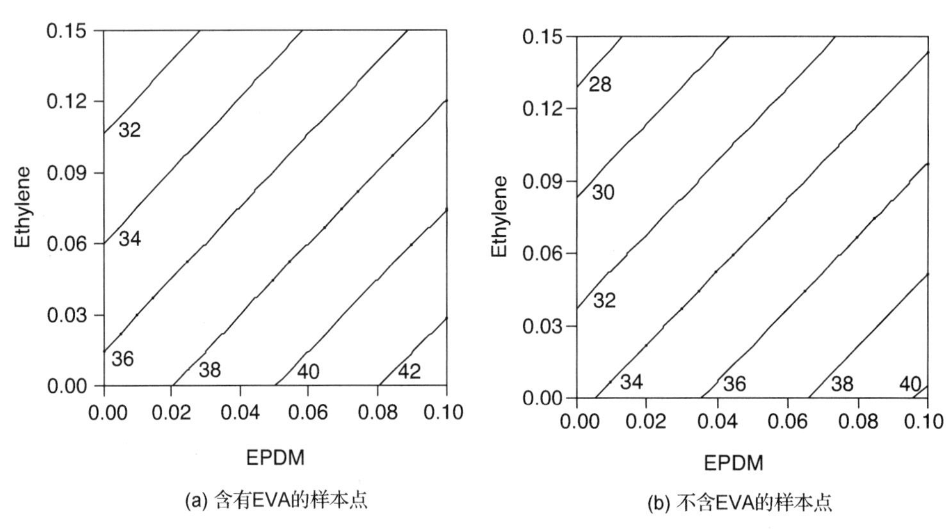

图 9.4 预测表面张力的等高线图——作为 EPDM 和乙烯的比例的函数

【Peter】我们开始吧。现在我们可以利用这张图粗略了解包含 EVA 样品和不含 EVA

样品的 EPDM 和乙烯的比例可接受值。我们先从包含 EVA 的样品开始。

【Brad】如果我理解正确，你想要的表面张力是 32mN/m 或者更高。大家可能会想看标记为 32 的等高线，认为这条线东南方向的聚丙烯样本都会给出令人满意的结果。然而，这样做会忽略预测误差。我要做的是以下内容。你计算的预测区间宽度约为 3.5mN/m，所以预测下限比预测点要低约 1.75mN/m。从而，当我们确定 EPDM 和乙烯的比例的剂量时，我们必须在最小可接受的表面张力值 32mN/m 上再加 1.75mN/m。因此，我们必须查看表面张力为 33.75mN/m 的等高线。在 Peter 刚画的图中我看到没有这条线，那么我们将查看表面张力为 34mN/m 的等高线。

采用活化气体 1，1000sccm 的流速，1250W 的功率，2 分钟的反应时间。

【Peter】我们稍后可以做准确的数学计算。继续吧。

【Brad，走近白板，从壁架上拿起一支可擦写笔，做一些计算】这条等高线穿过点(0,0.06)和(0.06,0.15)。因此，该等高线的方程是

乙烯比例=0.06+1.5EPDM 比例

对于可接受的聚丙烯样品，EPDM 与乙烯的比例应满足不等式

乙烯比例≤min(0.15,0.06+1.5EPDM 比例)

【Marc，从壁架拿起另一支笔】提供的聚丙烯样本含有 EVA。对于不含 EVA 的样本，相关的等高线穿过原点(0, 0)和(0.10, 0.15)。粗略地说，那条等高线的方程是

乙烯比例=1.5EPDM 比例

所以，样品应该满足不等式

乙烯比例≤1.5EPDM 比例

【Peter】你说对了。

【Brad】该程序是基于 95%的预测区间的下限。进而，你将获得 97.5%的合格品和 2.5%的不合格品。这可以接受吗？

【Marc，挠着头】我的第一反应是接受。无论如何，这比我们目前的表现好得多。我晚上要考虑这个问题。今天我的收获足够多了，我的大脑即将体验信息超载的感觉。如果你能在报告中总结我们今天讨论的所有内容，我将不胜感激。你能同时给出聚丙烯样本剂量的计算细节吗？

【Brad】好的！

【Marc】好极了。现在，你可以介绍你提到的图形化工具吗？

【Brad，演示图 9.5 中的图形】当然可以。我们开始吧。这个图的好处是，你不需要知道任何关于表示因子效应的因子编码。这个图形的一条曲线对应一个试验因子。因子的水平是在横轴上，预测的响应是在纵轴上。

【Peter】该图清晰地展示了前 6 个因子的线性效应，以及气体类型分类因子的效应。对于每个因子都有一条垂直的虚线，表明选择因子的水平；对应这些水平的预测响应值 36.7，以及 95%置信区间显示在纵轴上。

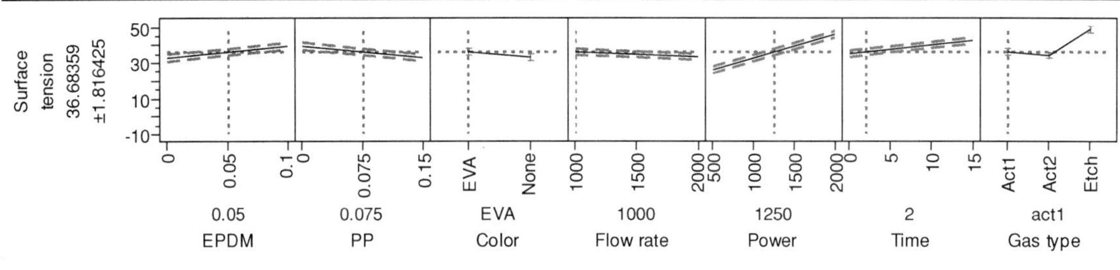

图 9.5 聚丙烯试验中因子效应的图形表现

【Marc】Brad 选择的水平符合你的建议——对吧，Peter?

【Brad】是的，但你也可以交互地改变因子水平，观察这个因子如何影响响应。

【Peter】如果存在交互效应，那么你也会看到一个因子效应是如何随另一个因子水平改变的。然而，在我们的模型中只有主效应，使得我们现在不能给你展示这个好的性质。

【Marc】在任何情况下，这个图都是一个非常有用的工具。非常感谢你们的帮助。

9.3 知识探究

9.3.1 协变量或伴随变量

在聚丙烯案例研究中，Peter 提到当前的设计问题包括协变量。协变量的另一个名字是伴随变量。协变量的主要特征是它的值可以被测量，但是它并不在试验的控制下。在一次试验中，它是试验单元的一个特征。粗略地说，一个试验单元是每次试验中的对象——一个项目或者一个人。在聚丙烯试验中，试验单元为 18 个聚丙烯样本，测得的特征是 EPDM 和乙烯的比例以及有无 EVA。所以，这里有两个定量的协变量和一个分类的协变量。在医学试验中，试验单元是患者，可能的协变量是血压、性别或年龄。注意到，在大多数的教科书中，术语协变量仅用于定量变量。然而，使用定量协变量的原理同样适用于分类的变量。因此，根据我们的目的，协变量可以是定量的，也可以是分类的。

在本节中，我们将详细解释如何处理在试验设计中这些种类的变量。首先，我们一般性地讨论这个问题。然后，我们专注于一个具体的协变量——时间，并且展示如何计算无趋势或抗趋势的设计试验。

在我们的论述中，假设协变量的值在实际做试验之前是知道的。这样，我们可以考虑这些值，选择试验因子的水平组合。

9.3.2 协变量存在时的模型和设计准则

9.3.2.1 模型和使用场景

对于从含有协变量的试验中得到的数据，我们使用的模型和在第 2～5 章选择的模型是相同的。进而，在这些章节中讨论的模型估计方法及推断过程同样可以用于含有协变量的情形。

我们可以使用的最简单的模型是主效应模型。如果将 m 个试验因子(在试验者控制下)

表示为 $x_1,x_2,\cdots,x_m$，且 c 个协变量(不在试验者控制下)表示为 $z_1,z_2,\cdots,z_c$，则包含协变量试验的主效应模型为

$$\begin{aligned}\boldsymbol{Y} &= \boldsymbol{\beta}_0 + \boldsymbol{\beta}_1 x_1 + \cdots + \boldsymbol{\beta}_m x_m + \gamma_1 z_1 + \cdots + \gamma_c z_c + \varepsilon \\ &= \boldsymbol{\beta}_0 + \sum_{i=1}^{m} \boldsymbol{\beta}_i x_i + \sum_{i=1}^{c} \gamma_i z_i\end{aligned} \tag{9.1}$$

这是一类模型，Marc、Peter 和 Brad 用其分析聚丙烯试验的数据。在某些情况下，由于某些试验因子的交互效应，这个模型是不充分的。在这种情况下，更合适的模型可能是

$$\boldsymbol{Y} = \boldsymbol{\beta}_0 + \sum_{i=1}^{m} \boldsymbol{\beta}_i x_i + \sum_{i=1}^{m-i} \sum_{j=i+1}^{m} \boldsymbol{\beta}_{ij} x_i x_j \sum_{i=1}^{c} \gamma_i z_i + \varepsilon \tag{9.2}$$

另一个有趣的可能性是存在试验因子和协变量的交互效应。试验因子对响应的效应依赖于一个或多个协变量的水平。我们必须增加一些项来扩展模型，一方面描述试验因子的交互效应，另一方面描述协变量。

$$\boldsymbol{Y} = \boldsymbol{\beta}_0 + \sum_{i=1}^{m} \boldsymbol{\beta}_i x_i + \sum_{i=1}^{m-i} \sum_{j=i+1}^{m} \boldsymbol{\beta}_{ij} x_i x_j \sum_{i=1}^{c} \gamma_i z_i + \sum_{i=1}^{m} \sum_{j=1}^{c} \boldsymbol{\beta}_{ij}^{\mathrm{EC}} + x_i z_j + \varepsilon \tag{9.3}$$

在这个模型中,我们使用上标 EC 来强调包含试验因子和协变量的交互效应与仅包含试验因子间交互效应的区别。协变量之间也可能存在交互效应。这将产生以下模型：

$$\boldsymbol{Y} = \boldsymbol{\beta}_0 + \sum_{i=1}^{m} \boldsymbol{\beta}_i x_i + \sum_{i=1}^{m-i} \sum_{j=i+1}^{m} \boldsymbol{\beta}_{ij} x_i x_j \sum_{i=1}^{c} \gamma_i z_i + \sum_{i=1}^{c-1} \sum_{j=i+1}^{c} \gamma_{ij} z_i z_j + \sum_{i=1}^{m} \sum_{j=1}^{c} \boldsymbol{\beta}_{ij}^{\mathrm{EC}} + x_i z_j + \varepsilon \tag{9.4}$$

从这个模型中剔除包含协变量的交互效应，会导致对因子效应的估计产生偏差。进而，只要试验次数足够多，我们建议验证这些交互效应是否显著不等于零，即使它们不是主要关注的。

用矩阵表示，式(9.1)～(9.4)中的每个模型都可写为

$$\boldsymbol{Y} = \boldsymbol{X\beta} + \boldsymbol{Z\gamma} + \boldsymbol{\varepsilon} \tag{9.5}$$

对于主效应模型(9.1)，我们有

$$\boldsymbol{X} = \begin{bmatrix} 1 & x_{11} & \cdots & x_{m1} \\ 1 & x_{12} & \cdots & x_{m2} \\ \vdots & \vdots & \ddots & \vdots \\ 1 & x_{1n} & \cdots & x_{mn} \end{bmatrix} \tag{9.6}$$

$$\boldsymbol{Z} = \begin{bmatrix} 1 & z_{11} & \cdots & \mathrm{z}_{c1} \\ 1 & z_{12} & \cdots & \mathrm{z}_{c2} \\ \vdots & \vdots & \ddots & \vdots \\ 1 & \mathrm{z}_{1n} & \cdots & \mathrm{z}_{cn} \end{bmatrix} \tag{9.7}$$

$$\boldsymbol{\beta} = [\beta_0 \quad \beta_1 \quad \cdots \quad \beta_m]'$$

以及

$$\boldsymbol{\gamma}=[\gamma_1 \quad \gamma_2 \quad \cdots \quad \gamma_{c\text{-}1}]'$$

对于主效应和交互效应模型(9.4)，矩阵 $\boldsymbol{X}$ 和 $\boldsymbol{Z}$ 变成

$$\boldsymbol{X}=\begin{bmatrix} 1 & x_{11} & \cdots & x_{m1} & x_{11}x_{21} & \cdots & x_{m-1,1}x_{m1} & x_{11}z_{11} & \cdots & x_{m1}z_{c1} \\ 1 & x_{12} & \cdots & x_{m2} & x_{12}x_{22} & \cdots & x_{m-1,2}x_{m2} & x_{12}z_{12} & \cdots & x_{m2}z_{c2} \\ \vdots & \vdots & \ddots & \vdots & \vdots & \ddots & \vdots & \vdots & \ddots & \vdots \\ 1 & x_{1n} & \cdots & x_{mn} & x_{1n}x_{2n} & \cdots & x_{m-1,n}x_{mn} & x_{1n}z_{1n} & \cdots & x_{mn}z_{cn} \end{bmatrix} \tag{9.8}$$

$$\boldsymbol{Z}=\begin{bmatrix} z_{11} & \cdots & z_{c1} & z_{11}z_{21} & \cdots & z_{c-1,1}z_{c1} \\ z_{12} & \cdots & z_{c2} & z_{12}z_{22} & \cdots & z_{c-1,2}z_{c2} \\ \vdots & \ddots & \vdots & \vdots & \ddots & \vdots \\ z_{1n} & \cdots & z_{cn} & z_{1n}z_{2n} & \cdots & z_{c-1,n}z_{cn} \end{bmatrix} \tag{9.9}$$

而

$$\boldsymbol{\beta}=[\beta_0 \quad \beta_1 \quad \cdots \quad \beta_m \quad \beta_{12} \quad \cdots \quad \beta_{m-1,m} \quad \beta_{12}^{\text{EC}} \quad \cdots \quad \beta_{mc}^{\text{EC}}]'$$

和

$$\boldsymbol{\gamma}=[\gamma_1 \quad \gamma_2 \quad \cdots \quad \gamma_c \quad \gamma_{12} \quad \cdots \quad \gamma_{c-1,c}]'$$

现在我们可以区分两个不同但相关的试验设计问题：

(1) 在一些应用中，可用的试验单元数大于观测的预算数。例如，在聚丙烯试验中，40 个不同样本是可用的，但仅 18 个样本就够了。试验者可以选择使用试验单元的一个子集，以及协变量的数值来进行试验。在这种情况下，试验者面临两方面的设计问题：不仅必须选择因子水平组合，而且还必须确定要使用的试验单元。用专业术语说，试验者必须优化 $\boldsymbol{X}$ 和 $\boldsymbol{Z}$。

(2) 在其他应用中，观测值的数目与可用的试验单元数相同。在这种情况下，设计问题就简化了，因为必须选择的只是试验因子的水平组合。所以，试验者只需要优化 $\boldsymbol{X}$。我们将在 9.3.3 节给出在这种场景下的一个例子，并展示在具有时间趋势效应的条件下，如何构造一个试验设计。

9.3.2.2 估计

模型(9.1)～(9.4)包含两组效应。第一组包含试验因子 $x_1,x_2,\cdots,x_m$ 的效应，所有这些效应都被包含在向量 $\boldsymbol{\beta}$ 中；第二组包含协变量 $z_1,z_2,\cdots,z_c$ 的效应，这些效应包含在向量 $\boldsymbol{\gamma}$ 中。在一些应用中(如聚丙烯试验)，估计 $\boldsymbol{\beta}$ 和 $\boldsymbol{\gamma}$ 对于试验者同样重要。在其他应用中，试验者的主要兴趣是估计 $\boldsymbol{\beta}$，而协变量被包含在模型中是为了确保因子效应的估计是无偏的，不受可能显著协变量效应的影响，以降低误差方差，对 $\boldsymbol{\beta}$ 中因子效应进行更大功效的推断。在这种情况下，协变量被认为是讨厌的参数，试验者不关注 $\boldsymbol{\gamma}$ 中因子效应的精确估计。

在任何情况下，模型(9.1)～(9.4)中参数向量 $\boldsymbol{\beta}$ 和 $\boldsymbol{\gamma}$ 的普通最小二乘估计是

$$\begin{bmatrix}\hat{\boldsymbol{\beta}}\\ \hat{\boldsymbol{\gamma}}\end{bmatrix}=([X\ \ Z]'[X\ \ Z])^{-1}[X\ \ Z]'Y
=\begin{bmatrix}X'X & X'Z\\ Z'X & Z'Z\end{bmatrix}^{-1}\begin{bmatrix}X'Y\\ Z'Y\end{bmatrix} \tag{9.10}$$

方差-协方差矩阵为

$$\mathrm{var}\begin{bmatrix}\hat{\boldsymbol{\beta}}\\ \hat{\boldsymbol{\gamma}}\end{bmatrix}=\sigma_{\varepsilon}^{2}\begin{bmatrix}X'X & X'Z\\ Z'X & Z'Z\end{bmatrix}^{-1} \tag{9.11}$$

式(9.10)的普通最小二乘估计和式(9.11)的方差-协方差矩阵，分别与带有固定区组效应试验的式(8.5)的普通最小二乘估计和式(8.6)的方差-协方差矩阵具有完全相同的结构。

9.3.2.3　D-最优设计

最小化式(9.11)中方差-协方差矩阵的行列式，得到针对估计两个向量$\boldsymbol{\beta}$和$\boldsymbol{\gamma}$ 的 D-最优设计。等价地，可以最大化 D-准则值

$$D=\begin{vmatrix}X'X & X'Z\\ Z'X & Z'Z\end{vmatrix} \tag{9.12}$$

上式等于

$$D=|Z'Z|\left|X'X-X'Z(Z'Z)^{-1}Z'X\right| \tag{9.13}$$

这个表达式说明，关于模型参数的全部信息，采用 D-准则值测度，可以分解为两部分：关于协变量效应的信息(用$|Z'Z|$测度)，和关于因子效应的信息——在需要估计协变量效应的情形下(用$|X'X-X'Z(Z'Z)^{-1}Z'X|$测度)。

根据实际的应用，关于协变量效应的信息可能是固定的，也可能不是固定的。如在聚丙烯试验中，如果试验者可以选择试验单元和相应的协变量，那么关于协变量效应的信息量$|Z'Z|$，就取决于试验单元的选择。然而，如果试验者无法选择用于试验的单元，则$|Z'Z|$是固定的。在后一种情况下，寻找 D-最优设计要求最大化

$$|X'X-X'Z(Z'Z)^{-1}Z'X| \tag{9.14}$$

在 Z 和$(Z'Z)^{-1}$为固定的情况下，上面行列式的计算量较小。当选择协变量是设计问题的一部分时，这种计算简化是不可能的。

9.3.2.4　$\mathrm{D_s}$-或 D_{β}-最优设计

当协变量被看作冗余参数时，尽可能精确地估计这些效应几乎没有好处。在这种情况下，最好选择一个设计最优准则，着重精确估计试验因子 $x_1,x_2,\cdots,x_m$ 的效应。不再是最小化式(9.11)中$\boldsymbol{\beta}$和$\boldsymbol{\gamma}$ 估计量的方差-协方差矩阵的行列式，而是更希望最小化$\boldsymbol{\beta}$估计量的方差-协方差矩阵的行列式。这个方差-协方差矩阵为

$$\mathrm{var}(\hat{\boldsymbol{\beta}})=\sigma_{\varepsilon}^{2}\left\{X'X-X'Z(Z'Z)^{-1}Z'X\right\}^{-1} \tag{9.15}$$

最小化这个矩阵的行列式，可以得到 $\mathrm{D_s}$-或 D_{β}-最优设计。也可以通过最大化这个矩阵逆矩阵的行列式得到一个 $\mathrm{D_s}$-或 D_{β}-最优设计：

$$|X'X-X'Z(Z'Z)^{-1}Z'X| \tag{9.16}$$

这个行列式和构造带固定协变量的 D-最优设计而最大化的行列式是相同的。进而，当协变量是固定的时，D-最优设计和 D_s-或 D_β-最优设计是相同的。

术语 D_s-最优中下标 s 是子集 subset 的缩写。因此，命名 D_s-最优设计强调的是，我们想要的设计是针对模型参数子集的 D-最优设计。这个参数子集包含在向量$\boldsymbol{\beta}$中，因此也可以使用术语 D_β-最优。

9.3.2.5　方差膨胀

一般来说，模型中协变量的存在会导致因子效应估计的方差膨胀。这个方差膨胀和我们在第 8 章讨论的方差膨胀类似。只要 $\boldsymbol{X}'Z$ 是零矩阵，也就是当协变量与试验因子是完全相互正交的，方差膨胀就递减为零。如果协变量是有很多不同水平的连续变量，则这个正交性是很难实现的。

然而，值得注意的是，D-最优和 D_β-最优都有一种试图满足正交性和促使方差膨胀下降的内在激励。这是因为，只要 $\boldsymbol{X}'Z$ 是零矩阵，对于给定的 $\boldsymbol{X}$，行列式$|X'X-X'Z(Z'Z)^{-1}Z'X|$就是最大的。粗略地说，D-最优设计或者 D_β-最优设计会导致因子效应估计的最小方差膨胀，以及试验因子和协变量之间的正交性或者近似正交性。换句话说，如果使用 D-最优设计或者 D_β-最优设计，则协变量效应估计和因子效应估计之间的相关性很小甚至没有。

注意，一个区组因子可以看作一个分类的协变量。因为这种分类协变量能取有限个数的水平，在区组因子的效应类型编码下，常常能找到 $\boldsymbol{X}'Z$ 为零矩阵的设计。我们称这样的设计是正交分区组的。

9.3.3　对时间趋势的设计稳健

很多工业试验和物理与工程科学中的试验是一个试验接着一个试验依次进行。当使用单个设备或者一个试点工厂时，时间趋势可能会影响结果。例如，测试发动机或注模塑成型设备中沉积物的逐渐积累可能会对响应有系统性影响。催化剂老化或者在碾压或切割工艺中的磨损，也可能导致响应有趋势。

在这种情况下，我们应该把时间作为协变量加入模型中。如果时间趋势是线性的，一个适当的包含时间协变量的线性效应模型为

$$\boldsymbol{Y}=\boldsymbol{\beta}_0+\sum_{i=1}^{m}\boldsymbol{\beta}_i x_i+\sum_{i=1}^{m-i}\sum_{j=i+1}^{m}\boldsymbol{\beta}_{ij}x_i x_j+\gamma t+\varepsilon \tag{9.17}$$

式中，t 是进行试验的时间点。如果预期有二次时间趋势，那么二次时间趋势必须加入模型中

$$\boldsymbol{Y}=\boldsymbol{\beta}_0+\sum_{i=1}^{m}\boldsymbol{\beta}_i x_i+\sum_{i=1}^{m-i}\sum_{j=i+1}^{m}\boldsymbol{\beta}_{ij}x_i x_j+\gamma t+\gamma_2 t^2+\varepsilon \tag{9.18}$$

这些模型是式(9.1)～(9.4)中模型的特例。因此，9.3.2 节介绍的方法可以完全转换用于包含时间趋势的问题。

对于所有可能的协变量，时间趋势在所有文献中受到的关注最多。这导致产生了用

于带时间趋势效应试验的一个专门词汇。因为试验次序对于设计试验的质量非常重要，在时间趋势效应出现的情况下术语最优试验次序常被用作最优设计的同义词。如果矩阵 $\boldsymbol{X}$ 的行排列使得试验因子的设置，和它们的交互效应列或更高阶效应列完全正交于时间趋势效应，这个设计或者试验次序就是趋势稳健的，也称无趋势的或抗趋势的。

表 9.8 的前 3 列显示了一个三因子试验设计。在主效应模型假设和时间趋势是线性的情况下，该设计是趋势稳健的。这个设计是一个 2^3 的因析设计，因为它包括 3 个两水平因子 x_1、x_2、x_3 的全部 8 个水平组合。相对较容易验证这个设计是趋势稳健的。为了进行检验，我们需要计算交叉乘积 x_1t、x_2t 和 x_3t，验证它们的和为零。需要的计算在这个表的后 5 列给出。因为在这个试验中的 8 个时间点是固定的，所以在表 9.8 中的设计是 D-最优设计，也是 D_β-最优设计。

表 9.8　用于带有 3 个因子和一个线性时间趋势的主效应模型的趋势稳健设计（及 D-最优设计和 D_β-最优设计）

x_1	x_2	x_3	时间（未编码）	时间 t（编码）	x_1t	x_2t	x_3t
1	−1	−1	1	−1.000	−1.000	1.000	1.000
−1	1	−1	2	−0.714	0.714	−0.714	0.714
−1	1	1	3	−0.429	0.429	−0.429	−0.429
1	−1	1	4	−0.143	−0.143	0.143	−0.143
1	1	1	5	0.143	0.143	0.143	0.143
−1	−1	1	6	0.429	−0.429	−0.429	0.429
−1	−1	−1	7	0.714	−0.714	−0.714	−0.714
1	1	−1	8	1.000	1.000	1.000	−1.000
				求和	0.000	0.000	0.000

由于设计的趋势稳健性，与没有时间趋势的情形相比较，x_1、x_2 和 x_3 的主效应估计的方差没有膨胀。这个结论显示在表 9.9 中。该表给出了存在线性时间趋势情形下表 9.8 中趋势稳健 2^3 因子设计的主效应估计的相对方差，相较于不存在时间趋势情形下一个 2^3 设计的主效应估计的相对方差。对于每个因子效应的估计，无论时间趋势是否存在，方差都是 1/8 或 0.125。

表 9.9　在线性时间趋势出现或不出现的情况下主效应估计的相对方差

效应	存在	不存在
截距项	0.125	0.125
x_1	0.125	0.125
x_2	0.125	0.125
x_3	0.125	0.125
时间 t	0.292	—

一旦模型包含交互效应或者更高阶时间趋势，找到一个趋势稳健设计就是相当困难的。表 9.10 显示了用于包含主效应与两因子交互效应的模型的三因子 D-最优设计和 D_β-

最优设计。和 3 个因子水平一起，也显示矩阵 $\boldsymbol{X}$ 中对应于交互效应的列。我们需要这些列来检验设计的趋势稳健性。结果显示，这个设计不是完全的趋势稳健。表 9.10 的后 4 列显示，这个设计对于估计 x_1 的主效应和包含 x_1、x_2 的交互效应是趋势稳健的，但是对于估计 x_2 的主效应和包含 x_1、x_2 的交互效应不是趋势稳健的。

表 9.10 带有 3 个因子和线性时间趋势并包含主效应和两因子交互效应模型的 D-最优设计和 D_β-最优设计

x_1	x_2	x_3	x_1x_2	x_1x_3	x_2x_3	时间 t（编码）	x_1t	x_2t	x_1x_2t	x_2x_3t
1	−1	−1	−1	−1	1	−1.000	−1.000	1.000	−1.000	1.000
−1	1	−1	−1	1	−1	−0.714	0.714	−0.714	−0.714	−0.714
−1	1	1	−1	−1	1	−0.429	0.429	−0.429	0.429	−0.429
1	−1	1	−1	1	−1	−0.143	−0.143	0.143	0.143	0.143
1	1	1	1	1	1	0.143	0.143	0.143	0.143	−0.143
−1	−1	1	1	−1	−1	0.429	−0.429	−0.429	−0.429	0.429
−1	−1	−1	1	1	1	0.714	−0.714	−0.714	0.714	0.714
1	1	−1	1	−1	−1	1.000	1.000	1.000	−1.000	−1.000
						和	0.000	0.571	−1.714	0.000

我们也可以通过查看表 9.11 来理解这一点。表 9.11 对比了含有时间趋势和不含时间趋势情况下的因子效应估计的相对方差。

表 9.11 存在线性时间趋势和不存在线性时间趋势的主效应和交互效应估计的相对方差

效应	存在	不存在
截距项	0.125	0.125
x_1	0.125	0.125
x_2	0.127	0.125
x_3	0.127	0.125
x_1x_2	0.143	0.125
x_1x_3	0.143	0.125
x_2x_3	0.125	0.125
时间 t	0.383	—

x_1 主效应和 x_2 与 x_3 交互效应没有方差膨胀，x_2 主效应估计的方差有微小膨胀，x_1 与 x_2 交互效应估计的方差有较大膨胀。x_2 主效应估计的微小方差膨胀是因为所有 x_2t 数值之和不为零,x_1 与 x_2 交互效应估计的较大方差膨胀是因为所有 x_1x_2t 的数值之和与零的差值更大。

一般来说，我们通过取 $(X'X-X'Z(Z'Z)^{-1}Z'X)^{-1}$ 的对角元素与 $(X'X)^{-1}$ 的对角元素之比，获得在这种情况下因子效应估计的方差膨胀系数。方差膨胀系数的倒数是效率系数，和我们在第 7 章区组试验中使用的系数类似。

对于模型中所有的因子效应，一个设计趋势稳健性的程度，可以使用如下度量进行描述：

$$趋势稳健性 = \left(\frac{|X'X - X'Z(Z'Z)^{-1}Z'X|}{|X'X|} \right)^{\frac{1}{p}} \tag{9.19}$$

式中，p 是向量 $\boldsymbol{\beta}$ 中参数的个数。这个趋势稳健性的整体度量，比较了含有时间趋势情况下设计的信息量(利用分子数量表示)和不含时间趋势情况下设计的信息量(利用分母数量表示)。如果一个设计对于所有模型项都是趋势稳健的，那么这两个信息量是相等的，这个设计的趋势稳健值是 100%。表 9.10 中设计的趋势稳健值是 96.19%。

9.3.4　构造设计算法

当协变量信息可用时，有两种不同的构造最优试验设计的方法。一般来说，针对含有协变量问题的设计矩阵是

$$\boldsymbol{D} = \begin{bmatrix} x_{11} & \cdots & x_{m1} & z_{11} & \cdots & z_{c1} \\ x_{12} & \cdots & x_{m2} & z_{12} & \cdots & z_{c2} \\ \vdots & \ddots & \vdots & \vdots & \ddots & \vdots \\ x_{1n} & \cdots & x_{mn} & z_{1n} & \cdots & z_{cn} \end{bmatrix}$$

两种情形的设计构造算法都逐行遍历设计矩阵，以提高设计的最优性准则值。

对于可用的试验单元数等于预算的试验次数的情形，这个逐行遍历的过程是最简单的，因为设计矩阵中对应协变量的部分是固定的。在这种情形下，坐标交换算法只对普通试验因子列进行，与我们在 2.3.9 节描述的方法完全相同。

对于可用的试验单元数大于预算的试验次数的情形，我们必须既优化试验因子水平，又要从使用的协变量列表中选择最佳协变量的可能取值或者数值组合。可以逐个坐标地优化试验因子的水平，与在原始的坐标交换算法中一样。然而，对于优化协变量的坐标值，我们选择可用的协变量值的所有可能向量替换设计矩阵中的每一个向量($z_{1i},\cdots, z_{ci}$)(确保每个试验单元仅使用一次)。如果这些替换中的某一个导致了最优准则值的改进，那么这些改进中的最佳结果就被保存下来。

9.3.5　随机化或不随机化

实施一个试验设计时，通常的建议是随机化试验的次序，并随机分配因子水平组合给试验单元。存在协变量或时间趋势的情况下，最好使用成体系的试验单元分配或成体系的试验次序，因为这将确保对于单独的每个试验，试验因子效应无偏、不会受到协变量影响，并以最大精度进行估计。这与随机化方法不同，随机化方法仅当对大量试验进行平均时提供保护，防止有偏估计。对于一个具体的试验，随机化方法可能会产生一个不是趋势稳健的试验次序，也可能会产生一个导致因子效应估计方差显著膨胀的试验单元分配。

在这种情况下，我们想强调的是，存在可以随机化的其他方式，而不是选用一个随机试验次序。随机化的一种可能方式是随机安排试验因子在设计列中。最重要的是，我们还可以随机指定因子的高水平和低水平。因此，使用一个系统试验次序或系统性地分配试验单元并不一定意味着完全不存在随机化。

9.3.6 结语

存在时间趋势的情况下，可能会很难确定这个趋势是线性的还是二次的。因为适用于二次时间趋势的一个设计，也会适用于线性趋势，所以在这种情况下，我们建议在先验模型中包括线性时间趋势效应和二次时间趋势效应。

趋势稳健设计和近似趋势稳健设计的主要特点是从一个试验到下一个试验时涉及因子水平的大量交换。当因子水平很难或非常费时地设定或改变时，运行一个趋势稳健设计的试验的成本是相当高的。这将使那些不喜欢每次试验都重置因子水平的实际工作者感到趋势稳健设计在实际中是不可行的。在这种情况下，我们想强调的是，为了试验观测是独立的，即使一个因子水平在两次连续试验中是相同的，也要求每次试验独立地重新设定因子水平。不这样做会导致产生相关的观测值，使得适当的数据分析更加复杂，甚至在某些情况下，适当的数据分析是无法实现的。当每次试验很难独立地重置因子水平时，我们建议使用裂区设计或条区设计。这些设计将在第 10 章和第 11 章中详细讨论。如果时间趋势效应和难变因子同时存在，则有必要构造趋势稳健的裂区设计或条区设计。

9.4 背景阅读

存在时间趋势效应的情况下，试验设计中含有协变量信息的一般问题在文献中受到的关注要远远少于最优试验设计和试验设计的试验次序问题。Harville(1974) 和 Nachtsheim(1989) 讨论了存在一般协变量情况下的试验设计问题。Joiner 和 Campbell(1976)给出了带有时间趋势的 4 个有趣试验例子，而 Hill (1960)总结了关于趋势稳健设计的早期文献。Daniel and Wilcoxon(1966)提出了针对完全因析试验和部分因析试验的趋势稳健的试验次序。后续的研究工作是在给定因子水平组合集的情况下寻找趋势稳健的试验次序，参见 Cheng and Jacroux(1988)、Cheng(1990)、John(1990)、Cheng and Steinberg(1991)及 Mee and Romanova(2010)。Atkinson and Donev(1996)提出了同时选择因子水平组合和试验次序的一个算法。

Tack and Vandebroek(2002)和 Goos et al. (2005)讨论了在时间趋势和区组因子同时存在的情况下最优试验次序的构造。Carrano et al. (2006)讨论了带有时间趋势效应的裂区试验。趋势稳健的试验次序涉及很多因子水平从一次试验到另一次试验发生改变的事实(可能会不方便且昂贵)激发了 Tack and Vandebroek(2001, 2003, 2004)搜索既是趋势稳健又有成本效益的设计。

与搜索趋势稳健设计相关的一个研究方向是存在序列相关性的情况下最优试验设计的研究。试验设计经常是一次试验接着另一次试验，在连续两次观测之间有很短的时间间隔。因此，响应可能呈现序列相关性。在这种情况下，试验设计的水平组合实施次序也会影响因子效应估计的精度。存在序列相关性的情况下，找出标准试验设计的试验次序问题受到了如下作者的关注：Constantine(1989)搜索了因析设计的有效试验次序；Cheng and Steinberg(1991)提出了逆折叠式算法以构造两水平因析设计的高效试验次序；Martin et al.(1998b)提出了关于两水平因析设计的一些结果；Martin et al.(1998a)讨论了多水平因析设计的有效试验次序；Zhou(2001)在存在序列相关性的情况下，给出了针对稳健因析设计和稳健部分因析设计的试验次序的稳健准则。所有这些作者都将注意力集中在主效应模型和主效应加交互效应模型上。Garroi et al.(2009)讨论了针对估计二阶响应曲面模型的试验设计的最优运行次序。

9.5　总结

在做试验之前研究者已经具有关于试验单元的某些特征的信息，这种情况经常发生。试验单元的统计概念是有难度的，但一般来说，它仅仅是指每次试验过程中处理的材料。当你认为试验单元的特征会对响应有较大影响时，在设计试验的过程中自然会考虑这些特征。我们称这些测量试验单元特征的因子为协变量。这些因子可以是连续或分类的。它们不同于其他连续或分类的试验因子，你不能直接控制协变量。在这种意义下，协变量类似于区组因子。与忽略协变量信息且使用试验单元完全随机化的试验相比，围绕协变量水平设计试验降低了因子效应估计的标准误。

在案例研究中，聚丙烯试验的水平组合使用了仓库中现成的具有不同但已知成分的材料，即协变量。这比订购具有严格规格成分的新材料更方便。

在“知识探究”中，我们演示了将时间作为协变量这一方法同样有效。当你预期响应随着时间漂移时，把时间作为协变量是完全可行的。

第10章　裂 区 设 计

10.1　主要概念

(1)在一个试验中，改变试验点之间一些重要因子的水平比较困难。这就要求对试验点进行分组，使得这些因子的水平在组内相同而在组间不同。这样就产生了一类特殊的区组试验，即裂区试验。

(2)因为在组内难变因子的水平相同，所以裂区试验不是完全随机化设计。然而，还是有两处随机化：各组试验点之间的顺序是随机的；每组内试验点的顺序是随机的。

(3)裂区试验的模型是混合模型(包含固定和随机效应)，此模型适合用广义最小二乘法(GLS)进行分析，而不是用普通最小二乘法(OLS)。

(4)各种方差最优标准(如 D-最优、A-最优、I-最优)都有推广形式，以适用于裂区结构。

我们的案例研究了在一个风洞中进行的试验，其中一部分因子的水平可以在不关闭风洞的情形下改变，而另一些因子的水平则需要关闭风洞才能改变。由于两次试验间都进行风洞的关闭和重启是无法承受的，因此在风洞内进行完全随机化设计是不可行的。

本章中，我们讨论如何构造设计，适用于分析每组试验点中有一个或多个因子水平保持不变的情形。我们还会讲解这些裂区设计的分析方法，并与完全随机化设计数据所得到的推断结果进行比较。

10.2　案例：风洞试验

10.2.1　问题与设计

Brad 和 Peter 正开车行驶在从 Richmond 到 Norfolk 的 I64 公路上，目的地是位于 Virginia 州 Hampton 市的 NASA Langley 试验中心里的 Langley 全尺寸隧道(LFST)。

【Peter】我从来没去过风洞。

【Brad】我也是。我们今天去的不是一个简单的风洞，它是修建于 20 世纪 20 年代的 LFST，有着将近 80 年的历史。

【Peter】哇！对于一个风洞试验室而言，80 年的历史相当长了。

【Brad】是啊。因此有谣言说它该退休了。

Brad 从 261B 口出来，并提到这家风洞试验室曾用于所有二战飞机、各种潜艇及水星进入舱的试验。

【Peter】那么我们今天去那儿做什么？

【Brad】赛车改进。Langley 试验室在测试 NASCAR 赛车上有着悠久的传统。如果我没记错的话，今天他们将测试的是 NASCAR Winston 杯的雪佛兰蒙特卡洛的改装车。

【Peter】真别扭，按你说的，如果他们有这么多测试赛车的经验，为什么还要求助我们呢？

【Brad】NASCAR 测试中心的主管 Marc Cavendish 去年 10 月出席了你在 Roanoke 的 FTC 会议上关于带有难变因子试验的演讲。他在电话里说那次经历让他获益匪浅，他发现裂区设计让他做 50 次试验所花费的时间是做 28 次完全随机化设计的 80%。

【Peter，在听到裂区设计后更加兴奋】啊，我知道了，这是他找我们的原因。

Brad 停好车。15 分钟后，他和 Peter 通过安检并见到了欢迎他们的 Dr. Cavendish。在前往风洞试验室的路上，Dr. Cavendish 介绍了自己的背景。他在 Old Dominion 大学获得了航空航天工程博士学位，从 1999 年至今担任 LFST 的首席工程师。

【Dr. Cavendish】我很荣幸在这里工作，并且指导了大量的风洞试验。我上过很多关于试验设计的课，我书架上的设计教材可不是摆设，里面好的例子都被我标记出来了。

【Peter】你们开展的试验一定很有挑战性。不然，像你这样的试验设计专家是不会需要帮助的。

【Dr. Cavendish】是啊。在我们进入技术层面的细节之前，我先简单介绍下试验设计在 LFST 的历史。当时，我将统计设计和分析方法引入风洞试验中是一大进步。传统的测试方法是在保持其他因子水平不变的同时，只改变一个因子水平。这种方法难以检测重要输入因子的交互效应。显然，这导致我们错过了很多改善产品质量的机会。

【Brad】那管理层肯定了你们的新方法了吗？

【Dr. Cavendish】是的，我的老板很肯定，同时给了我进行新尝试的空间。

当他们进入风洞后，Dr. Cavendish 领着 Peter 和 Brad 走到一辆赛车前。

【Dr. Cavendish】这是我们最新款的赛车，我们最近正在研究它。

【Brad】电话里你提到这个试验包含难变因子和易变因子。

【Dr. Cavendish】是的，根据对这款车型过往 7 年的研究经验，我们选取了 4 个变量：前底盘高度，后底盘高度，偏航角，关闭或打开汽车的下部冷却入口。

【Peter】偏航角是什么？

【Dr. Cavendish】就是车头和一些参照物之间的角度。在风洞试验室中，我们可以很容易地调整这个角度，因为它是电动的。

【Brad】所以偏航角是易变因子，我猜测关闭或打开汽车的下部冷却入口也是易变因子。

【Dr. Cavendish】是的，我们通过胶带覆盖或露出全部或部分冷却入口进行改变。改变前、后底盘高度时，每次都需要关闭风洞，以调节每个轮胎的底盘高度。另外，还要确保轮胎负载在承受范围内，并且是平衡的。

【Peter】这听上去比贴上或撕开胶带复杂多了。

【Dr. Cavendish】对，所以我们有两个难变因子和两个易变因子。

Cavendish 打开了随身带着的公文包，拿出两张纸递给了 Peter 和 Brad，上面列着表 10.1。

【Dr. Cavendish】这个表格里包含已有的试验因子及每个因子的水平。汽车前、后底盘高度的中心水平分别是 3.5 英寸和 35 英寸，因为 NASCAR 只允许在这些值附近有很小的变动。

表 10.1 风洞试验的因子及其水平

因子（标签）	类型	低水平	中心水平	高水平
前车身高度	难变	3.0in	3.5in	4.0in
后车身高度	难变	34in	35in	36in
偏航角	易变	−3.0°	−1.0°	+1.0°
进气格栅带覆盖率	易变	0%	50%	100%

【Peter】你们计划好用什么类型的试验了吗？

【Dr. Cavendish】我们近些年对包含 4 个因子的试验用的都是完全随机化设计，通常是一个 28 次试验的中心复合设计。这种设计非常麻烦。为了确保因子效应的估计不被潜在变量所污染，我们对 28 个试验点进行了随机排序。在每次试验中我们都重新设定每个因子的水平，以确保所有的试验点之间是独立的。

【Brad，吹着口哨】哇，我很少碰到愿意每次试验都对因子水平重置的试验者。无论如何，这是证实使用普通最小二乘估计因子效应的合理性所需要做的努力。

【Dr. Cavendish】毫无疑问，对每次试验都进行因子水平重置是有用的，但是工程师对于我给他们设计的试验没有多大兴趣。这实在太浪费时间了，因为这辆雪佛兰的前、后底盘高度是难变因子。

【Brad】听了 Peter 在 FTC 大会的演讲后，你更愿意抛弃经常用的完全随机化设计了吧？

【Dr. Cavendish】嗯，我记得演讲中提到可以在不重置每次试验中难变因子的情形下，得到有用的结论。

【Peter】如果你在设计试验和分析数据时考虑前、后底盘高度难以改变的特性，这是正确的。

【Dr. Cavendish】那我应该怎么做呢？

【Peter】你需要的是裂区设计。裂区设计本质上包含一个由难变因子组成的主设计(master design)，主设计的每个水平组合内还包含一个由易变因子组成的子设计。对于你们的研究，我们需要一个包含前、后底盘高度的主设计，并且对于其中任一水平组合，我们需要一个包含偏航角和进气格栅带覆盖率的子设计。

【Dr. Cavendish】那我该如何实施呢？

【Peter】首先，你需要随机地从主设计中选取一个前、后底盘高度的水平组合，然后将赛车的前、后底盘调整至相应高度。在完成这一系列工作后，需要随机选取偏航角和进气格栅带覆盖率的水平组合。下一步，随机选取另一个前、后底盘高度的水平组合，并随机测试易变因子的水平组合。

【Brad】你们需要重复上述步骤，直到主设计的水平组合都被实施，且重置前、后底盘高度的次数达到预期。

【Dr. Cavendish】所以，这一过程包含两个随机化。首先，你需要将难变因子设置的顺序随机化，然后，再对每个设置中的易变因子设置进行随机化。

【Peter，点点头】在此过程中，你的试验由若干组组成，且每组内的试验点是相关的。

【Dr. Cavendish】我懂了。每组内试验点的前、后底盘高度是相同的，因此它们绝对不是独立的；并且，每组内的试验点比来自不同组间的试验点更相似。

【Brad】因此，每组内试验点的相互不独立导致得到的试验响应间是相关的。

【Dr. Cavendish】这就意味着 OLS 方法的一个重要假设在这类试验中是无法满足的。我记得你在会议上曾说过 GLS 方法可以替代 OLS 方法，对吗？

【Peter】对的。

【Dr. Cavendish】用 GLS 方法分析这些数据对你们来说应该是小菜一碟吧？

Peter 和 Brad 点点头，Dr. Cavendish 继续说道。

【Dr. Cavendish】那好，我们稍后再去讨论数据的分析。我首先需要一个设计。我已经从成本的角度比较了不同的试验方案，并且发现如果我们限定调整底盘高度的次数，那么我们可以进行更多次的试验。例如，我们设置前、后底盘高度 10 次，即 10 组，每组包含 5 个偏航角和进气格栅带覆盖率的水平组合。这 50 次试验相较于 28 次试验的完全随机化中心复合设计可以节省 20%的成本。

【Peter】所以我们需要一个裂区设计，它包含 10 个难变因子的水平组合，且每个组合里包含 5 个易变因子的水平组合。你已经有什么好的试验设计了吗？

【Dr. Cavendish】有的。我尝试过给出一些合理的设计以供选择，但我还是想听听你们的建议。我的一个想法是用 2^2 因析设计和中心点来组成用于前、后底盘高度的主设计。然后，我在每个点上用同样的方法给出关于易变因子的子设计，且每个水平组合重复 1 次。

Dr. Cavendish 从公文包中又取出两张纸分别递给 Peter 和 Brad，每张纸上画着图 10.1 中的设计。大的正方形表示前、后底盘高度这两个难变因子的可能水平，小的正方形表示相应的易变因子偏航角和进气格栅带覆盖率的可能水平。该图表示这个试验设计包含 10 个被分配到 5 个位置上的小正方形。这意味着 5 个难变因子的水平组合得以利用。Dr. Cavendish 建议这 5 个水平组合包括 2^2 因析设计的 4 个点和 1 个中心点，并且每个水平组合都重复 1 次。每个小正方形中的点表示 1 个易变因子的水平组合。每个难变因子水平组合下的易变因子水平组合同样由 2^2 因析设计的 4 个点和 1 个中心点构成。

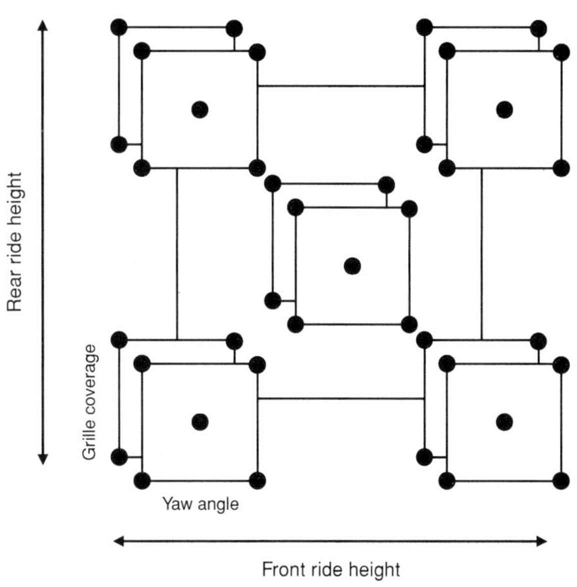

图 10.1　Dr. Cavendish 提出的第一个备选设计

【Brad 正看着设计】为什么要包含这么多的中心点?

【Dr. Cavendish】有两个原因。工程师不喜欢每个因子的值只取在可取值范围的两个端点上。他们更喜欢测量因子的中间值，以防止非线性存在。同样，易变因子的 2^2 因析设计只含有 4 个试验点，但在我们的裂区设计中，每组难变因子水平组合需包含 5 个试验点，因此我们给出这样的设计。

【Peter】我理解你们在中心点做试验的想法，但是同时用因析设计和中心点进行试验会产生问题。虽然你能检测出是否有曲度存在，但是你的设计难以估计出 4 个二次效应。难变因子的 10 个设置及总共 50 个试验点足以估计出完全或者全二次模型，包括你们所研究的 4 个因子的全部二次效应。

【Dr. Cavendish】我料到你会这样说。所以我又设计了一个 3^2 因析设计用于前、后底盘高度。

Cavendish 从他的公文包中取出第三张纸递给 Peter 和 Brad，上面画着图 10.2。

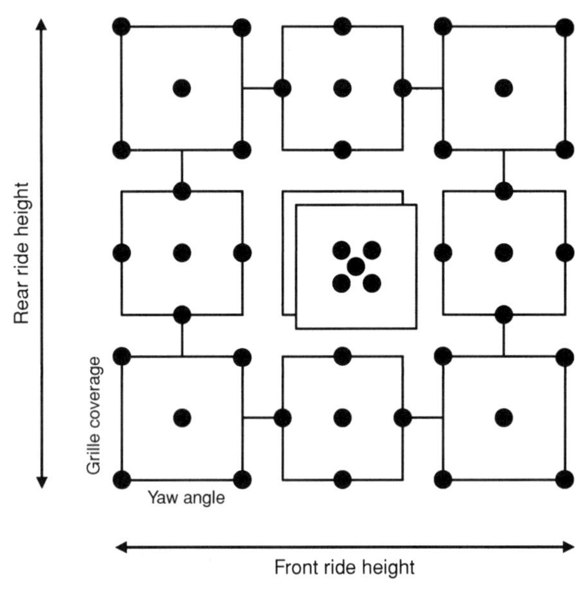

图 10.2 Dr. Cavendish 提出的第二个备选设计

【Brad】我更喜欢这个设计!

【Dr. Cavendish】当然，通过这个设计，我可以估计出所有的二次效应。3^2 因析设计作为前、后底盘高度的主设计，使得我可以估计两个难变因子的二次效应，同时另外两个设计被用于偏航角和进气格栅带覆盖率，可以估计出两个易变因子的二次效应。

【Brad】这就是我更喜欢这个设计的原因。因为它能估计出你感兴趣的所有效应。这是一大改进，但我不明白你在 3^2 设计中添加 5 个中心点的目的。

【Dr. Cavendish】实际上，在 3^2 因析设计的中心点将进行 10 次试验，它们被按照前、后底盘高度的两个独立设置分为两组。我在一些期刊的文章中看到过这样的方法。在因析设计的中心点进行重复试验可以更好地使用 GLS 方法。

【Brad】只有当你不能通过任何类型的裂区设计应用软件拟合数据时，这个方法才适用。我们的方法不需要通过重复的观测去计算方差分量的估计。

【Peter】是的，10 个中心点意味着你可以用它们估计裂区设计模型中的两个方差分量。估计方差分量很关键，但不是我们需要优先考虑的。我们认为大多数试验者感兴趣的是对因子效应的精确估计。

【Dr. Cavendish，点点头】请继续讲。

【Peter】你们设计里的 10 个中心点意味着只有 80%的试验资源被用于估计你们感兴趣的因子效应。

【Brad】我们能做的是帮你改进设计以更好地估计因子效应。

【Dr. Cavendish】听着很有吸引力。

【Peter】我这就来找找看。

Peter 开启了笔记本电脑，打开他常用的试验设计软件包。

【Peter】我正在生成一个 I-最优裂区设计。你会发现用软件可以很容易得到它。

Dr. Cavendish 认真地观察着 Peter 操作软件的步骤。Peter 首先定义了 4 个定量因子，并指明了其中 2 个水平是难以改变的。下一步，他输入 2 个难变因子独立的重置次数，即主设计的试验次数。最后，他输入了总的试验次数。他的笔记本电脑立即开始生成用于 4 个因子的二次全模型的 I-最优设计。在他们等待结果的过程中，Dr. Cavendish 问了几个关于 Peter 所使用的软件和生成 I-最优裂区设计的替代软件包的问题。Peter 解释说，在由因子上下界所定义的试验区域内，I-最优设计是有最小平均预测方差的设计。Brad 打断了他们，因为软件在计算机屏幕上展示了表 10.2 中的 I-最优裂区设计。

表 10.2 用于风洞试验的包含 10 个难变因子设置和总共 50 个试验点的 I-最优裂区设计

难变因子设置	前底盘高度	后底盘高度	偏航角	进气格栅带覆盖率
1	−1	−1	−1	−1
1	−1	−1	1	1
1	−1	−1	0	0
1	−1	−1	1	−1
1	−1	−1	−1	1
2	0	−1	1	1
2	0	−1	0	0
2	0	−1	1	−1
2	0	−1	0	1
2	0	−1	−1	0
3	1	−1	1	−1
3	1	−1	1	1
3	1	−1	−1	−1
3	1	−1	−1	1
3	1	−1	0	0
4	−1	0	−1	0
4	−1	0	0	1
4	−1	0	1	0
4	−1	0	0	−1

续表

难变因子设置	前底盘高度	后底盘高度	偏航角	进气格栅带覆盖率
4	−1	0	−1	1
5	0	0	0	−1
5	0	0	1	0
5	0	0	0	0
5	0	0	−1	1
5	0	0	0	0
6	0	0	1	0
6	0	0	0	0
6	0	0	0	0
6	0	0	0	0
6	0	0	−1	−1
7	1	0	0	−1
7	1	0	1	1
7	1	0	0	0
7	1	0	0	1
7	1	0	−1	0
8	−1	1	−1	−1
8	−1	1	1	−1
8	−1	1	0	0
8	−1	1	1	1
8	−1	1	−1	1
9	0	1	−1	0
9	0	1	0	−1
9	0	1	0	0
9	0	1	0	1
9	0	1	1	1
10	1	1	−1	1
10	1	1	1	−1
10	1	1	−1	−1
10	1	1	1	0
10	1	1	0	1

【Dr. Cavendish】好快啊。

【Peter】让我们看一看这个设计。

【Brad】我已经发现一处 I-最优设计和你提出的第二个设计的相似点了，Marc。针对难变因子，I-最优设计也由 3^2 因析设计和 1 个中心点组成，所以这两个设计的主设计是相同的。

【Peter】你能用图形来展示这个设计吗？

【Brad】给我点时间。

1 分钟不到，Brad 绘制出了图 10.3。

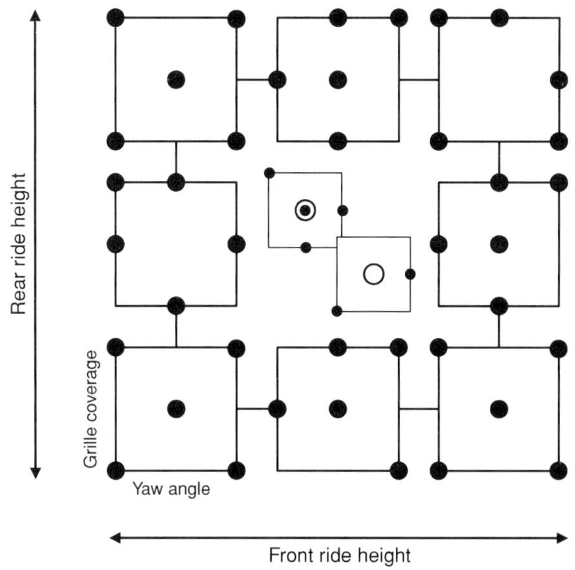

图 10.3　风洞试验的 I-最优设计（中间带黑点的圈表示被重复 2 次，白圈表示在中心点被重复 3 次）

【Brad】你们看，图中间大的白圈表示在中心点被重复 3 次，然后中间带黑点的圈表示被重复 2 次。

【Peter】I-最优设计只在中心点做 5 次试验，而不是 10 次。另一个我能马上找到的不同是，对于易变因子只在中心点做 11 次试验而不是 18 次。

【Dr.Cavendish】我看到了，但是我不确定是否喜欢你的设计。我还是更喜欢我的设计，因为它们是对称的。看我的第二个设计，在每个难变因子的设置上，它的子设计都是对称的，但 I-最优设计做不到。

【Peter】对称的设计固然有吸引力，但是我妈妈教会我仅仅因为外表选择一个伴侣是不明智的。

【Dr. Cavendish，点点头】是的，但我为什么要用 I-最优设计呢？

【Brad】我认为用 I-最优设计能更精确地估计因子效应并进行预测。Peter，你能计算一下 Marc 的第 2 个设计相对于 I-最优设计的 D-效率吗？

当 Peter 在计算机上输入图 10.2 中设计的因子设定时，Brad 解释到，相对 D-效率表示试验中所有因子效应在不同设计下被估计好坏的比较。

【Peter】有结果了，Marc 设计的相对 D-效率是 89.2%。换句话说，I-最优设计在估计这个包含了 15 个参数的二次全模型时，相较于 Marc 的设计，效率提高了 12.1%。该模型包括 1 个截距项、4 个主效应、6 个两因子交互效应和 4 个二次效应。

【Brad】你也可以说是在相同条件下我们能多获得 12.1%的信息。你能给我们展示下个体因子效应估计的方差吗？

【Peter，点了点鼠标，得到了表 10.3】当然，我们下面比较 Marc 的设计和 I-最优设计的方差。

【Brad】除了前、后底盘高度的主效应及它们的交互效应外，I-最优设计更好地估计了所有因子效应。对于这 3 个效应，这两个设计给出了完全一样的方差。

【Dr. Cavendish，正仔细看着表】我的设计更好地估计了截距项。

【Brad】是的，但是精确估计因子效应更为重要。

【Dr. Cavendish】我承认，对于我们的赛车试验，你说的是对的，因为我们感兴趣的是最小化阻力和最大化效率。如果目标是最大化或最小化某个函数，那么截距项就不重要了。

【Peter】我认为只有当你想要因子设置达到额定的目标响应时才会要求截距项被精确估计。另外，无论我们是否考虑截距项，I-最优设计下这些估计量的平均方差都更小。因此，I-最优设计在 A-最优准则下也更好。

【Dr. Cavendish，忽略了 Peter 关于 A-最优设计技术层面的评论】很有意思，易变因子的主效应比难变因子的主效应被更加精确地估计出来。我猜这是因为每次试验中易变因子都被相互独立地重置，而难变因子却只能被设置 10 次。

【Brad】对的，难变因子效应的估计之所以有更大的方差，是你没有每次试验前都重置它们导致的。

【Peter】这个表格从 3 个方面显示了这一点。观察 I-最优设计得到的因子效应估计的方差，我们发现难变因子主效应的方差是 0.200，而易变因子的是 0.032；同时，两个难变因子交互效应估计的方差是 0.300，而其他交互效应估计的方差是 0.046。最后，难变因子二次效应估计的方差大于易变因子二次效应估计的方差。

表 10.3 假设 $\sigma_\gamma^2 = \sigma_\varepsilon^2 = 1$，图 10.2 中 Marc 的设计和图 10.3 中 I-最优设计得到的因子效应估计的方差的比较

效应	Marc	I-最优
截距项	0.429	0.454
前轮高度	0.200	0.200
后轮高度	0.200	0.200
偏航角	0.042	0.032
格栅覆盖	0.042	0.032
前轮×后轮	0.300	0.300
前轮×偏航角	0.050	0.046
前轮×格栅覆盖	0.050	0.046
后轮×偏航角	0.050	0.046
后轮×格栅覆盖	0.050	0.046
偏航角×格栅覆盖	0.063	0.042
前轮×前轮	0.554	0.523
后轮×后轮	0.554	0.523
偏航角×偏航角	0.125	0.102
格栅覆盖×格栅覆盖	0.125	0.102
平均(包括截距项)	0.189	0.180
平均(不包括截距项)	0.172	0.160

【Dr. Cavendish】在我的设计中也出现了相同的情况。

【Brad 点点头】是的，几乎对每个包含重置次数相对较少的难变因子的设计，我们都能观察到相同的情况。

【Dr. Cavendish】同时，我也发现一个难变因子和一个易变因子的交互效应与两个易变因子的交互效应被估计得一样好。尽管其中一些因子被重置的次数比较少，但这些交互效应的方差仍然都小于 0.05。

【Peter】不错的结论！这是裂区设计一个有意思的特点。一个难变因子和一个易变因子的交互效应的估计精度与易变因子的主效应和交互效应是一样的。

Dr. Cavendish 安静地消化着所有关于不同设计比较的信息。

【Dr. Cavendish】好的，你们让我相信 I-最优设计相较于我的设计能更好地估计因子效应。那么，I-最优设计在预测方面也更好吗？

【Peter，在他的笔记本电脑上敲了几下键盘】根据定义，I-最优设计是平均预测方差最小的设计。让我看一下，你的设计的平均预测方差是 0.526，而 I-最优设计的平均预测方差是 0.512。

【Dr. Cavendish】我觉得这个差异不大啊。

【Peter，继续敲着键盘并生成图 10.4】我也认为差异不大。这表明你的设计也是很好的。这里我们绘出了两个设计在更多方面比较的图。这幅图比较的是两个设计的设计空间比率，你的设计用实线表示，I-最优设计用虚线表示。

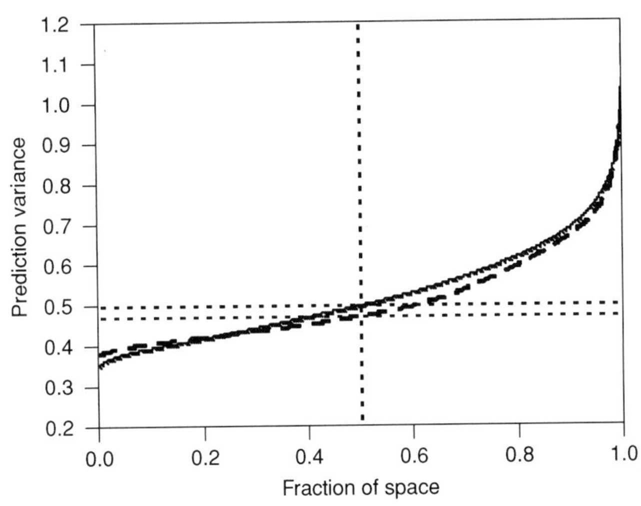

图 10.4　图 10.2 中 Marc 的设计（实线）和表 10.2 及图 10.3 中 I-最优设计（虚线）的设计空间比率图

【Brad】你可以发现，在图的左侧实线更低，处于 0 和 0.2 之间。这意味着在 20%的试验区域内，你的设计比 I-最优设计有更小的预测方差；在剩下的试验区域内，I-最优设计有着更小的预测方差。

【Peter】我猜测你的设计在试验区域的中心有更好的预测效果，因为你的设计有更多的中心点。换句话说，你的设计提供了更多关于试验区域中心的信息。

【Dr. Cavendish】图中两条横线表示的是两个设计的中位数预测方差？

【Brad】是的。I-最优设计的中位数预测方差是 0.47，而你的设计的中位数预测方差是 0.5。

【Dr. Cavendish】真有意思，看上去我的设计也很有竞争力。

【Peter】当然。你做得很好。我们的 I-最优设计只是稍微好一点而已。

【Brad】做得很棒了！

【Dr.Cavendish】别夸我，我读了好多文献，并思考了很久才给出这个设计，而你们却可以很轻易得到一个更好的。

【Peter，笑笑】但是也不是一直都这么顺利的。在我攻读涉及难变因子的最优试验设计的博士学位时，我能做的也只是查阅更多的文献并花费一些时间去得到一个更好的设计。现在这家软件公司将我读博期间的成果编成了程序包，并且有更好的交互界面，这使得实际工作者的工作变得更加容易。

【Dr. Cavendish，看了下表】好的，我该走了。我会用你们提供的I-最优设计来进行我们的赛车试验。你们可以稍后用电子邮件发给我吗？我希望会在10天内把数据给你们。

10.2.2 数据分析

两周后，Peter和Brad收到了Dr. Cavendish的电子邮件。他在邮件里描述了在NASA Langley试验中心所做的试验，并附上了一份包含数据的电子表格，对测量到的响应进行了解释，还对其中一个响应做出了初步分析。邮件如下。

> 亲爱的Brad和Peter:
>
> 我们用你们上次来Langley试验室为我们赛车测试提供的I-最优设计方案完成了测试工作。我附上了一份包含你们提供的设计及得到的4个响应的电子表格。我们测量了阻力系数(C_D)和两个压力的系数，一个是前轴的下压力(C_{LF})，一个是后轴的下压力(C_{LR})。第4个响应是压力与阻力的比值(或者效率)，它可由以下公式得到:
>
> $$\text{Efficiency} = \frac{-(C_{LF} + C_{LR})}{C_D}$$
>
> 这个比率计算的是效率值。所有4个响应对于我们来说都很重要，因此我们希望你们能分别拟合出它们的裂区模型。在附件的电子表格中你们能看到表10.4，在我们的试验中，阻力系数的范围为0.367～0.435，压力系数的范围分别为−0.175～−0.074(前轴)、−0.303～−0.202(后轴)，效率值为0.705～1.159。

表10.4 使用表10.2、图10.3中的I-最优裂区设计得到的风洞试验数据

难变设置	前轮高度	后轮高度	偏航角	格栅覆盖	牵引力系数	前下压力	后下压力	效率
1	3	34	−3.0	0	0.402	−0.105	−0.246	0.873
1	3	34	+1.0	100	0.367	−0.141	−0.214	0.969
1	3	34	−1.0	50	0.384	−0.127	−0.240	0.959
1	3	34	+1.0	0	0.378	−0.088	−0.223	0.821
1	3	34	−3.0	100	0.391	−0.156	−0.242	1.019
2	3.5	34	+1.0	100	0.375	−0.132	−0.213	0.921
2	3.5	34	−1.0	50	0.392	−0.119	−0.243	0.923
2	3.5	34	+1.0	0	0.388	−0.092	−0.227	0.821
2	3.5	34	−1.0	100	0.386	−0.142	−0.229	0.958
2	3.5	34	−3.0	50	0.404	−0.119	−0.251	0.914

续表

难变设置	前轮高度	后轮高度	偏航角	格栅覆盖	牵引力系数	前下压力	后下压力	效率
3	4	34	+1.0	0	0.399	−0.074	−0.208	0.705
3	4	34	+1.0	100	0.386	−0.122	−0.210	0.861
3	4	34	−3.0	0	0.419	−0.086	−0.231	0.756
3	4	34	−3.0	100	0.408	−0.130	−0.222	0.861
3	4	34	−1.0	50	0.401	−0.099	−0.214	0.780
4	3	35	−3.0	50	0.406	−0.136	−0.270	0.999
4	3	35	−1.0	100	0.389	−0.154	−0.258	1.060
4	3	35	+1.0	50	0.383	−0.120	−0.228	0.910
4	3	35	−1.0	0	0.398	−0.102	−0.238	0.854
4	3	35	−3.0	100	0.402	−0.160	−0.275	1.082
5	3.5	35	−1.0	0	0.406	−0.104	−0.238	0.844
5	3.5	35	+1.0	50	0.390	−0.122	−0.224	1.891
5	3.5	35	−1.0	50	0.402	−0.126	−0.238	0.905
5	3.5	35	−3.0	100	0.410	−0.160	−0.260	1.025
5	3.5	35	−1.0	50	0.401	−0.130	−0.246	0.936
6	3.5	35	+1.0	50	0.392	−0.117	−0.213	0.844
6	3.5	35	−1.0	50	0.402	−0.123	−0.235	0.891
6	3.5	35	−1.0	50	0.402	−0.128	−0.235	0.902
6	3.5	35	−1.0	50	0.403	−0.125	−0.225	0.871
6	3.5	35	−3.0	0	0.420	−0.112	−0.238	0.833
7	4	35	−1.0	0	0.415	−0.098	−0.228	0.786
7	4	35	+1.0	100	0.394	−0.145	−0.202	0.879
7	4	35	−1.0	50	0.410	−0.124	−0.229	0.860
7	4	35	−1.0	100	0.405	−0.145	−0.221	0.905
7	4	35	−3.0	50	0.421	−0.125	−0.242	0.870
8	3	36	−3.0	0	0.419	−0.124	−0.286	0.980
8	3	36	+1.0	0	0.394	−0.102	−0.255	0.907
8	3	36	−1.0	50	0.402	−0.134	−0.286	1.045
8	3	36	+1.0	100	0.386	−0.155	−0.266	1.094
8	3	36	−3.0	100	0.412	−0.175	−0.303	1.159
9	3.5	36	−3.0	50	0.423	−0.148	−0.275	1.000
9	3.5	36	−1.0	0	0.414	−0.110	−0.263	0.901
9	3.5	36	−1.0	50	0.409	−0.139	−0.266	0.990
9	3.5	36	−1.0	100	0.405	−0.164	−0.265	1.059
9	3.5	36	−1.0	100	0.393	−0.161	−0.242	1.025
10	4	36	−3.0	100	0.428	−0.168	−0.256	0.991
10	4	36	+1.0	0	0.413	−0.107	−0.235	0.828
10	4	36	−3.0	0	0.435	−0.118	−0.254	0.853
10	4	36	+1.0	50	0.408	−0.140	−0.237	0.923
10	4	36	−1.0	100	0.415	−0.161	−0.253	0.997

需要注意的是，我们没有按照表格提供的顺序进行试验。我们按照你们的建议，每次先从 10 个难变因子的水平组合中随机选取一组，然后再用相应的 5 个易变因子的水平组合进行试验。如果你们需要，我可以回办公室找到难变因子和易变因子水平组合的确切顺序（我这周正在旅行）。

我同时用软件做了初步分析，并用 OLS 方法得到了大致的结论。我知道这样做是不正确的，因为 OLS 方法忽略了裂区设计中关于响应的相关结构，但我还是忍不住这样去做了。我只是太好奇了，想看看可解释的结果。在表 10.5 中，你们可以看到一个我为了得到效率值而删除不显著项的简化模型。我首先考虑包含全部主效应、两因子交互效应和二次效应的完全模型的估计，然后逐个删除其中有最大 p 值的项，就得到了这个简化模型。结果显示，我们应该将前底盘高度设为 3 英尺，后底盘高度设为 36 英尺，偏航角设为−3 度，进气格栅带覆盖率设为 100%。这能得到 1.1586±0.0201 的效率值。我很迫切地希望看到你们得出的结论和我的有什么么不同的地方。

祝好！

Marc

表 10.5 因子效应估计、标准误、自由度及 p 值(应用删除模型中不显著的效应而得到的简化模型，Dr. Cavendish 利用普通最小二乘估计对表 10.4 中的风洞试验数据分析得到)

效应	估计	标准误	DF	t 值	p 值
β_0	0.9014	0.0046	42	194.83	<0.0001
β_1	−0.0607	0.0038	42	−16.05	<0.0001
β_2	0.0529	0.0038	42	14.04	<0.0001
β_3	−0.0237	0.0038	42	−6.28	<0.0001
β_4	0.0756	0.0037	42	20.32	<0.0001
β_{22}	0.0241	0.0060	42	4.03	0.0002
β_{13}	0.0097	0.0045	42	2.15	0.0374
β_{14}	−0.0103	0.0044	42	−2.34	0.0244

注：表格中第一列的角标 1、2、3 和 4 分别代表前底盘高度、后底盘高度、偏航角及进气格栅带覆盖率。

之后几天，Peter 分析了这些风洞试验数据，并给 Dr. Cavendish 回了邮件。

亲爱的 Marc:

我们对数据做了一个初步的分析，并得到了一些重要的结果。我们会在之后几天发给你一份更全面的分析报告。

我们先看你用 OLS 方法得到的初步分析结果。假设你的模型所包含的项是对的，那么你所得到的估计有一个很重要的特点——它们都是无偏的。所以你们估计的因子效应还是有价值的。当引入响应之间的相关性时，你可以看到我们使用 GLS 方法得到的简化模型。附件的表 10.6 包含了我们模型的更多细节。例如，前底盘高度的主效应估计(表中的β_1)在我们两个模型中是一样的。而其他的估计都不同，但差别不大。进气格栅带覆盖率主效应(表中的β_4)的估计值在你的模型中是 0.0756，而在我们的模型中是 0.0743。这是好的一面。

在你们的分析中虽然用到了自由度和标准误进行显著性检验，但用得不对。例如，所有主效应β_1～β_4的估计值都有差不多相同的标准误(0.0037 或 0.0038)，而现实的情况是β_1 和β_2(难变因子主效应)估计值的标准误要明显大于β_3和β_4(易变因子主效应)估计值的标准误。同样的，你们的分析中所有交互效应的标准误都一样，而现实情况是，β_{12}(两个难变因子的交互效应)的标准误比其他交互效应的标准误都要大。最后，你们的分析中对二次效应估计的标准误也不对：β_{11} 和 β_{22}(两个难变因子的二次效应)估计值的标准误比剩下的两个易变因子的二次效应估计值的标准误大。为了使其更清晰可见，我在表 10.7 中逐项对你所使用估计方法(OLS)得到的分析结果和我们使用的估计方法(GLS)得到的分析结果进行了比较。最明显的差异体现在后底盘高度的二次效应 β_{22} 上，你的分析结果中 β_{22} 显著不为 0，这和我们的不同。同样的，后底盘高度和进气格栅带覆盖率的交互效应 β_{24} 在你们的分析结果中显著，这和我们的也不同。值得注意的是，在表 10.5 和表 10.6 中，我们的简化模型都展示出同样的差异。

表 10.6　因子效应估计、标准误、自由度及 p 值(应用删除模型中不显著的效应而得到的模型，Peter 和 Brad 利用 GLS 方法估计对表 10.4 中的风洞试验数据分析得到)

效应	估计	标准误	DF	t 值	p 值
β_0	0.9160	0.0068	6.99	135.38	<0.0001
β_1	−0.0607	0.0087	6.99	−6.94	0.0002
β_2	0.0524	0.0087	6.99	5.99	0.0005
β_3	−0.0246	0.0028	35.07	−8.82	<0.0001
β_4	0.0743	0.0028	35.18	26.85	<0.0001
β_{22}	0.0102	0.0033	35.03	3.08	0.0040
β_{13}	−0.0107	0.0033	35.07	−3.29	0.0023
β_{14}	0.0078	0.0033	35.08	2.39	0.0226

注：第一列中的角标 1、2、3、4 分别对应前底盘高度、后底盘高度、偏航角和进气格栅带覆盖率。

表 10.7　针对效率响应，比较 OLS 和 GLS 方法对全二次模型的分析结果

效应	估计	标准误	DF	t 值	p 值	估计	标准误	DF	t 值	p 值
β_0	0.9109	0.0060	45	151.64	<0.0001	0.9114	0.0117	4.21	77.67	<0.0001
β_1	−0.0609	0.0037	45	−16.54	<0.0001	−0.0609	0.0079	3.98	−7.70	0.0016
β_2	0.0523	0.0037	45	14.19	<0.0001	0.0522	0.0079	3.98	6.60	0.0028
β_3	−0.0241	0.0037	45	−6.53	<0.0001	−0.0247	0.0027	31.03	−9.04	<0.0001
β_4	0.0758	0.0036	45	20.95	<0.0001	0.0745	0.0027	31.19	27.50	<0.0001
β_{12}	0.0042	0.0045	45	0.93	0.3592	0.0042	0.0097	3.97	0.44	0.6833
β_{13}	0.0104	0.0044	45	2.37	0.0236	0.0106	0.0033	31.03	3.24	0.0028
β_{14}	−0.0107	0.0043	45	−2.47	0.0184	−0.0111	0.0032	31.08	−3.46	0.0016
β_{23}	−0.0022	0.0044	45	−0.49	0.6280	−0.0015	0.0033	31.04	−0.47	0.6418
β_{24}	0.0066	0.0043	45	1.54	0.1334	0.0078	0.0032	31.12	2.44	0.0208
β_{34}	−0.0016	0.0043	45	−0.37	0.7135	0.0000	0.0033	31.39	−0.01	0.9940
β_{11}	−0.0079	0.0062	45	−1.27	0.2125	−0.0075	0.0127	4.07	−0.58	0.5896
β_{22}	0.0286	0.0062	45	4.64	<0.0001	0.0291	0.0127	4.07	2.28	0.0834
β_{33}	−0.0081	0.0063	45	−1.30	0.2033	−0.0075	0.0047	31.21	−1.59	0.1212
β_{44}	−0.0044	0.0065	45	−0.68	0.5016	−0.0064	0.0048	31.11	−1.34	0.1914

注：第一列中的角标 1、2、3、4 分别对应前底盘高度、后底盘高度、偏航角和进气格栅带覆盖率。

使用 OLS 方法分析裂区数据会发生两件事。第一，你会更容易错误检测难变因子的主效应、二次效应和交互效应；第二，你会更容易错失易变因子的主效应、二次效应和交互效应。产生第一种错误的原因是 OLS 方法会低估难变因子效应的方差，这会导致 t 值变大而产生更多拒绝原假设的结果；产生第二种错误的原因是用 OLS 方法会高估易变因子效应的方差，这会导致 t 值变小而产生更少拒绝原假设的结果。

我可以用相当长的篇幅来解释为什么难变因子效应的方差要大于易变因子效应的方差。但这里我给你一个直观的解释：你只独立地设置了 10 次前、后底盘高度，而你独立地设置了 50 次偏航角和进气格栅带覆盖率。因此，包含难变因子的效应和包含易变因子的效应在你的方法中不会有相同精度的估计。

对于两种分析方法的不同，我最后要说的是，你用 OLS 方法分析简化模型时使用了 42 个自由度以进行全部的显著性检验(见表 10.5 的“DF”栏)，而我们的 GLS 方法只用了 7 个自由度在难变因子效应上，其他 35 个自由度被用在易变因子效应上(见表 10.6 的“DF”栏)。所以，OLS 方法在估计所有效应时所用的自由度个数相同，而 GLS 方法分配自由度更符合实际情况，因此能得到更好的效果：难变因子的独立重置比易变因子更少，因此相较于易变因子，难变因子有更少独立的信息单元。这就是为什么在我的结果中，GLS 方法分析难变因子的主效应、二次效应和交互效应时使用更少的自由度。

如果你想知道更多关于应用 GLS 方法进行裂区分析的细节，就请告诉我。现在，我给你概述一下针对你试验中 4 个响应的模型。我还尝试增加了第 5 个响应，即 $C_{LF}+C_{LR}$。

按你的要求，我们针对每个响应都建立了适当的模型。显著的效应都被列在表 10.8 中。你会发现，除一个模型外，其他所有模型中的 4 个主效应都是显著的。进气格栅带覆盖率的主效应在后下压力的响应模型中不显著不为零。对于所有的响应，都有统计学意义上显著的交互效应存在。但其中大部分交互效应在实际应用中是不显著的。同样有一些二次效应在统计学意义上是显著的，但实际意义却很小。你也可以通过表 10.8 中交互效应和二次效应估计的绝对值发现这一点。

你现在要面对的问题是无法找到同时最优化不同响应的 4 个因子设置。我也尝试了对包含 5 个响应的模型进行优化。假设你们想要最小化阻力及总的下压力，并最大化效率，那么设置前底盘高度为最低的可能取值(3 英尺)，后车身高度为最高的可能取值(36 英尺)，偏航角为+1.0 度，进气格栅带覆盖率为 100%，应该是最恰当的。如果你觉得可行，我可以给你演示一下各种多元响应过程的优化方法。我们可以提供许多有用的交互工具帮你进行分析。

Peter

表 10.8 风洞试验中 5 个响应的简化模型及因子效应估计、标准误与 p 值

效应	效率			牵引力			前下压力			后下压力			总下压力		
	估计	标准误	p 值	估计	标准误	p 值	估计	标准误	p 值	估计	标准误	p 值	估计	标准误	p 值
截距	0.9160	0.0068	<0.0001	0.4015	0.0003	<0.0001	−0.1263	0.0007	<0.0001	−0.2378	0.0032	<0.0001	−0.3682	0.0027	<0.0001
前轮高度	−0.0607	0.0087	0.0002	0.0086	0.0003	<0.0001	0.0043	0.0009	0.0032	0.0122	0.0025	0.0030	0.0164	0.0035	0.0022
后轮高度	0.0524	0.0087	0.0005	0.0088	0.0003	<0.0001	−0.0123	0.0009	<0.0001	−0.0169	0.0025	0.0005	−0.0291	0.0035	0.0001
偏航角	−0.0246	0.0028	<0.0001	−0.0117	0.0001	<0.0001	0.0063	0.0005	<0.0001	0.0145	0.0010	<0.0001	0.0208	0.0011	<0.0001
格栅覆盖	0.0743	0.0028	<0.0001	−0.0049	0.0001	<0.0001	−0.0247	0.0005	<0.0001	−0.0007	0.0010	0.5029	−0.0253	0.0011	<0.0001
前轮高度×后轮高度							−0.0055	0.0011	0.0025						
前轮高度×偏航角	0.0102	0.0033	0.0040	0.0006	0.0001	<0.0001	−0.0024	0.0006	0.0005	−0.0029	0.0012	0.0217	−0.0053	0.0013	0.0004
前轮高度×格栅覆盖	−0.0107	0.0033	0.0023							0.0027	0.0012	0.0263	0.0035	0.0013	0.0105
后轮高度×偏航角				−0.0005	0.0001	0.0001									
后轮高度×格栅覆盖	0.0078	0.0033	0.0226	0.0009	0.0001	<0.0001				−0.0033	0.0012	0.0076	−0.0045	0.0013	0.0015
偏航角×格栅覆盖				−0.0004	0.0001	0.0013									
后轮高度×后轮高度										−0.0104	0.0040	0.0412			
偏航角×偏航角				0.0009	0.0002	<0.0001									
格栅覆盖×格栅覆盖										0.0035	0.0017	0.0482			

10.3 知识探究

10.3.1 裂区术语

我们用来分析裂区试验数据的模型在本质上和分区组试验是一样的，都是将试验点分成 b 个区组，每个区组包含 k 个观测值。裂区试验和分区组试验的不同点在于术语的使用，以及选择相应试验类型的原因。

在一个裂区试验中，区块通常被称为整区(whole plot)，每个试验点被称为子区(sub-plot)或裂区(split-plot)。这种术语反映了裂区设计源自于农田试验。在附件 10.1 中有相应解释。如同分区组试验中的每个区组，裂区试验的每个整区由一组具有相关响应的试验点组成。选择裂区设计还是分区组试验的理由是不同的。在一些试验中，存在一个或多个设置难改变的试验因子。试验者不会选择完全随机化设计来进行这些试验，因为这要求每次试验的因子水平都要被独立地重置，而难变因子也被包含在其中。这使得试验浪费了时间和金钱。当难变因子存在时，试验者更倾向于将试验点按照难变因子的水平进行分组，然后在每个组里都检验易变因子的不同设置。之所以将裂区试验的试验点进行分组，是因为某些试验因子所具有的难变性质存在。在一个分区组试验中，分组得以实现的原因在于不是所有的试验点都在相同的环境下进行试验。在选择分组方法时，需要保证每组内的试验环境尽可能相同。最后，因为难变因子使得试验点被分组安放到各整区中，所以称之为整区因子。易变因子称为子区因子。在每个整区中，难变因子的水平都是固定的，而易变因子的水平是可改变的。

附件 10.1 裂区设计。

裂区设计的术语源自于它最早在农业领域的应用，因为试验都是在不同地块上进行的。例如，在研究不同化肥和品种对农作物产量的影响试验中，化肥经常通过飞机进行喷洒，因此大片农田都必须施以同一种化肥。将施以同一种化肥的一大块地划分为若干小块，以种植不同品种的农作物。大的地块称为主区，小的地块称为裂区或子区。因为化肥因子的水平被应用于整区，所以称之为试验的整区因子，而农作物种类被应用于子区，称之为子区因子。图 10.5 是对这个裂区设计的大致展示。在图中，整区因子的水平用 F_1、F_2 和 F_3 表示，而子区因子的水平用 V_1、V_2 和 V_3 表示。

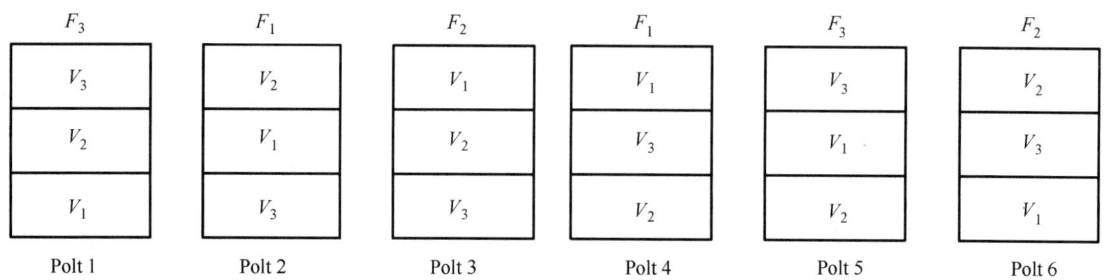

图 10.5 经典农业裂区设计，其中 F_1、F_2 和 F_3 分别代表化肥因子的水平，V_1、V_2 和 V_3 分别代表作物种类因子的水平。该设计一共有 6 个整区(标为整区 1～6)，每个整区又被分为 3 个子区

在经典裂区设计中，每一个整区因子的水平组合都包含所有的子区因子的水平组合。但在裂区响应曲面设计中并没有这样的要求，如风洞试验。因为对于裂区数据而言，响应曲面设计模型比经典方差分析模型涉及更少的参数。另外，约束极大似然比传统的方差分析在估计方差分量时更为灵活。

10.3.2　模型

我们用于分析裂区试验数据的模型包含 b 个整区，每个整区包含 k 个试验点，则

$$Y_{ij} = \boldsymbol{f}'(\boldsymbol{x}_{ij})\boldsymbol{\beta} + \gamma_i + \varepsilon_{ij} \tag{10.1}$$

式中，Y_{ij} 表示第 i 个整区中第 j 个试验点的响应，$\boldsymbol{x}_{ij}$ 表示第 i 个整区中第 j 个试验点全部试验因子水平组成的向量，$\boldsymbol{f}'(\boldsymbol{x}_{ij})$ 是向量的模型扩展，$\boldsymbol{\beta}$ 包含模型中的截距项和全部因子效应，γ_i 表示第 i 个整区效应，ε_{ij} 是第 i 个整区中第 j 个试验点的随机误差项。每一个整区对应难变因子的一个独立设置，每一个试验点或子区对应易变因子的一个独立设置。

我们用两种符号来强调裂区试验中的两种因子。对于 N_w 个难变因子，我们用 $w_1,\cdots,w_{N_w}$ 或者 $\boldsymbol{w}$ 来表示；对于 N_s 个易变因子，我们用 $s_1,\cdots,s_{N_s}$ 或者 $\boldsymbol{s}$ 来表示。由此得到的裂区模型如下：

$$Y_{ij} = \boldsymbol{f}'(\boldsymbol{w}_i + \boldsymbol{s}_{ij})\boldsymbol{\beta} + \gamma_i + \varepsilon_{ij} \tag{10.2}$$

式中，$\boldsymbol{w}_i$ 是第 i 个整区中难变因子的设定，$\boldsymbol{s}_{ij}$ 是第 i 个整区第 j 次试验中易变因子的设定。这种表示方法更能强调难变因子的水平在每个整区中是不变的。

我们称难变因子为整区因子(whole-plot factor)，因为它们的水平被应用到整区中；同样，我们称易变因子为子区因子(sub-plot factor)，因为它们的水平被应用到子区中。在用裂区数据建模时，我们要区分 3 种类型的效应：整区效应(whole-plot effect)、子区效应(sub-plot effect)、整区和子区的交互效应(whole-plot-by-sub-plot interaction effects)。整区效应包括难变因子的主效应、二次效应及只包含难变因子的交互效应；子区效应包括易变因子的主效应、二次效应及只包含易变因子的交互效应；最后，整区×子区交互效应包含一个难变因子和一个易变因子。

同式(7.5)中应用分区组试验数据所建立的模型一样，我们假定整区效应 γ_i 和随机误差 ε_{ij} 是随机效应，它们都是相互独立的，且服从均值为零的正态分布。整区效应 γ_i 的方差为 σ_γ^2，随机误差 ε_{ij} 的方差为 σ_ε^2。第 i 个整区所得到的 k 个响应 $Y_{i1},\cdots,Y_{ik}$ 之间的相关性可由如下 $k\times k$ 阶对称矩阵表示：

$$\boldsymbol{\Lambda} = \begin{bmatrix} \sigma_\gamma^2+\sigma_\varepsilon^2 & \sigma_\gamma^2 & \cdots & \sigma_\gamma^2 \\ \sigma_\gamma^2 & \sigma_\gamma^2+\sigma_\varepsilon^2 & \sigma_\gamma^2 & \sigma_\gamma^2 \\ \vdots & \vdots & \ddots & \vdots \\ \sigma_\gamma^2 & \sigma_\gamma^2 & \cdots & \sigma_\gamma^2+\sigma_\varepsilon^2 \end{bmatrix} \tag{10.3}$$

所有裂区试验响应之间的相关性结构可由下面的矩阵给出：

$$V=\begin{bmatrix} \boldsymbol{\Lambda} & 0_{k\times k} & \cdots & 0_{k\times k} \\ 0_{k\times k} & \boldsymbol{\Lambda} & 0_{k\times k} & 0_{k\times k} \\ \vdots & \vdots & \ddots & \vdots \\ 0_{k\times k} & 0_{k\times k} & \cdots & \boldsymbol{\Lambda} \end{bmatrix}$$

$\boldsymbol{V}$ 和$\boldsymbol{\Lambda}$中的元素有相似的解释。$\boldsymbol{V}$ 中对角线上的元素是响应 Y_{ij} 的方差，而非对角线上的元素是两个响应间的协方差。$\boldsymbol{V}$ 中每个非对角线上的非零元素都对应一个给定整区的一对响应，零元素则对应两个不同整区间的一对试验点。上述结果的推导与随机区组试验是完全相同的(见 7.3.1 节)。

由于式(10.2)中模型的响应是相关的，因此用 GLS 方法进行估计更合适。因为 GLS 方法考虑了相关性，并且通常比 OLS 方法的精度更高。GLS 方法给出的估计量如下：

$$\hat{\boldsymbol{\beta}}=(\boldsymbol{X}'\boldsymbol{V}^{-1}\boldsymbol{X})^{-1}\boldsymbol{X}'\boldsymbol{V}^{-1}\boldsymbol{Y} \tag{10.4}$$

如 7.3.1 节所解释的那样，方差σ_γ^2和σ_ε^2都是未知的(由此知 $\boldsymbol{V}$ 也是未知的)，这些都是需要我们去估计的。这可以通过约束极大似然估计(REML)方法来实现(见 7.3.3 节及附件 7.1)。我们可以将σ_γ^2和σ_ε^2的估计代入式(10.4)的 GLS 估计量中，生成可行的 GLS 估计量：

$$\hat{\boldsymbol{\beta}}=(\boldsymbol{X}'\hat{\boldsymbol{V}}^{-1}\boldsymbol{X})^{-1}\boldsymbol{X}'\hat{\boldsymbol{V}}^{-1}\boldsymbol{Y} \tag{10.5}$$

我们可以用 7.3.4 节讲的 Kenward-Roger 方法获得显著性检验的标准误和自由度。在主流软件包中，这种裂区分析是一个标准选项。

10.3.3 裂区设计的推断

GLS 方法的一个方便之处是能够自动检测出哪些效应的估计精度相对更高。这个方法使得每个因子效应的估计有着恰当的自由度，这样就保证了分析的正确性。

这对裂区设计非常重要，因为相比于易变因子效应，所有难变因子效应的估计都不够精确。这会导致这些效应的显著性检验功效不高。这显然是因为难变因子的水平没有被经常独立地重置。而在每个整区中，易变因子效应因为每次都会被随机重置，所以对易变因子效应的估计更精确，并且对它们进行显著性检验时，检验结果的功效也更高。因此，当使用裂区设计时，一般来说更倾向于对易变因子的效应进行显著性检验，而不是难变因子的效应。

下面我们必须提出三点意见。第一点是关于一个难变因子和一个易变因子的交互效应；第二是点关于两个易变因子的交互效应；第三是点关于二次效应。

(1)裂区设计一个有趣的特性是，即使难变因子的水平只独立地重置有限次，它仍然可以允许对一个难变因子和一个易变因子的交互效应(即整区×子区交互效应)进行高精度的估计及高功效的推断。其原因如表 10.9 所示。该表中的裂区设计包括 1 个难变因子 w 和 3 个易变因子 s_1、s_2 和 s_3。这个设计包含难变因子水平的 8 个独立重置，或者说 8 个整区。在这个表中，我们还列出了两因子的交互效应 ws_1、

ws_2 和 ws_3 的对照。容易验证，在每个整区内，各试验点 ws_1、ws_2 和 ws_3 的水平是各不相同的。因此，ws_1、ws_2 和 ws_3 对应的列与易变因子 s_1、s_2 和 s_3 对应的主效应列相似。由此导致在这个裂区设计中，包含难变因子 w 的 3 个交互效应与易变因子的主效应具有同样多的信息。因此，包含难变因子 w 的交互效应与易变因子的主效应具有相同的估计精度，并且对它们的推断具有同等效力。我们在表 10.10 中展示了这一点，并且在表 10.9 的基础上，通过假设 $\sigma_\gamma^2=\sigma_\varepsilon^2=1$，给出了这个设计全部主效应和交互效应估计的方差。裂区设计总能得到由易变因子和难变因子组成的全部两因子交互效应的精确信息。在进行显著性检验时，这些交互效应所用的自由度和易变因子主效应所用的自由度也比较接近，并且经常是相同的。

表 10.9 包含 1 个难变因子 w 和 3 个易变因子 s_1、s_2 和 s_3 的裂区设计，有 8 个整区且每个整区有 2 个试验点(表中给出了模型矩阵 X 及相应两因子交互效应的对照列)

整区	主效应列				整区×子区交互效应列			子区交互效应列		
	w	s_1	s_2	s_3	ws_1	ws_2	ws_3	s_1s_2	s_1s_3	s_2s_3
1	−1	−1	−1	−1	+1	+1	+1	+1	+1	+1
1	−1	+1	+1	+1	−1	−1	−1	+1	+1	+1
2	+1	−1	+1	−1	−1	+1	−1	−1	+1	−1
2	+1	+1	−1	+1	+1	−1	+1	−1	+1	−1
3	−1	−1	+1	+1	+1	−1	−1	−1	−1	+1
3	−1	+1	−1	−1	−1	+1	+1	−1	−1	+1
4	+1	−1	−1	−1	−1	−1	−1	+1	+1	+1
4	+1	+1	+1	+1	+1	+1	+1	+1	+1	+1
5	−1	−1	+1	−1	+1	−1	+1	−1	+1	−1
5	−1	+1	−1	+1	−1	+1	−1	−1	+1	−1
6	+1	−1	+1	+1	−1	+1	+1	−1	−1	+1
6	+1	+1	−1	−1	+1	−1	−1	−1	−1	+1
7	−1	−1	−1	+1	+1	+1	−1	+1	−1	−1
7	−1	+1	+1	−1	−1	−1	+1	+1	−1	−1
8	+1	−1	−1	+1	−1	−1	+1	+1	−1	−1
8	+1	+1	+1	−1	+1	+1	−1	+1	−1	−1

(2) 通常，裂区设计也能对两个易变因子的交互效应进行精确估计和高功效的推断。这是合乎逻辑的，因为我们对每个试验点中易变因子的水平都进行了独立重置。然而，在一个特定的情形下，两个易变因子的交互效应会和难变因子的主效应一样无法被精确估计。这一点同样在表 10.9 中得以展示，它包含 3 个由易变因子 s_1、s_2 和 s_3 组成的两因子交互效应，从 s_1s_2、s_1s_3 和 s_2s_3 的对照列可以发现，在一个整区中这些效应对照的水平是不变的，与难变因子 w 的水平一样。因此，同表 10.10 中展示的一样，易变因子的两因子交互效应同难变因子的主效应的表现相同。假设 $\sigma_\gamma^2=\sigma_\varepsilon^2=1$时，表 10.9 中裂区设计的效应估计的方差都在表 10.10 中得以展示。由表 10.10 可知，易变因子的两因子交互效应和难变因子 w 的主效应的估计有相同的方差。这就使得在进行显著性检验时，这些易变因子的交互效应和难变因子的主效应有一样低的功效，以及相同的自由度。

表 10.10 假设 $\sigma_\gamma^2=\sigma_\varepsilon^2=1$ 时表 10.9 中裂区设计的效应估计的方差

效应	方差
截距项	0.1875
w	0.1875
s_1	0.0625
s_2	0.0625
s_3	0.0625
ws_1	0.0625
ws_2	0.0625
ws_3	0.0625
s_1s_2	0.1875
s_1s_3	0.1875
s_2s_3	0.1875

(3) 因子二次效应的估计精度和显著性检验功效，在很大程度上与难变因子的主效应、二次效应及只涉及难变因子的交互效应是相似的。这一点可从表 10.11 中看出，它列出了表 10.2 中展示的 I-最优裂区设计的第 1、3、6 个整区，以及偏航角和格栅覆盖率这两个易变因子的二次效应所对应的列。不同于易变因子的主效应列的是，二次效应列里只有两个不同的取值。除此之外，在每个整区中，一个水平出现一次，另一个水平出现了 4 次。这就导致了在这些整区中，二次效应几乎是不变的。从某种程度上说，这些二次效应和难变因子的效应很像，在每个整区内，模型矩阵 $\boldsymbol{X}$ 中它们所对应的列是完全不变的。

表 10.11 表 10.2 中 I-最优裂区设计加上两个易变因子的二次效应

难变因子设置	前底盘高度	后底盘高度	偏航角	格栅覆盖率	(偏航角)^2	(格栅覆盖率)^2
1	−1	−1	−1	−1	+1	+1
1	−1	−1	1	1	+1	+1
1	−1	−1	0	0	0	0
1	−1	−1	1	−1	+1	+1
1	−1	−1	−1	1	+1	+1
3	1	−1	1	−1	+1	+1
3	1	−1	1	1	+1	+1
3	1	−1	−1	−1	+1	+1
3	1	−1	−1	1	+1	+1
3	1	−1	0	0	0	0
6	0	0	1	0	0	0
6	0	0	0	0	0	0
6	0	0	0	0	0	0
6	0	0	0	0	0	0
6	0	0	−1	−1	+1	+1

上面第一点和第三点意见可以由表 10.7 的右半部分来说明，这些结果的给出得益于对风洞试验效率响应进行了正确的 GLS 分析。在表 10.7 中，可以证明整区×子区交互效应β_{13}、β_{14}、β_{23}和β_{24}估计的标准误（0.0032 或 0.0033）同易变因子主效应β_3、β_4估计的标准误（0.0027）几乎一样大，易变因子二次效应β_{33}、β_{44}估计的标准误分别为 0.0047 和 0.0048。这些标准

误比其他至少涉及一个易变因子的效应估计的标准误要大。所以，这个风洞试验所涉及的易变因子的效应及二次效应在估计精度上与难变因子效应是相似的。

10.3.4　裂区设计的应用场合

一个试验中的裂区结构往往并不是显而易见的。在下列场景中，一些试验因子由于某些原因不易改变或者很难进行随机重置，所以试验者经常采用裂区设计。

(1) 当我们要对一些试验因子的不同水平组合进行检验时，其他一些因子的水平并未被重置，此时可以采用裂区设计。例如，当试验人员在烤箱的一次运行中尝试不同的组合时，就会发生这种情况。对于全部这些组合，烤箱的温度是没有被重置的。因此，温度是整区因子，而其他因子是子区因子。

(2) 在两阶段试验中，经常发生一些因子只用于第一阶段，而其他因子应用于第二阶段的情形。在这种情况下，试验的第一阶段包括使用第一阶段试验因子的不同水平组合对试验材料不同批次的生产。在进行完第一阶段试验后，这些批次材料被分成子批次。在试验第二阶段的每个试验点，子批次材料接受不同的处理(由第二阶段因子水平描述)。应用于第一阶段的因子是整区因子，而第二阶段的因子是子区因子。

(3) 要同时调查混合成分及过程变量影响的试验，即混料-过程变量试验，就经常用裂区试验实施(Cornell，1988)。这可能发生在两个方面。第一，几个批次材料在不同的过程条件下试验。在该条件下，混合成分是整区因子，而决定测试过程条件的因子是子区因子。第二，固定过程变量，连续尝试不同的混合物。这时，混合成分是设计的子区因子，而过程因子是整区因子。

(4) 当试验设计的水平组合需按顺序进行试验时，试验者通常不愿意改变一个或多个因子的水平，因为这样做是不切实际的，既浪费时间，也可能浪费金钱。难变因子水平没有被重置的那些观测将扮演整区的角色。在该设计中，难变因子就是设计的整区因子，而其余因子则为子区因子。

(5) 包含难变因子的试验的一个特例是原型试验，其中一些因子的水平定义了原型，而其余因子的水平取决于被测试原型的操作条件。由于改变原型因子的水平涉及组装一个新原型，在不同操作条件下，这些水平对于一些观测保持不变。在这类试验中，与原型相关的因子是整区因子，而与操作条件有关的变量是子区因子。

(6) 稳健产品试验，即旨在设计出在不同环境下都好用的产品的试验，经常涉及乘积表(crossed arrays)。在此情形下，试验者经常使用裂区设计。因为环境因子(也称为噪声因子)是难以控制的，且改变它们的水平也很复杂。这些因子充当整区因子，而其他因子，即可控因子，充当子区因子。用于稳健产品试验的裂区设计有一个有趣的特点，那就是控制×噪声交互效应的估计比用完全随机化试验得到的估计更为精确。这是因为控制×噪声交互效应是整区×子区交互效应。正如我们在 10.3.3 节第一条说明中解释的那样，我们用裂区设计能对这类效应做出很精确的估计。

10.3.5 所需的难变因子数量及试验次数

为了找到裂区试验的最优设计，我们必须做出各种决定。一个重要的决定是确定难变因子独立重置的次数(在裂区设计中称为整区的数量)。很大程度上，这个数字决定了试验总成本及所需的时间。因此，大多数研究者都希望将难变因子独立重置的次数严格控制在最低限度。通常来说，如果重置难变因子水平的次数越少，则难变因子效应的估计越差，对这些效应进行有效的说明就越难。如果独立重置的次数太少，将会危及整个模型的估计和推断。

通常，计算所需的重置次数是可行的。为此，我们一定要确定纯整区效应的个数。如在风洞试验中有两个难变因子，且试验的目的是估计全二次模型。该模型中的 9 个效应至少涉及一个难变因子：2 个主效应β_1和β_2、交互效应β_{12}、2 个二次效应β_{11}和β_{12}、4 个整区×子区交互效应β_{13}、β_{14}、β_{23}、β_{24}。在 10.3.3 节中我们已经发现，整区×子区交互效应与易变因子的效应表现相同，因此，在确定所需难变因子的重置次数时，它们是可以忽略的。所以，整区×子区交互效应不是纯整区效应。余下的 5 个效应是整区效应，估计它们需要对难变因子重置 5 次。除此之外，我们需要一次独立重置去估计整区的误差方差σ_γ^2，以及一次独立重置去估计常数项或截距项β_0。总的来说，在风洞试验中至少需要 7 个整区。Dr. Cavendish 用了 10 个整区，而不是 7 个。这对他所要进行的因子效应的估计和对难变因子效应的推断都是非常有好处的。

当计划是运行每个整区都有两个观测的两水平裂区试验时，如表 10.9 所示，子区×子区交互效应可以被认为是纯整区效应，原因在 10.3.3 节中已给出。在此情形下，所需的整区个数比开始预想的要多。若没有意识到这一点，会导致整区的误差方差σ_γ^2不可估。此时，对裂区数据进行恰当的分析(用 GLS 方法)是不可能的。

总的试验点个数至少应该等于模型中参数项的总数加上 2。附加的 2 个试验点用于估计σ_γ^2和σ_ε^2。为了使易变因子的效应及它们与难变因子的交互效应能被估计，总的试验点的个数减去难变因子重置的次数应该比它们的数目加 1 还要大(因为一个恰当的数据分析方法也需要σ_ε^2的估计)。通常，整区和试验点个数的最小值将允许先验模型的估计。

然而对于整区中试验点的个数和试验点的总数的某些组合，确定整区和试验点个数最小值的过程会低估真实所需的个数。这是因为，对于总的试验点个数很少及每个整区中试验点个数很少或为奇数的情形，用于包含交互效应和二次效应模型的最优裂区设计中不可避免的非正交性，会导致方差σ_γ^2和σ_ε^2中的一个，或者因子效应中的一个是不可估的。如果需要运行一个具有最小试验点和整区个数的设计，我们建议在开展实际试验之前，对拟合数据应用裂区分析方法，以验证σ_γ^2、σ_ε^2及全部因子效应是可估的。为了使统计推断具有更高的功效，我们建议使用比所需最小值更大的整区和试验点个数。

需要清楚的是，选择独立重置难变因子的数目和总的试验点个数对于成功的数据分析至关重要。总的试验点个数通常平均分配到难变因子的不同重置上。这不是严格要求的，但这样做肯定是最好的。在某些情形下，试验者无法选择每个难变因子设置上试验点的个数。例如，当裂区试验中的难变因子是烤箱温度且烤箱能同时测试 4 个水平组合时，则烤箱温度的每个重置都会自动有 4 个试验点。

10.3.6 最优裂区试验设计

一旦固定了难变因子的重置次数、总的试验点个数及每个难变因子设置上试验点的个数，那么我们就需要确定每个水平组合的因子水平。显然，在这样做时，我们必须考虑到一些试验因子难以改变的性质。找到最精确的 GLS 估计，以及(或者)最精确预测值的因子水平组合是很有挑战性的。一个 D-最优裂区设计是由最小化 $(\boldsymbol{X}'\boldsymbol{V}^{-1}\boldsymbol{X})^{-1}$ 行列式的因子水平组合或者最大化信息矩阵 $\boldsymbol{X}'\boldsymbol{V}^{-1}\boldsymbol{X}$ 行列式的因子水平组合组成的集合。我们将行列式 $\left|\boldsymbol{X}'\boldsymbol{V}^{-1}\boldsymbol{X}\right|$ 的值称为 D-最优准则值。一个 D-最优设计保证了试验因子效应有精确的估计。一个 I-最优裂区设计则是在试验区域 χ 上最小化平均预测方差

$$\frac{\int_{\chi} \boldsymbol{f}'(\boldsymbol{x})(\boldsymbol{X}'\boldsymbol{V}^{-1}\boldsymbol{X})^{-1}\boldsymbol{f}(\boldsymbol{x})\mathrm{d}\boldsymbol{x}}{\int_{\chi}\mathrm{d}\boldsymbol{x}} \tag{10.6}$$

该平均预测方差和式(4.8)的不同点是我们通过矩阵 $\boldsymbol{V}$ 来考虑裂区试验数据的相关性结构。在风洞试验中，Peter 和 Brad 向 Dr. Cavendish 推荐使用 I-最优设计而不是 D-最优设计，因为 Dr. Cavendish 想用建立的模型进行预测。

寻找 D-最优或 I-最优裂区设计的一个技术难题是，矩阵 $\boldsymbol{V}$ 及 D-最优和 I-最优性准则依赖未知方差 σ_γ^2 和 σ_ε^2。幸运的是，最优裂区设计并不依赖这两个方差的实际大小，而是依赖两者的相对大小。因此，用软件生成最优裂区设计时只要求输入 σ_γ^2 和 σ_ε^2 的相对大小。因为通常 σ_γ^2 都比 σ_ε^2 大，所以在生成 D-最优或 I-最优裂区设计时，我们建议指定 $\sigma_\gamma^2/\sigma_\varepsilon^2$ 至少等于 1。为了生成一个优良设计，对方差比进行一个有足够依据的猜测是非常好的。因为一个方差比是最优的设计对于比指定的方差比更小或更大的范围来说也是最优的。此外，即使不同的方差比决定了不同的设计，然而这些设计的性质几乎是相同的。在先验信息缺失的情况下，Goos(2002)推荐以方差比为 1 来寻找最优裂区设计。

10.3.7 最优裂区设计的构造算法

除了对试验点个数的规定，还要考虑先验模型，因子的个数，因子是连续、分类还是混合成分的标示，关于因子水平组合和初始设计个数的其他额外限定，用于搜索 D-最优或 I-最优裂区设计的坐标交换算法需要给出哪些是难变因子，整区的个数 b 和每个整区包含试验点的个数 k，以及两个方差分量的预计比率 $\sigma_\gamma^2/\sigma_\varepsilon^2$。

和我们之前几章讨论的算法一样，裂区坐标交换算法的主体由两部分组成。第一部分涉及一个初始设计的创建，第二部分是对这个设计进行迭代改进，直到不能改进为止。D-最优性准则 $\left|\boldsymbol{X}'\boldsymbol{V}^{-1}\boldsymbol{X}\right|$ 的增加或者式(10.6)所定义的 I-最优性准则的减少被用于衡量这种改进。

初始设计逐列形成。对于易变因子或子区因子的列，每个试验点的水平，即设计矩阵 $\boldsymbol{D}$ 的每一行，都是随机选取的。对于难变因子或整区因子的列，任一给定的整区都随

机选取一个水平，并将该水平分配给整区中的全部试验点，即该整区对应设计矩阵 $\boldsymbol{D}$ 的全部行都被安排成该水平。这一过程使得初始设计有着符合预期的裂区结构。

$$\boldsymbol{D}=\begin{bmatrix} w_{11} & w_{21} & \cdots & w_{N_w1} & s_{111} & s_{211} & \cdots & s_{N_s11} \\ w_{11} & w_{21} & \cdots & w_{N_w1} & s_{112} & s_{212} & \vdots & s_{N_s12} \\ \vdots & \vdots & \ddots & \ddots & \vdots & \vdots & \ddots & \vdots \\ w_{11} & w_{21} & \cdots & w_{N_w1} & s_{11k} & s_{21k} & \cdots & s_{N_s1k} \\ w_{12} & w_{22} & \cdots & w_{N_w2} & s_{121} & s_{221} & \cdots & s_{N_s21} \\ w_{12} & w_{22} & \cdots & w_{N_w2} & s_{122} & s_{222} & \cdots & s_{N_s22} \\ \vdots & \vdots & \ddots & \vdots & \vdots & \vdots & \ddots & \vdots \\ w_{12} & w_{22} & \cdots & w_{N_w1} & s_{12k} & s_{22k} & \cdots & s_{N_s2k} \\ \vdots & \vdots & \vdots & \vdots & \vdots & \vdots & \vdots & \vdots \\ w_{1b} & w_{2b} & \cdots & w_{N_wb} & s_{1b1} & s_{2b1} & \cdots & s_{N_sb1} \\ w_{1b} & w_{2b} & \cdots & w_{N_wb} & s_{1b2} & s_{2b2} & \cdots & s_{N_sb2} \\ \vdots & \vdots & \ddots & \vdots & \vdots & \vdots & \ddots & \vdots \\ w_{1b} & w_{2b} & \cdots & w_{N_wb} & s_{1bk} & s_{2bk} & \cdots & s_{N_sbk} \end{bmatrix}$$

式中，w_{ij} 表示第 i 个难变因子在第 j 个整区中的水平，s_{ijl} 表示第 i 个易变因子在第 j 个整区中的第 l 次试验的水平。在对因子水平无约束的情形下，算法在区间[−1,+1]中生成全部连续因子的随机水平。对于分类因子，算法随机选取其中一个可能的水平。在对因子水平有约束的情形下，算法采用 5.3.3 节提到的方法。对于混合成分的情形，生成随机值的过程与 6.3.5 节中的相同。

以逐个元素为基础考虑设计矩阵 $\boldsymbol{D}$ 的改变，从而对初始设计进行改进。更改任何给定元素的过程取决于该元素是难变因子的水平还是易变因子的水平。

对于连续易变因子的水平，最优性准则值是通过对该因子取值范围中的一些离散值进行评估得来的。对于分类易变因子的水平，最优性准则值是通过对该因子全部可能的水平进行评估得来的。如果最优性准则的最优值改善了当前最优值，则替换当前最优值，并且将设计中因子的当前水平替换为与最优性准则的最优值对应的水平。

对于难变因子的水平，过程更为复杂。这是因为，改变一个试验点中难变因子的水平需要同时改变同整区其他试验点的水平。对于连续的难变因子，最优性准则值是通过对该因子取值范围中的一些离散值进行评估得来的。对于分类的难变因子水平，最优性准则值是通过对该因子全部可能的水平进行评估得来的。同样的，如果最优性准则的最优值改善了当前最大值，则替换当前最大值，并且将设计中因子的当前水平替换为与最优性准则的最大值对应的水平。对整区中全部 k 个试验点都这样做。

这一(逐个元素的)过程一直持续到完成整个设计矩阵的完整循环。然后，对设计开始下一个完整的循环，直到整个循环中没有变化为止。

10.3.8 分析裂区试验数据的难点

广泛的模拟研究已经证实，对于难变因子的重置次数很少的裂区设计，检验出难变因子效应非零的概率是很低的。当重置次数只比整区效应个数加 1(因为 σ_γ^2 也要被估计)多 1、2 或 3 个单位时，我们认为重置次数过少。一些研究人员认为，想从这样的裂区设计数据中得到关于难变因子效应(除了难变因子与易变因子的交互效应)的可靠结论是不可能的，假设每个整区效应都显著可能更好一些。

难变因子的重置次数少会对整区误差方差 σ_γ^2 的估计产生影响。实际上，σ_γ^2 的估计值有时为负或零(取决于软件中的默认选项)，此时，整区效应的标准误会被低估，并且在对它们进行显著性检验时使用了过多的自由度。在这种情况下，我们建议调查因子效应的估计、标准误，以及 p 值对 σ_γ^2 值的敏感程度。一种方法是赋予 σ_γ^2 不同且严格为正的值，并将其插入式(10.4)的 GLS 估计和协方差矩阵 $(\boldsymbol{X}'\boldsymbol{V}^{-1}\boldsymbol{X})^{-1}$ 的矩阵 V 中；另一种方法是 Gilmour and Goos(2009)研究的贝叶斯方法。

10.4 背景阅读

Jones and Nachtsheim(2009)对各种裂区试验的设计和分析方法进行了回顾。Goos(2002)的第 6～8 章提供了更多关于最优裂区试验设计的细节。Goos(2006)比较了不同裂区试验设计的构造方法。Goos et al.(2006)和 Langhans et al.(2005)详细讨论了如何用 GLS 方法分析裂区数据。Gilmour and Goos(2009)应用贝叶斯方法避开难变因子重置次数少所带来的问题。Trinca and Gilmour (2001)、Goos and Vandebroek(2003) 及 Jones and Goos (2007)讨论了带有特定结构的裂区设计构造算法。Bisgaard and Steinberg (1997)讨论了裂区设计在原型试验中的应用。Box and Jones(1992)讨论了裂区设计在稳健产品试验中的应用。

Bingham and Sitter(1999a、1999b、2001、2003)及 Bingham et al.(2004)对裂区设计的组合构造进行了总结。

Federer and King(2007)深入讨论了裂区设计在农业领域的应用及裂区设计的变异。

Trinca and Gilmour (2001)指出裂区设计属于多层设计的范畴。多层设计也包括即将在第 11 章介绍的双向裂区设计[two-way split-plot designs，也称作条区(strip-plot)或条块(strip-block)设计]，以及 Jones and Goos(2009)提到的再裂区设计(split-split-plot design)。

10.5 总结

著名的统计学者 Cuthbert Daniel 曾说过，所有的工业试验都是裂区试验。我们不会这么激进。但是，在进行逻辑思考后，我们还是需要将一个试验的试验点进行分组，且每组内的一个或多个难变因子保持不变。由此产生的试验设计都是裂区设计。

在 2005 年之前，还没有能构造裂区设计的商业软件。另外，使用软件对裂区试验的数据进行分析也要求相关人员有专业知识。现在，这些都已经很完善了，所以，相关人员在设计试验时可以有原则地考虑逻辑上的限制。

不幸的是，仍有统计顾问建议他们的客户对每个设计都进行完全随机化。这通常会导致，不依据统计分析人员的知识而图方便对试验点进行排序。如果把裂区试验当作完全随机化试验来分析，会产生两个后果。首先，难变因子的主效应、二次效应和只涉及难变因子的交互效应在统计学意义下会比真实情况更加显著。这会导致第二类错误的产生。其次，包含易变因子的效应在统计学意义下将不太显著，这会导致第一类错误的产生。

裂区试验相较于完全随机化试验更加经济，同时在统计学意义下更加有效。应用裂区设计有时也提供了在不显著增加试验成本的情况下，增加试验点个数的可能性。所以，我们建议在任何试验的准备阶段识别出难变因子，并且探讨裂区设计能带来的附加值。

第 11 章　双向裂区设计

11.1　主要概念

(1) 现代生产过程通常需要分为两个或两个以上的步骤进行，每个步骤都可能包含水平难以改变的因子。如果可能，统计学上最有效的设计是在每个步骤间重新安排试验单元的顺序。这样的设计称为双向裂区设计(也称为条区设计等)。

(2) 双向裂区试验是包含多个随机效应的裂区试验的推广，是一种相对新的发展，具有重要的现实意义。

本章的案例研究考虑了一个含有两个阶段的过程，每个阶段都包含难以改变的因子。与普通的裂区设计相比，尤其是与完全随机化设计相比，双向裂区设计的使用极大地减少了这项研究所需要的时间和试验资源。

11.2　案例：电池试验

11.2.1　问题与设计

Peter 和 Brad 乘飞机抵达了 Wisconson 的 Madison 并租了一辆车。一小时后，Brad 驾车抵达了 Wisconsin 的 Rayovac Portage 工厂，将车停在了访客停车区。在 Rayovac 公司大楼里，质量部门主管 Alvaro Pino 接待了 Peter 和 Brad，并将他们带到了会议室，在该会议室能鸟瞰 Portage Municipal 机场南北方向的跑道。

【Pino】二位，把你们请来是因为我们在控制一种电池的 OCV 上遇到了大麻烦。OCV 对电池功能有直接影响，需要控制在标准范围内。OCV 高的电池会自放电并且性能很低，它们将不能销售给顾客。

【Peter】知道导致这个问题的原因是什么吗?

【Pino】我们已经同工程师们进行了集体讨论，也和几个一线工人讨论了这个问题。

【Brad】有什么发现吗?

【Pino】是的，我们在一份需要进一步研究的潜在因子列表上达成了一致。列表中有 6 个因子，其中 4 个因子和组装过程有关，另外两个因子则同随后的存储或固化过程有关。我能告诉你们这些因子的名称及水平，但是我的老板希望我尽可能回避一些细节。他有点偏执。

【Brad】别担心。通常情况下，我们不需要知道所有细节。请继续。

【Pino】我们想要运行一个六因子的筛选试验，开始每个因子只取两个水平。我们认为两水平已经足够了。如果能够了解这 6 个因子的主效应和它们之间的两因子交互效应，就应该接近解决方案了。最明显的可用设计是 2^6 完全因析设计。但是，要实施这样一个完全随机化的完全因析设计需要 320 天。

【Peter】为什么会这么久呢？

【Pino】麻烦的是一个完整的固化周期需要 5 天。如果我们运行 64 次完全随机化设计，固化条件需要改变 64 次。总共需要 64 乘以 5 等于 320 天。

【Brad】显然，你们不可能等 320 天以后才解决 OCV 的问题。

【Pino】不能。我们有一个减少需求时间的想法，在 20 天内完成 64 次试验。要解释清楚这个，重要的是要了解生产流程。电池的组装发生在第一阶段末期，组装电池是一个接一个进行的。理论上，第一阶段涉及的 4 个因子可以在单个电池生产过程中发生改变。然而，对每个因子水平组合生产一批电池（一般是 2000 个）更划算。组装阶段结束后，在进入固化过程前，每批电池都被放置在托盘中。固化过程在温度和湿度控制室进行，最少持续 5 天。原则上，固化过程也可以对电池一个接一个地进行处理。

【Peter】嗯。你们提到了温度和湿度控制室。我可以推断，另外两个固化因子是温度和湿度吗？

【Pino，笑着说】哎呀，说多了。不管怎么说，固化阶段只处理单个电池是非常浪费的。一个更明智的策略是在一组相同的固化条件下同时处理多批电池。

说着，Pino 走到窗户对面的白板前，画出了生产流程图 11.1。随着他的阐述，表 11.1 也逐渐呈现出来。

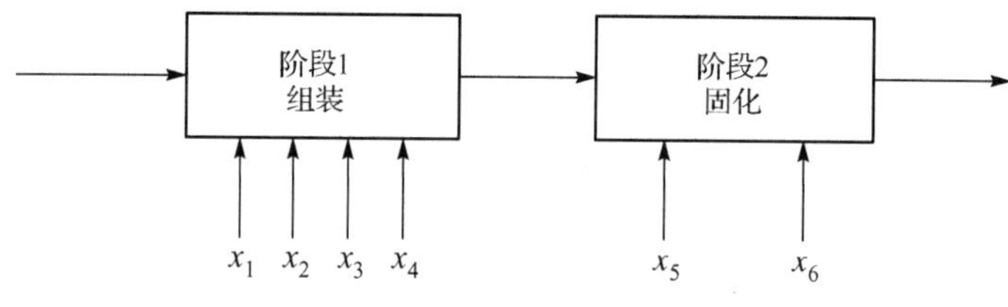

图 11.1　电池的生产流程

表 11.1　电池试验中 Pino 的条区设计，也称为双向裂区设计

	组装				固化				
	因子				因子	周期 1	周期 2	周期 3	周期 4
					x_5	+1	+1	−1	+1
批次	x_1	x_2	x_3	x_4	x_6	−1	−1	+1	+1
1	−1	−1	−1	−1		子批 1	子批 2	子批 4	子批 3
2	+1	−1	−1	−1		子批 2	子批 4	子批 1	子批 3
3	−1	+1	−1	−1		子批 3	子批 1	子批 4	子批 2
4	+1	+1	−1	−1		子批 4	子批 3	子批 1	子批 2
5	−1	−1	+1	−1		子批 1	子批 4	子批 3	子批 2
6	+1	−1	+1	−1		子批 1	子批 3	子批 2	子批 4
7	−1	+1	+1	−1		子批 2	子批 1	子批 3	子批 4
8	+1	+1	+1	−1		子批 4	子批 1	子批 2	子批 3
9	−1	−1	−1	+1		子批 1	子批 2	子批 3	子批 4
10	+1	−1	−1	+1		子批 4	子批 3	子批 1	子批 2

续表

组装					固化				
	因子				因子	周期 1	周期 2	周期 3	周期 4
					x_5	+1	+1	−1	+1
批次	x_1	x_2	x_3	x_4	x_6	−1	−1	+1	+1
11	−1	+1	−1	+1		子批 1	子批 2	子批 3	子批 4
12	+1	+1	−1	+1		子批 1	子批 4	子批 2	子批 3
13	−1	−1	+1	+1		子批 1	子批 4	子批 3	子批 2
14	+1	−1	+1	+1		子批 2	子批 4	子批 1	子批 3
15	−1	+1	+1	+1		子批 2	子批 1	子批 4	子批 3
16	+1	+1	+1	+1		子批 4	子批 3	子批 2	子批 1

【Pino】对于每一个组装因子的设置，我们生产一批 2000 节的电池。由于有 4 个组装因子，就需要生产 2^4 即 16 个批次。我们的计划是将每个批次的电池随机分为 4 个子批次，每个子批次 500 节电池，再将这 4 个子批次随机地分配到固化因子的 4 个设置上。分配给相同固化因子水平设置的 16 个子批次的电池可以统一处理。这样就只需要 4 个固化周期。乘以 5 就是 20 天完成试验。

【Brad】那样就太巧妙了。

【Pino】从试验的成本角度说，确实是。但是我们对运行那个试验犹豫不决，因为它不是完全随机的。事实上，这个设计看起来很像我一直在读的裂区设计的一种。但它与裂区设计还不完全相同，我认为我们的设计可以称为双向裂区设计。

【Peter】你说的完全正确，这就是一个双向裂区设计。像你的这种设计，文献中已经使用了这个名字，而且还有许多其他名字。

【Pino】真的？

【Peter】当然，对你的设计最常使用的名字是条区(strip-plot)设计或条块(strip-block)设计，以及十字交叉(criss-cross)设计。不过我也在很多地方见到过你起的名字。我喜欢双向裂区设计这个名字，因为它比其他名称听起来更形象。当你看各个行时，得到一个裂区设计；当你看各个列时，又得到另一个裂区设计。

【Pino】我们前几天也注意到了。所以我认为我们的数据将会以两种方式相关。来自同一批次的响应是相关的。但最重要的是，在同一固化周期下得到的响应也是相关的。所以我们的双向裂区设计伴随着两种相关性，以及复杂的数据分析。

【Brad】运用现代软件，你不需要担心。使用广义最小二乘法(GLS)来估计因子效应，很容易处理你所面对的这种相关模式。

【Pino】我看过几篇关于裂区设计的文章，熟悉 GLS 方法。我们需要下面的公式来估计因子效应，对吗？

Pino 在白板上写了如下公式：

$$\hat{\boldsymbol{\beta}} = (\boldsymbol{X}'\boldsymbol{V}^{-1}\boldsymbol{X})^{-1}\boldsymbol{X}'\boldsymbol{V}^{-1}\boldsymbol{Y}$$

看着 Brad 和 Peter，等待确定。

【Peter】就是它，你们的设计与普通的裂区设计看起来唯一不同的是矩阵 $\boldsymbol{V}$。因为有两种相关性，你们的矩阵 $\boldsymbol{V}$ 将更加复杂。

【Brad】进行正确的分析实际并不复杂。总的来说，使用现代软件所需要的就是识别出每个观测值所在的行与列。

【Peter】没错，但我发现你的建议还有一个问题。

【Pino】什么问题？

【Peter】要对双向裂区设计的数据使用 GLS 法，你需要估计 3 个方差分量。一个方差分量用来刻画行与行间的变异，一个用来刻画列与列间的变异，还有一个是残差方差。由于你的设计只有 4 列，所以第二个方差分量的估计会有问题。也就是说，它包含了固化因子的 4 个独立设置。只给你 3 个自由度，你必须估计与列相关的 4 个量：两个列因子的主效应、它们的交互效应及列与列之间的变异。简单地说，你们可以估计列因子的主效应和交互效应，但是无法检验它们是否显著不等于零。

【Pino】你有什么别的建议呢？

【Peter】我想我会使用 6 列或 8 列(或者说是 6 个或 8 个固化周期)，而不是 4 列。这会为你们提供一些自由度来估计列与列之间的变异，并且能够进行显著性检验。

【Brad】Peter，要想进行显著性检验需要的成本实在太高了。使用 6 个固化周期使得试验时间从 20 天增加至 30 天，使用 8 个固化周期就使试验时间翻倍了。

【Pino】我认为我们可以承受 6 个固化周期和 30 天的试验。当然，前提是能够在我们容量最小的控制室里进行。

【Peter】那个控制室的容量是多少？

【Pino】那个控制室能容纳 4000 节电池。

【Brad】这意味着 8 个 500 节电池的子批次，而不是 16 个。如果使用 6 个固化周期而每个周期含有 8 个子批次，那么相当于总共进行了 48 次试验。这足够估计所有的主效应和两因子交互效应了。

【Peter】如果你对组装因子使用 16 个水平设置及 6 个固化周期且每个周期含有 8 个子批次的设计满意，我确定我们能为你生成一个不错的设计。

【Pino】请等一下。48 并不是 2 的幂次，你们怎么能生成这样的设计呢？

【Brad】我们使用计算机搜索最优设计。该搜索并不限于试验次数必须是 2 的幂次。

【Pino】能给我演示一下是怎么做的吗？

【Brad，拿出自己的笔记本电脑并开机】没问题，我们这就开始。

Brad 用他最喜欢的软件演示如何把设计问题具体化，并启动计算机搜索。

【Brad】 这需要几分钟。

在计算机搜索期间，Pino 提议喝点咖啡。几分钟后他拿着三杯咖啡、一些奶油和糖走了进来。

【Pino】现在我们可以开始了，你的计算机已经生成要找的设计了吗？

【Brad，把计算机转向 Pino】是的，设计在这里。我已经把设计写成类似于白板上你给出的表格形式了。

Brad 的计算机屏幕上显示着表 11.2。

表 11.2 16 行 6 列 48 次试验的 D-最优双向裂区设计

组装					固化						
因子					因子	周期 1	周期 2	周期 3	周期 4	周期 5	周期 6
					x_5	−1	+1	−1	+1	−1	+1
批次	x_1	x_2	x_3	x_4	x_6	−1	−1	+1	+1	+1	+1
1	−1	−1	−1	−1		子批 1		子批 3	子批 2		
2	+1	−1	−1	−1			子批 3			子批 1	子批 2
3	−1	+1	−1	−1			子批 1			子批 2	子批 3
4	+1	+1	−1	−1		子批 2		子批 3	子批 1		
5	−1	−1	+1	−1			子批 2			子批 1	子批 3
6	+1	−1	+1	−1		子批 1		子批 2	子批 3		
7	−1	+1	+1	−1		子批 3		子批 2	子批 1		
8	+1	+1	+1	−1			子批 2			子批 1	子批 3
9	−1	−1	−1	+1			子批 2			子批 3	子批 1
10	+1	−1	−1	+1		子批 1	子批 3	子批 2	子批 3		
11	−1	+1	−1	+1		子批 1		子批 3	子批 2		
12	+1	+1	−1	+1			子批 1			子批 2	子批 3
13	−1	−1	+1	+1		子批 3		子批 2	子批 1		
14	+1	−1	+1	+1			子批 2			子批 1	子批 3
15	−1	+1	+1	+1			子批 2			子批 3	子批 1
16	+1	+1	+1	+1		子批 3		子批 1	子批 2		

【Peter】这个设计只有 48 个子批，组装因子的每个设置下有 3 个子批，而且 6 个固化周期中的每一个都包含 8 个子批。这正是我们想要的。

【Pino】这个设计能让我们得到统计上独立的因子效应估计吗？

【Brad】让我们看看。

Brad 点了几下鼠标，输入一些命令后，表 11.3 出现在屏幕上。

表 11.3 含有 48 次试验的 D-最优双向裂区设计的因子效应估计的方差

效应	方差	类型
截距项	0.2734	—
x_1	0.0859	行因子效应
x_2	0.0859	行因子效应
x_3	0.0859	行因子效应
x_4	0.0859	行因子效应
x_5	0.2237	列因子效应
x_6	0.2109	列因子效应
x_1x_2	0.0833	行因子效应
x_1x_3	0.0833	行因子效应
x_1x_4	0.0833	行因子效应
x_1x_5	0.0227	行×列交互效应
x_1x_6	0.0234	行×列交互效应

续表

效应	方差	类型
x_2x_3	0.0833	行因子效应
x_2x_4	0.0833	行因子效应
x_2x_5	0.0227	行×列交互效应
x_2x_6	0.0234	行×列交互效应
x_3x_4	0.0833	行因子效应
x_3x_5	0.0227	行×列交互效应
x_3x_6	0.0234	行×列交互效应
x_4x_5	0.0227	行×列交互效应
x_4x_6	0.0234	行×列交互效应
x_5x_6	0.2237	列因子效应

【Brad】假设 Peter 之前提到的 3 个方差分量大小都是 1，我生成了这张表格。它包含试验涉及的 22 个因子效应估计的方差。从这张表中我们还可以得出很多有趣的信息。可能你看到的最重要的信息就是有 3 组效应。一组效应的方差大约是 0.085。它们是组装因子(即 x_1～x_4)的主效应，以及包含这些因子的 6 个两因子交互效应。在表中我已经把该组中的效应标记为“行因子效应”。第二组包括两个固化因子 x_5 和 x_6 的主效应及它们的交互效应。这些效应估计的方差约为 0.22，我把它们标记为“列因子效应”。

【Peter】这一组因子效应的方差比组装因子效应的方差大很多，仅仅是因为设计中的列数比行数少。换句话说，固化因子独立重置的次数比组装因子的少。而较少的独立重置次数会导致一个更大的方差，也就是更低的精度。

【Brad】没错。最后一组效应估计，我标记为“行×列交互效应”，其方差比其他两组小得多。该组涉及的是包含一个组装因子和一个固化因子的交互效应，方差都在 0.023 左右。

【Pino】是不是通常情况下这样的交互效应都会有较小的方差？

【Peter】是的，这是条区设计或者你称作双向裂区设计的一个主要特征。包含一个行因子和一个列因子的交互效应能被精确地估计，或者用统计学术语来说，有效地估计。

【Pino】很有趣。但你们还没回答我的问题，就是是否能独立地估计因子效应。

【Brad】哦对，谢谢你提醒我。这张方差表间接地给了我们答案。每组内效应估计的方差并不完全一样，这一现象表明效应的估计并不是统计独立的。

【Pino】嗯，感觉错了。

【Brad】为什么？

【Pino】在我的试验设计课程及我看过的每一本关于试验设计的书中，都强调正交性和独立获得因子效应估计的重要性。你们是建议我实施一个不能独立估计因子效应的设计吗？

【Brad，指向表 11.3】 是的。你再看看行与列交互效应估计的方差，它们都在 0.023 左右，这个数只比这些效应可能达到的最小方差 1/48 大一点点。

【Pino】1/48 用小数表示是多少？

【Peter】Brad 喜欢炫耀他的心算能力。1/48 大约是 0.021。

【Brad，忽略了 Peter 的评论】类似地，所有行因子效应估计的方差都是 1/12，也就是 0.0833 或稍微大一点点。通过经典的方差分析计算，可以证明 1/12 是一个你期望能完全正交的双向裂区设计中行因子效应估计的方差。

【Peter】事实上，表中的方差非常接近 1/48 或 1/12，这说明估计的相关性是可以忽略不计的。

当 Pino 处理这些信息时，Brad 又生成了一些新的信息。这一次，表 11.4 出现在他的笔记本电脑屏幕上。

表 11.4　表 11.2 中 48 次试验的双向裂区设计的因子效应估计间非零的相关系数

效应	相关系数
x_1 和 x_1x_6	−0.174
x_2 和 x_2x_6	−0.174
x_3 和 x_3x_6	−0.174
x_4 和 x_4x_6	−0.174
x_5 和 x_5x_6	−0.371
截距项和 x_6	−0.293

【Brad】 看这里！在总共 22×21/2 即 231 对中，只有 6 对因子效应的估计是相关的。这样的结果太棒了。6 个非零的相关系数出现在前 5 个因子的主效应估计与它们和第六个因子的两因子交互效应估计之间，以及第六个因子的主效应估计和截距项的估计之间。因此，任意主效应估计与其他主效应估计都是独立的。同时，大多数交互效应也可以被独立地估计。在绝对值下，最大相关系数的绝对值是……让我看看，只有 0.371。当然也是假设 3 个方差分量均为 1。

【Peter】 相关系数约为 1/3 是绝对没有必要惊慌的。

【Pino】 我明白了，我会运行你们的设计，然后将得到的结果反馈给你们。但是还有最后一个问题，你们提到一个完全正交的双向裂区设计的方差为 1/12，为什么你们计算机得到的不是这个正交设计？

【Peter】 因为实际不存在 16 行、6 列、48 次试验，并且能独立估计所有主效应和两因子交互效应的正交双向裂区设计。Brad 提到的正交设计本质上是一种理论构造，一个假设的基准，它可以帮我们判断一个设计有多好。

11.2.2　数据分析

5 周后，Peter 和 Brad 回到 Rayovac 公司展示他们的统计分析结果，该试验数据是 Alvaro Pino 特别项目组根据双向裂区设计得到的。此次会议依然在那间可以俯视机场的会议室中进行，但这次 Pino 还邀请了另外几个人一起参加。Brad 抿了一口咖啡，开始了他的陈述。首先，他简单介绍了所使用的设计，然后展示了表 11.5 中的数据。表中的响应 OCV 即电池 OCV，是每个子批中电池电压经过(伏特−1.175)×1000 编码后的平均值。

表 11.5 电池试验中 48 次试验的 D-最优双向裂区设计的数据

行	列	x_1	x_2	x_3	x_4	x_5	x_6	OCV
1	1	−1	−1	+1	+1	−1	−1	55
1	2	−1	−1	+1	+1	+1	+1	26
1	3	−1	−1	+1	+1	−1	+1	26
2	4	+1	−1	−1	−1	+1	−1	28
2	5	+1	−1	−1	−1	+1	+1	9
2	6	+1	−1	−1	−1	−1	+1	12
3	1	−1	−1	−1	−1	−1	−1	49
3	2	−1	−1	−1	−1	+1	+1	17
3	3	−1	−1	−1	−1	−1	+1	8
4	4	+1	+1	−1	+1	+1	−1	28
4	5	+1	+1	−1	+1	+1	+1	14
4	6	+1	+1	−1	+1	−1	+1	15
5	1	−1	+1	−1	+1	−1	−1	53
5	2	−1	+1	−1	+1	+1	+1	27
5	3	−1	+1	−1	+1	−1	+1	24
6	4	+1	−1	+1	+1	+1	−1	43
6	5	+1	−1	+1	+1	+1	+1	29
6	6	+1	−1	+1	+1	−1	+1	26
7	1	+1	−1	−1	+1	−1	−1	51
7	2	+1	−1	−1	+1	+1	+1	14
7	3	+1	−1	−1	+1	−1	+1	18
8	4	+1	+1	+1	+1	+1	−1	40
8	5	+1	+1	+1	−1	+1	+1	11
8	6	+1	+1	+1	−1	−1	+1	12
9	1	+1	+1	+1	+1	−1	−1	38
9	2	+1	+1	+1	+1	+1	+1	16
9	3	+1	+1	+1	+1	−1	+1	24
10	4	+1	+1	−1	−1	+1	−1	41
10	5	+1	+1	−1	−1	+1	+1	19
10	6	+1	+1	−1	−1	−1	+1	5
11	1	+1	−1	+1	−1	−1	−1	44
11	2	+1	−1	+1	−1	+1	+1	12
11	3	+1	−1	+1	−1	−1	+1	15
12	4	+1	+1	+1	+1	+1	−1	52
12	5	+1	+1	+1	+1	+1	+1	27
12	6	+1	+1	+1	+1	−1	+1	5
13	1	−1	+1	+1	−1	−1	−1	60
13	2	−1	+1	+1	−1	+1	+1	19
13	3	−1	+1	+1	−1	−1	+1	11
14	4	+1	−1	+1	−1	+1	−1	44

续表

行	列	x_1	x_2	x_3	x_4	x_5	x_6	OCV
14	5	+1	−1	+1	−1	+1	+1	10
14	6	+1	−1	+1	−1	−1	+1	7
15	1	−1	+1	−1	−1	−1	−1	39
15	2	−1	+1	−1	−1	+1	+1	4
15	3	−1	+1	−1	−1	−1	+1	5
16	4	−1	−1	−1	+1	+1	−1	49
16	5	−1	−1	−1	+1	+1	+1	24
16	6	−1	−1	−1	+1	−1	+1	17

【Brad】最初我拟合了一个包含所有主效应和两因子交互效应的模型。模型包含 22 个未知参数，即 6 个主效应、15 个两因子交互效应和 1 个截距项。这些效应并不都是显著的，所以我从删除最不显著的那个效应开始，使用向后剔除法逐个删除那些不显著的效应。最后得到如下模型。

Brad 获得的最终模型出现在屏幕上，由如下方程给出：

$$\text{OCV} = 30.25 - 3.44x_1 + 3.19x_4 - 0.19x_5 - 14.38x_6 - 2.27x_1x_5 + 2.31x_1x_6 + 1.69x_4x_6$$

【Brad】在这个模型中你们会看到一个非常大的效应。所有其他效应之间的大小差不多，都远远地小于这个效应。

【Pino】你确定 x_5 的主效应显著不等于零?

【Brad, 展示了表 11.6】是的，显著不为零。从表 11.6 中可以看到 x_5 主效应的 p 值是 0.91，因此可以忽略不计。

表 11.6　电池试验中 48 次试验的 D-最优双向裂区设计简化模型的数据

效应	估计	标准误	DF	t 值	p 值
截距项	30.25	1.89	4.21	16.02	0.0001
x_1	−3.44	1.09	12.69	−3.14	0.0080
x_4	3.19	1.09	12.69	2.91	0.0124
x_5	−0.19	1.60	2.69	−0.12	0.9148
x_6	−14.38	1.66	2.57	−8.66	0.0057
x_1x_5	−2.27	0.62	26.69	−3.66	0.0011
x_1x_6	2.31	0.63	24.82	3.69	0.0011
x_4x_6	1.69	0.63	24.82	2.70	0.0124

【Pino】那么，如果它是不显著的，为什么在模型中还保留了相关项呢?

【Brad】这是由于一些理论和技术上的原因，但主要还是取决于你是否愿意把它保留在你的模型中。大多数统计学家喜欢把出现在显著交互效应中每个因子的主效应都包含在模型中。我们称这类模型满足强遗传性原则。

【Peter】使用带遗传性原则模型的主要技术原因是可以保证预测值与你使用试验因子的编码方式无关。因此，如果你坚持使用带遗传性的模型，不论你使用编码因子水平还是不使用编码因子水平，你都会得到完全相同的预测。

【Brad】无论如何，是否包含这个主效应对预测结果都不会有什么大的影响。

【Pino】说到预测，如果我们优化流程，你现在可以用这个模型预测我们可能达到的 OCV 水平。

【Brad】当然，我已通过模型估计出最小的 OCV 预测值为 7.42。为了取到这个值，你们需要将 x_1、x_5、x_6 设置在高水平，将 x_4 设置在低水平。

【Pino】听起来效果不错。我想我们还是需要做一些验证性试验来检验你们建议的设置。

接下来的几秒钟，会议室一片寂静，但这沉默突然被站在房间后面的一位高个子女士打断了。

【Hermans】大家好，我叫 Vanessa Hermans。你们刚才说最小的 OCV 可以达到 7.42 左右，但是你们在会议开始时展示的数据，有的 OCV 可以低至 5。为什么你们的模型不能给出像那个 OCV 那么低的设置呢?

【Peter】让我来回答这个问题吧，Brad，当然如果你不介意的话。

【Brad】你来吧，Peter。

Peter 走到 Brad 的计算机旁，再次向大家展示了表 11.5。

【Peter】当我们看这个数据表时，我们可以发现 3 个 OCV 的值是 5，甚至有一个 OCV 的值低至 4。其中有两个 OCV 为 5 的值是在第 6 个固化周期得到的，即数据表第 6 列。OCV 为 4 的值和第三个 OCV 为 5 的值是在组装过程中的第 15 个设置得到的，即数据表第 15 行。现在，已经证明这个特殊的固化周期和组装过程中这个特殊的试验点都导致更低的 OCV 值。如此低的值是无法用试验中的 6 个因子来解释的。

【Hermans】但是我们应该如何理解呢?

【Peter】我们做的分析的一个好处是，在修正试验因子的效应后，我们可以估计 6 个固化周期之间和组装过程中 16 个试验点之间差异的大小。为此，我们需要计算该设计中对应行与列的随机效应的最优线性无偏预测(the Best Linear Unbiased Predictions)，即 BLUPs。

Peter 在 Brad 的计算机上的数据分析结果中搜索，直到找到表 11.7。然后他放大表格字体并投影到大屏幕上。

表 11.7 表 11.5 中电池试验数据的行效应和列效应的最优线性无偏预测(BLUPs)

效应	预测	效应	预测	效应	预测
行 1	2.33	行 9	−1.75	列 1	2.90
行 2	−0.52	行 10	−1.58	列 2	0.64
行 3	−0.11	行 11	1.86	列 3	−0.11
行 4	−3.89	行 12	−2.39	列 4	−2.90
行 5	1.63	行 13	3.61	列 5	2.25
行 6	5.65	行 14	−2.51	列 6	−2.79
行 7	−0.58	行 15	−3.49		
行 8	2.74	行 16	−0.99		

【Peter】让我们看看这个表。表中列出了双向裂区设计数据的两种类型的最优线性无偏预测。表左侧和中间部分的前 16 个最优线性无偏预测对应我们设计中的 16 个行，它们估计了组装过程中 16 个独立设置的随机效应；表右侧的后 6 个最优线性无偏预测对应着我们设计中的 6 个列，它们给出了固化过程中 6 个试验点的随机效应的估计。你们可以看到有一些最优线性无偏预测远大于零，也有一些远小于零。这表明，某些行和列的设置会比其他设置产生更高或者更低的 OCV。

【Hermans】我看到第 6 列的 BLUP 值是−2.79，第 15 行的 BLUP 值是−3.49。它们几乎是所有最优线性无偏预测值中最小的。它们有什么特别的意义吗？

【Peter】你可以用残差解释最优线性无偏预测值，但这个残差是相对于行或者列的，而不是相对于单独试验点的。因此，你可以将它们理解为模型无法解释的行和列之间的差异。

【Hermans】你们的意思是 OCV 为 4 或 5，纯粹是偶然吗？

【Peter】它是组装因子设置的系统效应和偶然性共同作用的结果。毫无疑问，第 15 行中组装过程的水平设置使得 OCV 很低，但随机的偶然性使得一些结果更低。类似地也能解释第六列的 OCV 为 5 的原因。

Hermans 对 Peter 的回答比较满意，她回到了座位上。在 Hermans 之后，Pino 提出了下一个问题。

【Pino】我想这些最优线性无偏预测值与你们前些天提到过的 3 个方差分量有关？Brad，你还没有介绍这 3 个方差分量呢。

【Brad】说得好，最优线性无偏预测确实与那 3 个方差分量有关，虽然是以一种十分复杂的方式。对应行和列的方差分量的估计是非常相似的。我得到的对应行的方差分量的估计是 12.88，对应列的方差分量的估计是 12.62，随机误差方差的估计是 16.72。

【Peter】这意味着组装过程不同的重新安排之间有很大的差异，不同的固化周期之间也有很大的差异。

几个星期后，Alvaro Pino 和 Peter 在 Wisconsin 大学举行的质量和生产研究会议的茶歇间不期而遇。

【Peter】你好，Pino 先生。最近怎么样？你们上次电池试验之后的验证性试验结果如何？

【Pino】我想说棒极了，我们设法将生产线的次品率降低到 1%，改善了 80%左右。

【Peter】太好了，举杯庆祝一下。

11.3　知识探究

双向裂区设计在农业研究方面有着悠久历史，但在工业试验领域却鲜为人知。在农业试验中，试验因子通常被认为是分类的，设计常常是完全因析设计的重复。在工业试验中，部分因析设计用得更多，并且没有重复。附件 11.1 讨论了一个农业试验双向裂区设计的典型安排。

> **附件 11.1**　双向裂区设计。
>
> 双向裂区设计还有许多其他名字，最常用的是条区设计或条块设计，另外还有双

向整区设计(two-way whole-plot design)或十字交叉设计。双向裂区设计的首次应用出现在农业试验中，它包含一个简单的完全因析设计。最初的应用是将设计重复地应用于不同的地块。然后每个地块被分成 a 行 b 列，从而形成 ab 个小块。其中字母 a 和 b 分别表示因子 A 和 B 的水平数。将因子 A 的 a 个水平随机地安排到各行上，因子 B 的 b 个水平随机地安排到各列上。对不同的地块使用不同的随机安排。图 11.2 给出了一个包含两种肥料、4 种除草剂及两块地的双向裂区设计的图形表示。肥料因子的两个水平被安排在列上，除草剂因子的 4 个水平被安排在行上。列和行有时也称为条，这就解释了为什么这类设计常常被称为条区设计或者条块设计。

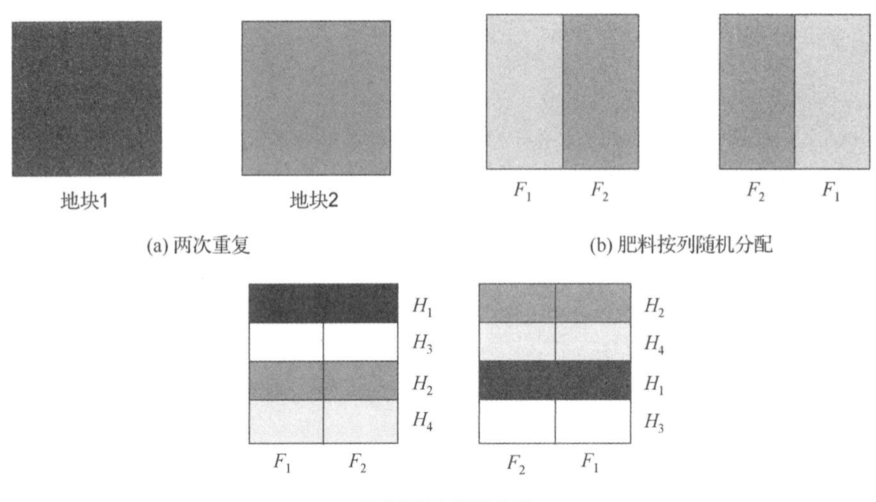

图 11.2 研究两个肥料因子(F_1 和 F_2)与 4 个除草剂因子(H_1、H_2、H_3 和 H_4)且带有两次重复的双向裂区设计

条区设计最初应用的一个关键特征是它是完全重复地应用到不同的地块。这确保了设计中对应行、列及每个小块的方差分量是可估的，所以对于两个试验因子的主效应及其交互效应的形式化的假设检验都能正常进行。如果在一块地中，行或列的数目比对应行或列的因子效应的个数大 2 或者更多，那么就没有必要进行完全重复试验。

11.3.1 双向裂区模型

分析 r 行 c 列双向裂区试验数据的模型要求每行和每列的效应可加。来自第 i 行第 j 列的响应 Y_{ij} 具有如下模型：

$$Y_{ij} = \boldsymbol{f}'(\boldsymbol{x}_{ij})\boldsymbol{\beta} + \gamma_i + \delta_j + \varepsilon_{ij} \tag{11.1}$$

式中，$\boldsymbol{x}_{ij}$ 是一个向量，包含所有试验因子在第 i 行第 j 列的水平，$\boldsymbol{f}'(\boldsymbol{x}_{ij})$ 是其模型扩展，$\boldsymbol{\beta}$ 包含截距项和模型中的所有因子效应。与式(7.5)中随机区组效应模型和式(10.2)中裂区模型不同，双向裂区模型有 3 个随机效应。第一个 γ_i，表示第 i 个行效应；第二个 δ_j，是第 j 个列效应；第三个 ε_{ij}，是第 i 行第 j 列试验点对应的残差误差。

我们假设所有随机效应 γ_i、δ_j 和 ε_{ij} 相互独立且都服从均值为零的正态分布，并且

行效应的方差为 σ_γ^2，列效应的方差为 σ_δ^2，残差误差的方差为 σ_ε^2。则响应 Y_{ij} 的方差可表示为

$$\mathrm{var}(Y_{ij}) = \mathrm{var}(\gamma_i + \delta_j + \varepsilon_{ij}) = \mathrm{var}(\gamma_i) + \mathrm{var}(\delta_j) + \mathrm{var}(\varepsilon_{ij}) = \sigma_\gamma^2 + \sigma_\delta^2 + \sigma_\varepsilon^2$$

来自第 i 行两个不同响应 Y_{ij} 和 $Y_{ij'}$ 的协方差为

$$\mathrm{cov}(Y_{ij}, Y_{ij'}) = \mathrm{cov}(\gamma_i + \delta_j + \varepsilon_{ij}, \gamma_i + \delta_{j'} + \varepsilon_{ij'}) = \mathrm{cov}(\gamma_i, \gamma_i) = \mathrm{var}(\gamma_i) = \sigma_\gamma^2$$

同样地，来自第 j 列的两个响应 Y_{ij} 和 $Y_{i'j}$ 的协方差为

$$\mathrm{cov}(Y_{ij}, Y_{i'j}) = \mathrm{cov}(\gamma_i + \delta_j + \varepsilon_{ij}, \gamma_{i'} + \delta_j + \varepsilon_{i'j}) = \mathrm{cov}(\delta_j, \delta_j) = \mathrm{var}(\delta_j) = \sigma_\delta^2$$

最后，来自不同行 i 和 i' 及不同列 j 和 j' 的每对响应 Y_{ij} 和 $Y_{i'j'}$ 间的协方差为

$$\mathrm{cov}(Y_{ij}, Y_{i'j'}) = \mathrm{cov}(\gamma_i + \delta_j + \varepsilon_{ij}, \gamma_{i'} + \delta_{j'} + \varepsilon_{i'j'}) = 0$$

这些结果表明，我们假设来自同一行或者同一列的响应是相关的，来自不同行不同列的响应是不相关的。在双向裂区模型里，我们得到了双向相关模式。

总试验次数 n，一般既是行数 r 的倍数也是列数 c 的倍数。如表 11.1 中的设计，总试验次数 n=64，是行数 16 和列数 4 的倍数；又如表 11.2 中的设计，总试验次数 n=48，也是行数 16 和列数 6 的倍数。

11.3.2　广义最小二乘估计

由于双向裂区模型不满足普通最小二乘估计中独立性的假设，因此最好使用考虑到数据相关关系的广义最小二乘估计（GLS）。同随机区组效应模型和裂区模型一样，GLS 估计量可由下式计算：

$$\hat{\boldsymbol{\beta}} = (\boldsymbol{X}'\boldsymbol{V}^{-1}\boldsymbol{X})^{-1}\boldsymbol{X}'\boldsymbol{V}^{-1}\boldsymbol{Y} \tag{11.2}$$

式中，矩阵 $\boldsymbol{V}$ 刻画了响应之间的协方差。为了推导出 $\boldsymbol{V}$ 的精确性质，我们把式（11.1）中的双向裂区模型改写为矩阵形式

$$\boldsymbol{Y} = \boldsymbol{X\beta} + \boldsymbol{Z}_1\boldsymbol{\gamma} + \boldsymbol{Z}_2\boldsymbol{\delta} + \varepsilon \tag{11.3}$$

式中，$\boldsymbol{Y}$ 是 $n\times1$ 的响应向量，$\boldsymbol{X}$ 为 $n\times p$ 的模型矩阵。

$$\boldsymbol{\gamma} = \begin{bmatrix}\gamma_1 & \gamma_2 & \cdots & \gamma_r\end{bmatrix}'$$

$$\boldsymbol{\delta} = \begin{bmatrix}\delta_1 & \delta_2 & \cdots & \delta_c\end{bmatrix}'$$

而 $\boldsymbol{\varepsilon}$ 是 $n\times1$ 随机误差向量。矩阵 $\boldsymbol{Z}_1$ 和 $\boldsymbol{Z}_2$ 分别是 $n\times r$ 和 $n\times c$ 的 0,1 矩阵。对于矩阵 $\boldsymbol{Z}_1$，如果第 i 次试验所在的行属于设计的第 j 行，则该矩阵第 i 行第 j 列的元素为 1。类似地，对于矩阵 $\boldsymbol{Z}_2$，如果第 i 次试验所在的列属于第 j 列，则该矩阵的第 i 行第 j 列的元素为 1。因为我们假定所有的随机效应是相互独立的，所以随机效应向量 $\boldsymbol{\gamma}$、$\boldsymbol{\delta}$ 和 $\boldsymbol{\varepsilon}$ 的协方差矩阵分别为 $\mathrm{var}(\boldsymbol{\gamma}) = \sigma_\gamma^2\boldsymbol{I}_r$、$\mathrm{var}(\boldsymbol{\delta}) = \sigma_\delta^2\boldsymbol{I}_c$ 和 $\mathrm{var}(\boldsymbol{\varepsilon}) = \sigma_\varepsilon^2\mathbf{I}_n$，其中 $\boldsymbol{I}_r$、$\boldsymbol{I}_c$ 和 $\boldsymbol{I}_n$ 分别是维数为 r、c 和 n 的单位阵。

在上述假设下，我们可以得到响应向量方差-协方差矩阵的如下简洁表达式：

$$
\begin{aligned}
\boldsymbol{V} &= \mathrm{var}(\boldsymbol{Y}) \\
&= \mathrm{var}(\boldsymbol{X\beta} + \boldsymbol{Z}_1\boldsymbol{\gamma} + \boldsymbol{Z}_2\boldsymbol{\delta} + \boldsymbol{\varepsilon}) \\
&= \mathrm{var}(\boldsymbol{Z}_1\boldsymbol{\gamma} + \boldsymbol{Z}_2\boldsymbol{\delta} + \boldsymbol{\varepsilon}) \\
&= \mathrm{var}(\boldsymbol{Z}_1\boldsymbol{\gamma}) + \mathrm{var}(\boldsymbol{Z}_2\boldsymbol{\delta}) + \mathrm{var}(\boldsymbol{\varepsilon}) \\
&= \boldsymbol{Z}_1\,\mathrm{var}(\boldsymbol{\gamma})\boldsymbol{Z}_1' + \boldsymbol{Z}_2\,\mathrm{var}(\boldsymbol{\delta})\boldsymbol{Z}_2' + \mathrm{var}(\boldsymbol{\varepsilon}) \\
&= \boldsymbol{Z}_1(\sigma_\gamma^2\boldsymbol{I}_r)\boldsymbol{Z}_1' + \boldsymbol{Z}_2(\sigma_\delta^2\boldsymbol{I}_c)\boldsymbol{Z}_2' + \sigma_\varepsilon^2\boldsymbol{I}_n \\
&= \sigma_\gamma^2\boldsymbol{Z}_1\boldsymbol{Z}_1' + \sigma_\delta^2\boldsymbol{Z}_2\boldsymbol{Z}_2' + \sigma_\varepsilon^2\boldsymbol{I}_n
\end{aligned}
$$

要给出 $\boldsymbol{Z}_1$、$\boldsymbol{Z}_2$ 和 $\boldsymbol{V}$ 的一般表达式并不容易。因此我们用表 11.8 中规模较小的带有两个行因子和一个列因子且有 4 行 4 列 12 次试验的双向裂区设计来说明它们的结构。该设计的另一种表达形式见表 11.9，对于估计一个主效应模型它是 D-最优设计。

表 11.8 带有两个行因子和一个列因子且有 4 行 4 列 12 次试验的双向裂区设计

试验点	行	列	x_1	x_2	x_3
1	1	1	−1	−1	−1
2	1	2	−1	−1	1
3	1	3	−1	−1	1
4	2	4	1	−1	−1
5	2	1	1	−1	−1
6	2	2	1	−1	1
7	3	3	1	1	1
8	3	4	1	1	−1
9	3	1	1	1	−1
10	4	2	−1	1	1
11	4	3	−1	1	1
12	4	4	−1	1	−1

表 11.9 表 11.8 中具有 4 行 4 列 12 次试验的双向裂区设计的另一种表达形式

	阶段 1		阶段 2				
	因子		因子	列 1	列 2	列 3	列 4
分组	x_1	x_2	x_3	−1	+1	+1	−1
1	−1	−1		试验点 1	试验点 2	试验点 3	
2	+1	−1		试验点 5	试验点 6		试验点 4
3	+1	+1		试验点 9		试验点 7	试验点 8
4	−1	+1			试验点 10	试验点 11	试验点 12

因为对于这个设计 n=12 且 r=c=1，所以 $\boldsymbol{Z}_1$ 和 $\boldsymbol{Z}_2$ 都是 12 行 4 列的矩阵：

$$\boldsymbol{Z}_1=\begin{bmatrix}1&0&0&0\\1&0&0&0\\1&0&0&0\\0&1&0&0\\0&1&0&0\\0&1&0&0\\0&0&1&0\\0&0&1&0\\0&0&1&0\\0&0&0&1\\0&0&0&1\\0&0&0&1\end{bmatrix}\qquad \boldsymbol{Z}_2=\begin{bmatrix}1&0&0&0\\0&1&0&0\\0&0&1&0\\0&0&0&1\\1&0&0&0\\0&1&0&0\\0&0&1&0\\0&0&0&1\\1&0&0&0\\0&1&0&0\\0&0&1&0\\0&0&0&1\end{bmatrix}$$

于是有

$$\boldsymbol{V}=\begin{bmatrix}
\sigma_Y^2&\sigma_\gamma^2&\sigma_\gamma^2&0&\sigma_\delta^2&0&0&0&\sigma_\delta^2&0&0&0\\
\sigma_\gamma^2&\sigma_Y^2&\sigma_\gamma^2&0&0&\sigma_\delta^2&0&0&0&\sigma_\delta^2&0&0\\
\sigma_\gamma^2&\sigma_\gamma^2&\sigma_Y^2&0&0&0&\sigma_\delta^2&0&0&0&\sigma_\delta^2&0\\
0&0&0&\sigma_Y^2&\sigma_\gamma^2&\sigma_\gamma^2&0&\sigma_\delta^2&0&0&0&\sigma_\delta^2\\
\sigma_\delta^2&0&0&\sigma_\gamma^2&\sigma_Y^2&\sigma_\gamma^2&0&0&\sigma_\delta^2&0&0&0\\
0&\sigma_\delta^2&0&\sigma_\gamma^2&\sigma_\gamma^2&\sigma_Y^2&0&0&0&\sigma_\delta^2&0&0\\
0&0&\sigma_\delta^2&0&0&0&\sigma_Y^2&\sigma_\gamma^2&\sigma_\gamma^2&0&\sigma_\delta^2&0\\
0&0&0&\sigma_\delta^2&0&0&\sigma_\gamma^2&\sigma_Y^2&\sigma_\gamma^2&0&0&\sigma_\delta^2\\
\sigma_\delta^2&0&0&0&\sigma_\delta^2&0&\sigma_\gamma^2&\sigma_\gamma^2&\sigma_Y^2&0&0&0\\
0&\sigma_\delta^2&0&0&0&\sigma_\delta^2&0&0&0&\sigma_Y^2&\sigma_\gamma^2&\sigma_\gamma^2\\
0&0&\sigma_\delta^2&0&0&0&\sigma_\delta^2&0&0&\sigma_\gamma^2&\sigma_Y^2&\sigma_\gamma^2\\
0&0&0&\sigma_\delta^2&0&0&0&\sigma_\delta^2&0&\sigma_\gamma^2&\sigma_\gamma^2&\sigma_Y^2
\end{bmatrix}$$

式中对角元素是 $\sigma_Y^2=\sigma_\gamma^2+\sigma_\delta^2+\sigma_\varepsilon^2$。协方差矩阵 $\boldsymbol{V}$ 中的第 i 个对角元素是第 i 个响应的方差 σ_Y^2，而第 i 行第 j 列的元素表示第 i 个响应和第 j 个响应的协方差。例如，$\boldsymbol{V}$ 中第一行第五个元素是第一个和第五个响应之间的协方差。根据表 11.8，这些试验点属于同一列，这就是为什么它们的协方差是 σ_δ^2。类似地，$\boldsymbol{V}$ 中第一列第三个元素是第一个和第三个响应之间的协方差，由于它们都来自设计的第一行，所以协方差为 σ_γ^2。而第一个和最后一个响应的协方差是零，因为这两次试验既不在表 11.8 的同一行，也不在同一列。

使用广义最小二乘估计法之前要求估计 $\boldsymbol{V}$ 中的 3 个方差分量，即 σ_γ^2、σ_δ^2 和 σ_ε^2。统计软件包中默认的方差分量估计方法是约束极大似然估计(REML，可参考 7.3.3 节和附件 7.1)。为了确定通常的显著性检验的自由度，我们建议使用 Kenward-Roger 方法(参考 7.3.4 节)，该方法已在多个软件包中实现。

11.3.3 双向裂区试验的最优设计

在给定行数和列数的情况下要构造出最优双向裂区设计，必须确定每个行因子和列因子的水平，使得到的 GLS 估计尽可能地精确。我们的方法是最小化 $(\boldsymbol{X}'\boldsymbol{V}^{-1}\boldsymbol{X})^{-1}$ 的行列式，或者说最大化信息矩阵 $\boldsymbol{X}'\boldsymbol{V}^{-1}\boldsymbol{X}$ 的行列式。我们将行列式 $|\boldsymbol{X}'\boldsymbol{V}^{-1}\boldsymbol{X}|$ 称为 D-最优准则值，而最大化 D-最优准则值的设计就是 D-最优的双向裂区设计。这使得参数估计具有小的方差、参数估计间有较小的协方差。

与第 7 章的随机区组效应模型和第 10 章的裂区模型类似，最优的双向裂区设计取决于 $\boldsymbol{V}$ 中各方差分量的相对大小。不同点是在双向裂区设计中存在 3 个方差分量，而不是两个，所以必须确定两个方差比值，而不是一个。由于 σ_γ^2 和 σ_δ^2 通常大于误差方差 σ_ε^2，所以我们建议在生成 D-最优双向裂区设计时指定 $\sigma_\gamma^2/\sigma_\varepsilon^2$ 和 $\sigma_\delta^2/\sigma_\varepsilon^2$ 都至少为 1。具体取值一般根据经验估计就足够了，因为 D-最优设计对这两个比值并不敏感。例如，表 11.2 和表 11.8 中的 D 最优设计是在 $\sigma_\gamma^2/\sigma_\varepsilon^2=\sigma_\delta^2/\sigma_\varepsilon^2=1$ 的假设下生成的，但对于在 0.1～10 之间的任何比值它们都是最优的。因此，这些设计对于实际中可能遇到的任何方差比而言都是最优的。

11.3.4 D-最优双向裂区设计的构造算法

除了需要指定总试验次数，先验模型，因子个数，各个因子是连续、分类还是混合成分的标示，因子水平组合的附加约束条件，要考虑的初始设计的个数之外，用坐标变换法搜索 D-最优双向裂区设计还需要知道哪些因子应用于行，哪些因子应用于列，行数和列数，描述 3 个方差成分相对大小的期望比值 $\sigma_\gamma^2/\sigma_\varepsilon^2$ 和 $\sigma_\delta^2/\sigma_\varepsilon^2$。

双向裂区设计的构造算法主要包括两部分。第一部分仍然包含再次生成一个初始设计，第二部分是设计的迭代改进直到不能进一步优化为止。改进程度是通过 D-最优准则值 $|\boldsymbol{X}'\boldsymbol{V}^{-1}\boldsymbol{X}|$ 的增加量来衡量的。

初始设计是逐列生成的。对任意一个应用于双向裂区设计行的因子，对于给定的行，选择一个随机的水平。这个水平将应用于该行的所有试验单元。对任意一个应用于双向裂区设计列的因子，对于任意给定的列，选择一个随机的水平。这个水平将应用于该列的所有试验单元。这个过程使得初始设计具有我们所希望的双向裂区结构。在因子水平组合没有特殊的约束条件时，算法对所有连续因子在区间[−1,+1]上生成随机的水平。而对于所有分类因子，在其所有可能取值水平中随机选择一个。当因子水平组合有约束条件时，算法采用 5.3.3 节中的方法处理。对于混料成分，生成随机值的方法和 6.3.5 节中的一样。

初始设计的改进是通过考虑设计矩阵中逐个元素的改变进行的。改变一个双向裂区设计中给定元素的具体方法与该元素是双向裂区设计行因子的水平还是列因子的水平有关。这是因为，改变一个给定试验点中行因子的水平，要求对应于双向裂区设计同一行的所有其他试验点中该行因子的水平也必须改变，改变一个给定试验点的列因子水平，也要求对应于同一列所有其他试验点中该列因子的水平也必须改变。

对应用于行的连续因子水平，D-最优准则值可以通过遍历因子取值范围内的所有离散值来评估。对应用于行的分类因子水平，D-最优准则值可以通过取遍因子所有可能的取值来评估。如果最好的 D-最优准则值改进了当前最优值，则当前最优值被替换，同时设计中因子的当前水平用最好的 D-最优准则值对应的水平替换。对应用于列的因子水平，过程也是类似的。

这个逐个元素进行的过程一直持续到完成整个设计矩阵的完整循环。接下来再开始下一个完整的循环，直到最优值不能再改进为止。

11.3.5　扩展及相关试验设计

在本章，我们已经讨论了两个生产阶段的双向裂区设计。显然，我们提出的方法可以扩展到两个以上生产阶段的试验设计。这种设计被称为多向裂区设计，但标准术语仍然称它为裂区设计。

另一种相关的设计是包含区组的裂区设计。有些时候，在测量实际响应之前，需要对裂区试验的输出做进一步处理。当处理在区组中进行时，所需的设计和模型就与本章讨论的双向裂区设计和模型非常相似。例如，响应向量的方差-协方差矩阵具有相同的结构，可以使用设计的相同行-列表示。与双向裂区设计的不同点是没有与列相关的因子。

再裂区 (split-split-plot) 设计也和双向裂区设计相似，因为它也可用于两阶段的生产过程。设计间主要的差异是，在再裂区设计中，来自生产过程第一阶段不同试验点的子批次没有被分组，而是进入第二阶段统一处理。相反，第二阶段的每个子批次都是单独处理的。另一个不同点是，再裂区试验也包含被应用于两阶段生产过程单个输出的第三种因子。

11.4　背景阅读

与区组或者(单向)裂区试验设计相比，工业上使用双向裂区设计或条区设计的文献较少。毫无疑问，关于双向裂区设计应用中最具影响的文献是 Box and Jones (1992)，他们指出双向裂区设计非常适合很多稳健产品的试验，其中一些是控制或设计因子，另一些是噪声或环境因子。稳健产品试验的主要目标是识别控制因子×噪声因子交互效应。如果所有的控制因子都作为行因子出现在设计中，且所有的噪声因子都作为列因子，反之亦可，则双向裂区设计的主要优点就是能够非常有效地估计这些因子的交互效应。因此，双向裂区设计能以很少的花费得到控制因子×噪声因子交互效应的有效估计。

其他大部分发表的关于双向裂区设计的文章涉及了优良部分因析设计的组合构造 [见 Miller (2001)、Butler (2004) 和 Vivacqua and Bisgaard (2004, 2009)]。对于两阶段或更多阶段生产过程的类似工作可参考 Mee and Bates (1998)、Paniagua-Quinones and Box (2008, 2009)。Arnouts et al. (2010) 讨论了双向裂区设计的最优设计。

Federer and King (2007) 对双向裂区设计在农业领域的应用及裂区设计的其他演变做了深入全面的回顾。

Mcleod and Brewster (2004，2006) 讨论了需要分区组的裂区试验的组合构造问题。Jones and Goos (2009) 研究了再裂区试验的最优设计。Ferryanto and Tollefson (2010) 和

Castillo (2010) 描述了再裂区设计的案例研究。

Trinca and Gilmour (2001) 对裂区设计、再裂区设计和嵌套的多层设计 (nested multistratum designs) 提出了一个一般的算法。Gilmour and Trinca (2003) 将这个算法与行-列设计算法结合，提供了构造其他多层设计的可能性，如双向裂区设计。

11.5 总结

多阶段生产过程在工业中很常见。过去，统计顾问常常建议他们的客户每次只在一个阶段进行试验，以避免多阶段试验带来的复杂性。与因析试验比一次一个因子试验更加有效的道理相同，同时研究多个阶段的试验比一次只研究一个阶段的试验有效得多。

然而，使用多个流程步骤进行试验确实涉及逻辑和统计上的复杂性。逻辑的复杂性包括通过流程步骤追踪试验材料，以确保所有的因子设置都正确。

在本章，对于两步的生产过程我们关注了双向裂区试验或者说条区试验。这些试验的一个关键特性是将第一个流程步骤得到的输出分开，然后在第二步中在对每组进行处理之前重新分组。这与裂区试验不同，裂区试验也能应用于两步的生产过程，但是在第一步得到的输出不会再重新分组。

参考文献

[1] Anderson-Cook, C.M., Borror, C.M., and Montgomery, D.C. (2009). Response surface designevaluation and comparison. *Journal of Statistical Planning and Inference*, 139, 629–674.

[2] Arnouts, H., Goos, P., and Jones, B. (2010). Design and analysis of industrial strip-plotexperiments. *Quality and Reliability Engineering International*, 26, 127–136.

[3] Atkinson, A.C., and Donev, A.N. (1989). The construction of exact D-optimum experimental designs with application to blocking response surface designs. *Biometrika*, 76, 515–526.

[4] Atkinson, A.C., and Donev, A.N. (1996). Experimental designs optimally balanced for trend. *Technometrics*, 38, 333–341.

[5] Atkinson, A.C., Donev, A.N., and Tobias, R.D. (2007). *Optimum Experimental Designs, with SAS*. New York: Oxford University Press.

[6] Bie, X., Lu, Z., Lu, F., and Zeng, X. (2005). Screening the main factors affecting extraction of the antimicrobial substance from bacillus sp. fmbj using the Plackett–Burman method. *World Journal of Microbiology and Biotechnology*, 21, 925–928.

[7] Bingham, D.R., and Sitter, R.R. (1999a). Minimum-aberration two-level fractional factorial split-plot designs. *Technometrics*, 41, 62–70.

[8] Bingham, D.R., and Sitter, R.R. (1999b). Some theoretical results for fractional factorial split-plot designs. *Annals of Statistics*, 27, 1240–1255.

[9] Bingham, D.R., and Sitter, R.R. (2001). Design issues in fractional factorial split-plot designs. *Journal of Quality Technology*, 33, 2–15.

[10] Bingham, D.R., and Sitter, R.R. (2003). Fractional factorial split-plot designs for robust parameter experiments. *Technometrics*, 45, 80–89.

[11] Bingham, D.R., Schoen, E.D., and Sitter, R.R. (2004). Designing fractional factorial split-plot experiments with few whole-plot factors. *Journal of the Royal Statistical Society, Ser. C (Applied Statistics)*, 53, 325–339. Corrigendum, 54, 955–958.

[12] Bisgaard, S., and Steinberg, D.M. (1997). The design and analysis of 2k−p × s prototype experiments. *Technometrics*, 39, 52–62.

[13] Box, G.E.P., and Draper, N. (1987). *Empirical Model-Building and Response Surfaces*. New York: John Wiley & Sons, Inc.

[14] Box, G.E.P., and Jones, S.P. (1992). Split-plot designs for robust product experimentation. *Journal of Applied Statistics*, 19, 3–26.

[15] Box, G.E.P., Hunter, W., and Hunter, J. (2005). *Statistics for Experimenters: Design, Innovation, and Discovery*. New York: John Wiley & Sons, Inc.

[16] Brenneman, W.A., and Myers, W.R. (2003). Robust parameter design with categorical noise variables. *Journal of Quality Technology*, 35, 335–341.

[17] Butler, N.A. (2004). Construction of two-level split-lot fractional factorial designs for multistage processes. *Technometrics*, 46, 445–451.

[18] Carrano, A.L., Thorn, B.K., and Lopez, G. (2006). An integer programming approach to the construction of trend-free experimental plans on split-plot designs. *Journal of Manufacturing Systems*, 25, 39–44.

[19] Castillo, F. (2010). Split-split-plot experimental design in a high-throughput reactor. *Quality Engineering*, 22, 328–335.

[20] Cheng, C.S. (1990). Construction of run orders of factorial designs. In: *Statistical Design and Analysis of Industrial Experiments*, (edited by S Ghosh), pp. 423–439. New York: Marcel Dekker.

[21] Cheng, C.S., and Jacroux, M. (1988). The construction of trend-free run orders of two-level factorial designs. *Journal of the American Statistical Association*, 83, 1152–1158.

[22] Cheng, C.S., and Steinberg, D.M. (1991). Trend robust two-level factorial designs. *Biometrika*, 78, 325–336.

[23] Constantine, G.M. (1989). Robust designs for serially correlated observations. *Biometrika*, 76, 241–251.

[24] Cook, R.D., and Nachtsheim, C.J. (1989). Computer-aided blocking of factorial and responsesurface designs. *Technometrics*, 31, 339–346.

[25] Cornell, J.A. (1988). Analyzing data from mixture experiments containing process variables: A split-plot approach. *Journal of Quality Technology*, 20, 2–23.

[26] Cornell, J.A. (2002). *Experiments with Mixtures: Designs,Models, and the Analysis of Mixture Data*. New York: John Wiley & Sons, Inc.

[27] Daniel, C., and Wilcoxon, F. (1966). Factorial 2_{p-q} plans robust against linear and quadratic trends. *Technometrics*, 8, 259–278.

[28] Dean, A., and Lewis, S. (2006). *Screening Methods for Experimentation in Industry, Drug Discovery, and Genetics*. New York: Springer.

[29] Derringer, D., and Suich, R. (1980). Simultaneous optimization of several response variables. *Journal of Quality Technology*, 12, 214–219.

[30] Federer,W.T., and King, F. (2007). *Variations on Split Plot and Split Block ExperimentDesigns*. New York: John Wiley & Sons, Inc.

[31] Fedorov, V.V. (1972). *Theory of Optimal Experiments*. New York: Academic Press.

[32] Ferryanto, L., and Tollefson, N. (2010). A split-split-plot design of experiments for foil lidding of contact lens packages. *Quality Engineering*, 22, 317–327.

[33] Fisher, R.A. (1926). The arrangement of field experiments. *Journal of the Ministry of Agriculture*, 33, 503–513.

[34] Garroi, J.J., Goos, P., and S¨orensen, K. (2009). A variable-neighbourhood search algorithm for finding optimal run orders in the presence of serial correlation. *Journal of Statistical Planning and Inference*, 139, 30–44.

[35] Gilmour, S.G. (2006). Factor screening via supersaturated designs. In: *Screening Methods for Experimentation in Industry, Drug Discovery, and Genetics*, (edited by A Dean and S Lewis), pp.

169–190. New York: Springer.

[36] Gilmour, S.G., andGoos, P. (2009).Analysis of data from nonorthogonal multi-stratum designs. *Journal of the Royal Statistical Society Series C (Applied Statistics)*, 58, 467–484.

[37] Gilmour, S.G., and Trinca, L.A. (2000). Some practical advice on polynomial regression analysis from blocked response surface designs. *Communications in Statistics: Theory and Methods*, 29, 2157–2180.

[38] Gilmour, S.G., and Trinca, L.A. (2003). Row-column response surface designs. *Journal of Quality Technology*, 35, 184–193.

[39] Giovannitti-Jensen, A., and Myers, R.H. (1989). Graphical assessment of the prediction capability of response surface designs. *Technometrics*, 31, 159–171.

[40] Goos, P. (2002). *The Optimal Design of Blocked and Split-Plot Experiments*. New York: Springer.

[41] Goos, P. (2006). Optimal versus orthogonal and equivalent-estimation design of blocked and split-plot experiments. *Statistica Neerlandica*, 60, 361–378.

[42] Goos, P., and Donev, A.N. (2006a). Blocking response surface designs. *Computational Statistics and Data Analysis*, 51, 1075–1088.

[43] Goos, P., andDonev, A.N. (2006b). The D-optimal design of blocked experimentswith mixture components. *Journal of Quality Technology*, 38, 319–332.

[44] Goos, P., and Donev, A.N. (2007). Tailor-made split-plot designs with mixture and process variables. *Journal of Quality Technology*, 39, 326–339.

[45] Goos, P., and Vandebroek, M. (2001). D-optimal response surface designs in the presence of random block effects. *Computational Statistics and Data Analysis*, 37, 433–453.

[46] Goos, P., and Vandebroek, M. (2003). D-optimal split-plot designs with given numbers and sizes of whole plots. *Technometrics*, 45, 235–245.

[47] Goos, P., and Vandebroek, M. (2004). Estimating the intercept in an orthogonally blocked experiment. *Communications in Statistics: Theory and Methods*, 33, 873–890.

[48] Goos, P., Langhans, I., andVandebroek, M. (2006). Practical inference from industrial split-plot designs. *Journal of Quality Technology*, 38, 162–179.

[49] Goos, P., Tack, L., and Vandebroek, M. (2005). The optimal design of blocked experiments in industry. In: *Applied Optimal Designs*, (edited by MPF Berger and WK Wong), pp. 247–279. New York: John Wiley & Sons, Inc.

[50] Harrington, E.C. (1965). The desirability function. *Industrial Quality Control*, 21, 494–498.

[51] Harville,D.A. (1974).Nearly optimal allocation of experimental units using observed covariate values. *Technometrics*, 16, 589–599.

[52] Harville, D.A., and Jeske, D.R. (1992). Mean squared error of estimation or prediction under a general linear model. *Journal of the American Statistical Association*, 87, 724–731.

[53] Hill, H.M. (1960). Experimental designs to adjust for time trends. *Technometrics*, 2, 67–82.

[54] John, P.W.M. (1990). Time trends and factorial experiments. *Technometrics*, 32, 275–282.

[55] Johnson, M.E., and Nachtsheim, C.J. (1983). Some guidelines for constructing exact D-optimal designs on convex design spaces. *Technometrics*, 25, 271–277.

[56] Joiner, B.L., and Campbell, C. (1976). Designing experiments when run order is important. *Techno-*

metrics, 18, 249–259.

[57] Jones, B., and DuMouchel,W. (1996). Follow-up designs to resolve confounding in multifactor experiments. Discussion. *Technometrics*, 38, 323–326.

[58] Jones, B., and Goos, P. (2007). A candidate-set-free algorithm for generating D-optimal splitplot designs. *Journal of the Royal Statistical Society, Ser.C(Applied Statistics)*, 56, 347–364.

[59] Jones, B., and Goos, P. (2009). D-optimal design of split-split-plot experiments. *Biometrika*, 96, 67–82.

[60] Jones, B., and Nachtsheim, C.J. (2009). Split-plot designs: What, why, and how. *Journal of Quality Technology*, 41, 340–361.

[61] Jones, B., and Nachtsheim, C.J. (2011a). A class of three-level designs for definitive screening in the presence of second-order effects. *Journal of Quality Technology*, 43, 1–15.

[62] Jones, B., and Nachtsheim, C.J. (2011b). Efficient designs with minimal aliasing. *Technometrics*, 53, 62–71.

[63] Kackar, R.N., and Harville, D.A. (1981). Unbiasedness of two-stage estimation and prediction procedures for mixed linear models. *Communications in Statistics: Theory and Methods*, 10, 1249–1261.

[64] Kackar, R.N., and Harville, D.A. (1984). Approximations for standard errors of estimators of fixed and random effects in mixed linear models. *Journal of the American Statistical Association*, 79, 853–862.

[65] Kenward, M.G., and Roger, J.H. (1997). Small sample inference for fixed effects from restricted maximum likelihood. *Biometrics*, 53, 983–997.

[66] Khuri, A.I. (1992). Response surface models with random block effects. *Technometrics*, 34, 26–37.

[67] Khuri, A.I. (1996).Response surface models with mixed effects. *Journal of Quality Technology*, 28, 177–186.

[68] Kowalski, S.M., Cornell, J.A., and Vining, G.G. (2000). A new model and class of designs for mixture experiments with process variables. *Communications in Statistics: Theory and Methods*, 29, 2255–2280.

[69] Kowalski, S.M., Cornell, J.A., and Vining, G.G. (2002). Split-plot designs and estimation methods for mixture experiments with process variables. *Technometrics*, 44, 72–79.

[70] Langhans, I., Goos, P., and Vandebroek, M. (2005). Identifying effects under a split-plot design structure. *Journal of Chemometrics*, 19, 5–15.

[71] Li, X., Sudarsanam, N., and Frey, D.D. (2006). Regularities in data from factorial experiments. *Complexity*, 11, 32–45.

[72] Loukas,Y.L. (1997). 2(k−p) fractional factorial design via fold over: Application to optimization of novel multicomponent vesicular systems. *Analyst*, 122, 1023–1027.

[73] Marley, C.J., and Woods, D. (2010). A comparison of design and model selection methods for supersaturated experiments. *Computational Statistics and Data Analysis*, 54, 3158–3167.

[74] Martin, R.J., Eccleston, J.A., and Jones, G. (1998a). Some results on multi-level factorial designs with dependent observations. *Journal of Statistical Planning and Inference*, 73, 91–111.

[75] Martin, R.J., Jones, G., and Eccleston, J.A. (1998b). Some results on two-level factorial designs with

dependent observations. *Journal of Statistical Planning and Inference*, 66, 363–384.

[76] McLeod, R,G., and Brewster, J,F. (2004). The design of blocked fractional factorial split-plot experiments. *Technometrics*, 46, 135–146.

[77] McLeod, R.G., and Brewster, J.F. (2006). Blocked fractional factorial split-plot experiments for robust parameter design. *Journal of Quality Technology*, 38, 267–279.

[78] Mee, R.W. (2009). *A Comprehensive Guide to Factorial Two-Level Experimentation*. New York: Springer.

[79] Mee, R.W., and Bates, R.L. (1998). Split-lot designs: Experiments for multistage batch processes. *Technometrics*, 40, 127–140.

[80] Mee, R.W., and Romanova, A.V. (2010). Constructing and analyzing two-level trend-robust designs. *Quality Engineering*, 22, 306–316. Corrigendum, 23, 112.

[81] Meyer, R.D., Steinberg, D.M., and Box, G. (1996). Follow-up designs to resolve confounding in multifactor experiments. *Technometrics*, 38, 303–313.

[82] Meyer, R.K., and Nachtsheim,C.J. (1995). The coordinate-exchange algorithm for constructing exact optimal experimental designs. *Technometrics*, 37, 60–69.

[83] Miller, A. (1997). Strip-plot configurations of fractional factorials. *Technometrics*, 39, 153–161.

[84] Miller, A., and Sitter, R.R. (2001). Using the folded-over 12-run Plackett–Burman design to consider interactions. *Technometrics*, 43, 44–55.

[85] Mitchell, T.J. (1974). An algorithm for the construction of D-optimal experimental designs. *Technometrics*, 16, 203–210.

[86] Montgomery, D.C. (2009). *Design and Analysis of Experiments*. New York: John Wiley & Sons, Inc.

[87] Myers, R.H., Montgomery, D.C., and Anderson-Cook, C. (2009). *Response Surface Methodology: Process and Product Optimization using Designed Experiments*. New York: John Wiley & Sons, Inc.

[88] Myers, R.H.,Vining, G.G.,Giovannitti-Jensen,A., andMyers, S.L. (1992).Variance dispersion properties of second-order response surface designs. *Journal of Quality Technology*, 24, 1–11.

[89] Nachtsheim, C.J. (1989). On the design of experiments in the presence of fixed covariates. Journal of *Statistical Planning and Inference*, 22, 203–212.

[90] Paniagua-Qui˜nones, C., and Box, G.E.P. (2008). Use of strip-strip-block design for multi-stage processes to reduce cost of experimentation. *Quality Engineering*, 20, 46–52.

[91] Paniagua-Qui˜nones, C., and Box, G.E.P. (2009). A post-fractionated strip-strip-block design for multi-stage processes. *Quality Engineering*, 21, 156–167.

[92] Patterson, H.D., and Thompson, R. (1971). Recovery of inter-block information when block sizes are unequal. *Biometrika*, 5, 545–554.

[93] Piepel, G.F. (1983). Defining consistent constraint regions in mixture experiments. Technometrics 25, 97–101.

[94] Piepel, G.F. (1999).Modeling methods for mixture-of-mixtures experiments applied to a tablet formulation problem. *Pharmaceutical Development and Technology*, 4, 593–606.

[95] Piepel, G.F., Cooley, S.K., and Jones, B. (2005). Construction of a 21-component layered mixture experiment design using a new mixture coordinate-exchange algorithm. *Quality Engineering* 17,

579–594.

[96] Prescott, P. (2004). Modelling in mixture experiments including interactions with process variables. *Quality Technology and Quality Management* 1, 87–103.

[97] Rodr´ıguez, M., Jones, B., Borror, C.M., and Montgomery, D.C. (2010). Generating and assessing exact G-optimal designs. *Journal of Quality Technology*, 42, 1–18.

[98] Ruggoo, A., and Vandebroek, M. (2004). Bayesian sequential d-d optimal model-robust designs. *Computational Statistics and Data Analysis*, 47, 655–673.

[99] Simpson, J.R., Kowalski, S.M., and Landman, D. (2004). Experimentation with randomization restrictions: Targeting practical implementation. *Quality and Reliability Engineering International*, 20, 481–495.

[100]Smith, W.F. (2005). *Experimental Design for Formulation*. Philadelphia: SIAM.

[101]Tack, L., and Vandebroek, M. (2001). (Dt ,C)-optimal run orders. Journal of Statistical Planning and *Inference*, 98, 293–310.

[102]Tack, L., and Vandebroek, M. (2002). Trend-resistant and cost-efficient block designs with fixed or random block effects. *Journal of Quality Technology*, 34, 422–436.

[103]Tack, L., and Vandebroek, M. (2003). Semiparametric exact optimal run orders. *Journal of Quality Technology*, 35, 168–183.

[104]Tack, L., and Vandebroek, M. (2004). Budget constrained run orders in optimum design. *Journal of Statistical Planning and Inference*, 124, 231–249.

[105]Trinca, L.A., and Gilmour, S.G. (2001). Multi-stratum response surface designs. *Technometrics*, 43, 25–33.

[106]Vivacqua, C.A., and Bisgaard, S. (2004). Strip-block experiments for process improvement and robustness. *Quality Engineering*, 16, 495–500.

[107]Vivacqua, C.A., and Bisgaard, S. (2009). Post-fractionated strip-block designs. *Technometrics*, 51, 47–55.

[108]Wesley, W.R., Simpson, J.R., Parker, P.A., and Pignatiello, J.J. (2009). Exact calculation of integrated prediction variance for response surface designs on cuboidal and spherical regions. *Journal of Quality Technology*, 41, 165–180.

[109]Wu, C.F.J., and Hamada, M. (2009). *Experiments: Planning, Analysis, and Optimization*. New York: John Wiley & Sons, Inc.

[110]Zahran, A.R., Anderson-Cook, C.M., and Myers, R.H. (2003). Fraction of design space to assess prediction capability of response surface designs. *Journal of Quality Technology*, 35, 377–386.

[111]Zhou, J. (2001).Arobust criterion for experimental designs for serially correlated observations. *Technometrics*, 43, 462–467.

举报电话：（010）88254396；（010）88258888

传　　真：（010）88254397

E-mail：　dbqq@phei.com.cn

通信地址：北京市海淀区万寿路 173 信箱

电子工业出版社总编办公室

邮　　编：100036